自适应光学原理

（第3版）

Principles of Adaptive Optics，3rd Edition

［美］罗伯特·K·泰森 著

马浩统 王三宏 许晓军 亓波 习锋杰 译

国防工业出版社

·北京·

著作权合同登记　图字：军-2013-195 号

图书在版编目（CIP）数据

自适应光学原理：第 3 版/（美）罗伯特·K. 泰森（Robert K.
Tyson）著；马浩统等译. —北京：国防工业出版社，2017.12
书名原文：Principles of Adaptive Optics (3rd Edition)
ISBN 978-7-118-11149-1

Ⅰ. ①自… Ⅱ. ①罗… ②马… Ⅲ. ①自适应性—光学—
研究　Ⅳ. ①O436

中国版本图书馆 CIP 数据核字（2018）第 046221 号

※

国防工业出版社出版发行

（北京市海淀区紫竹院南路 23 号　邮政编码 100048）

天津嘉恒印务有限公司印刷

新华书店经售

*

开本 710×1000　1/16　印张 15¼　字数 302 千字

2017 年 12 月第 1 版第 1 次印刷　印数 1—2500 册　定价 79.00 元

（本书如有印装错误，我社负责调换）

国防书店：(010) 88540777　　　　发行邮购：(010) 88540776
发行传真：(010) 88540755　　　　发行业务：(010) 88540717

献给佩吉，安迪，奇普，柯雅和蔡斯

序 言

　　自1997年第2版《自适应光学原理》出版以来，自适应光学的开发和应用得到了爆炸性的发展。天文台正在自适应光学技术的帮助下产生出卓越的科学成果，而不再是像20世纪90年代那样开发第一代自适应光学系统时的情况了。诸如微机械变形镜和噪声极低的探测器等许多器件正在这一领域引发一场革命。尽管其工作原理在本质上说仍没什么变化，但是这些原理的应用和复杂性却发生了戏剧性的增长。

　　自适应光学在工业和医学领域的应用也有了快速增长，这些进步包括：自由空间光通信中的激光传输、激光熔融中的光束控制及医学视网膜成像。这一版跟上一版一样，主要目的是将近年来发展的新内容编撰进来，并将一些新的文献也增补进来。目前在这一多学科领域以书籍、期刊和会议论文集的形式存在着10000多种出版物，我尽量引用了当前最新的、贡献较大的或者影响力巨大的论文。我真诚地向那些没有在参考文献中予以提及的人士致歉。如果您愿意资助我在未来几年的研究的话，我将会在第4版中的显著位置向您致谢。

罗伯特·K·泰森(Robert K. Tyson)
北卡罗莱纳州夏洛特市(Charlotte, North Carolina)

前　言

　　自适应光学(AO)是过去 20 年光学成像领域最令人兴奋的进展之一。虽然早在 1953 年就由豪瑞斯·巴布科克(Horace Babcock)提出了概念设计,但是这个学科一直只是个科学上的奇思妙想,直到为了军用目的投入巨资发展之后,它才变为了现实。在 20 世纪 80 年代后期,天文学家为位于智利拉西拉(La Silla)的欧洲南方天文台的 3.6m 望远镜制造了第一台 19 单元 AO 系统,之后这个学科才又一次兴盛起来。现在,世界上所有大型望远镜都配备了尖端的 AO 系统,并且出现了大量缩写字母代号来命名为天文观测开发的不同种类的 AO,如:激光导星自适应光学(LGSAO)、多层共轭自适应光学(MCAO)、激光层析自适应光学(LTAO)、地面层自适应光学(GLAO)、极端自适应光学(XAO)和多目标自适应光学(MOAO)。下一代直径达 30m 的地基望远镜所配备的 AO 系统的变形镜将具有 5000 多个致动器。

　　与用于天文观测的高端 AO 相伴发展的还有应用领域不断增多的低成本 AO。直到 10 年前,人们仍认为 AO 是一门大科学:为了成功制造 AO 系统需要有专业的工程师团队。实际上,AO 并不复杂,任何合格的大学毕业生都可以在几个月的时间内仅花费 10000 美元就可以制造出自己的 AO 系统。采用一个 14 单元的空间光调制器且花费不超过 1 美元的低成本 AO 系统就在某制造商开发的 DVD 播放机上得到了应用。

　　当鲍勃·泰森(Bob Tyson)的《自适应光学原理》这本书首次在 1991 年出版时,它马上就成为每位在此领域工作的人员的参考书。它对所有相关领域的无所不包的涉及、清晰的表述和对原始文献的大量引用确保了该书的成功。经过完全修订和更新后的第 3 版仍保留了原书的优点。每位从事 AO 的人员都应该在书架上放一本,要知道,像原版一样,它详尽的参考文献列表(超过 900 条)提供了对原始文献的极好的检索。

克里斯托弗·戴恩蒂(Christopher Dainty)
戈尔韦郡,国立爱尔兰大学(Natioanl University of Ireland, Galway)

作　者

　　罗伯特·K·泰森(Robert K. Tyson)是北卡罗来纳大学(UNC)夏洛特分校的物理学和光学副教授。他曾获得宾夕法尼亚州立大学的物理学学士学位和西弗吉尼亚大学的物理学硕士和博士学位。他已在自适应光学领域工作了30多年,并在这一主题讲授了很多课程,还写了许多书,本书是第7本。在1999年加入北卡罗来纳大学(UNC)夏洛特分校以前,他从事航空航天工业系统设计和战略防御高能激光武器系统的支持技术研究。

目　录

第1章　历史和背景

1.1　引　言

自适应光学是一门利用光信号所穿过环境的信息来改善其性能的科学与工程学科。此处的光信号可以是激光束也可以是最后形成图像的光。信息提取和以受控形式施加校正的工作原理构成了本书的内容。

与该简单定义不同，各种各样的定义使得创新成为了本领域一个令人期望且必不可少的特质。从数光年之外的星系所发射的光束中提取信息是目前人类所面临大挑战[47,524]。而对功率大到足以融化大多数人造物体的光束施加校正更是推动了这项技术水平的进步。自适应光学还在变化、成长。在受动态像差限制的光学系统中，它已成为一项必不可少的技术。

自适应光学的发展一直在不断演进。不存在某个唯一的自适应光学**发明者**。有成百上千的研究人员和工程技术人员，在过去的 35 年里，对自适应光学的发展做出了贡献。这其中既有大的跨越也有很多微小的进步。对传输一束无畸变的光束或者接收一幅无畸变的图像[71]的需求已使得自适应光学领域成为了一门独立的科学与工程学科。

显然，自适应光学演化自对波传输的理解。对物理光学的认识受益于用于光控制的新材料、新电子器件和新方法的发展进步。自适应光学涉及许多工程学科。本书将聚焦于对**工作原理**的阐述，以便为需要使用自适应光学方法的工程界所用。这个工程界范围很大，其领域涉及众多在有关光学、电子控制和材料科学的文章中常可发现的议题范围。本书目的是浓缩这些大量的文献，并为这些年来发展出的工作原理提供应用的方法。

如果将一切有关主动控制一束光的原理都视作自适应光学的话，那么这个领域确实非常广。不过，对该界定做最常采用的限制后可以引出如下的定义方法：自适应光学**以实时闭环方式对光进行控制**。因此，**自适应光学**是涉及面更广泛的学科——**主动光学**的一个子学科。文献中经常混淆和交叉使用这两个术语①，本书中的一些例子表明：为解决某些问题，也常常需要考虑**开环**方法的使用[672]。

人们还注意到了对**自适应光学**界定的其他限制。鉴于本书的宗旨，除**纯相位相干校正**之外，自适应光学还包含其他方式的校正。如许多技术是采用强度校正方式来控制光，还有些其他技术是在不同的瞳共轭面上进行多次校正。非相干成像当然也在自适应光学的研究领域内。

动物视觉系统是一个自适应光学应用的例子。眼睛能够适应不同环境来改善其成像质量。眼－脑组合成的主动聚焦"系统"是自适应光学的一个完美实例。大脑有意识或无意识地对图像做出解释、确定校正量，然后通过眼睛的晶状体或角膜等部分的生物力学运动施加校正。当晶状体被挤压时，离焦就得到了校正。眼－脑系统还能跟踪目标的方向，这是一种倾斜模式的自适应光学系统。虹膜能够根据亮度而开合，这展示了一种强度控制模式的自适应光学系统；眼睛周围的肌肉还能挤出具有孔阑效果的"眯眼"，它是一种有效的空间滤波和相位控制机制。这里的例子属于**闭环**和**纯相位**校正。

对外行关于"什么是自适应光学？"这一问题，尽管不完全准确但却最简单的答案是："它是一种当光偏离焦点后能自动保持聚焦的方法。"每个有视觉力的人都能理解何时物体没有聚焦：图像不再清晰锐利，而是很模糊。如果我们观察未聚焦的光，那么我们要么会移到一个光聚焦的位置，要么不需移位但会施加校正使光束聚焦。这就是我们的眼睛经常采用的工作原理。聚焦感的适应过程是一个学习过程，而校正（称为**调节**）是一个习得反应。当校正达到人眼的生物物理极限时，我们就需要外界帮助了，那就是校正镜片。我们眼睛的持续校正是一种采用光学方式执行的闭环自适应过程。因此它也被称为自适应光学系统。

1.2 历　史

一些综述性文章的作者[320,603]都引用公元前215年阿基米德（Archimedes）摧毁罗马舰队的例子作为自适应光学的早期应用。当罗马攻击舰队驶近守卫锡拉库扎（Syracuse）的军队时，士兵们站成一排以便将太阳光聚焦在船的侧面。通过抛光他们的盾牌或者某种别的"取火镜"并适当地定好各自的位置，成百上千的光束被导向船侧一个很小的区域上。其产生的强度显然足够高，从而点燃了战船，击败了侵略者。阿基米德所用的"取火镜"法极具创新性；

---

① 威尔逊（Wilson）等人[869]用带宽来加以区分。他们把工作于1/10Hz以下的系统称为**主动的**，而把工作于1/10Hz以上的系统称为**自适应的**。这个定义在天文界得到广泛采用。

然而，现在人们对此方法的细节不甚了解[144,743]。对于这种是否采用了反馈环路或相位控制从没有介绍过，但是锡拉库扎确实幸存了下来。

自适应光学的应用一直受到技术可行性的限制。即使那些最伟大的物理学家们也未曾预见到它的效用。艾萨克·牛顿（Isaac Newton）在 1730 年写作了《光学》一书，其中对天文学受大气湍流限制的问题他也未找到解决方法[559]。

即使望远镜制造理论最终能够完全付诸实践，也仍会存在望远镜无法突破的特定界限。这是因为，我们仰望星体所透过的大气总是处于抖动状态中，这一点可以由高塔投影的颤动和恒星的闪烁看出。但是当通过大口径望远镜观察时，这些星体并不闪烁。其原因是：穿过孔上不同位置的光线在彼此独立地抖动，通过它们不同且有时恰好相反的颤动，这些光线会一起同时落在眼底的不同点上，而且它们的震颤运动非常快也非常混乱，以致彼此无法被察觉分开。所有这些被照明的点组成了一个大亮点，这个亮点由那些大量颤动点混乱地构成且彼此通过非常短暂而快速的颤动不易察觉地混合起来，从而使得星体看起来比它自身要大一些，且整体没有任何颤动。与短望远镜相比，长望远镜会使物体显得更亮也更大，但是它们不能消除大气抖动所引起的光线混乱。唯一的补救方法就是采用最清澈宁静的大气，云层之上的高山之巅或许可以找到这样的大气。

1953 年巴布科克[45]提出：受波前传感器驱动的可变形光学元件可用于补偿影响望远镜成像的大气畸变。按照我们今天对这个领域的界定，这篇论文看来是关于自适应光学应用的最早文献。林尼克（Linnik）描述了置于大气中的信标是如何能够用于探测扰动的[466]。尽管林尼克的论文是我们现在称之为"导星"的第一篇文献，但是由于他的设想早于激光的发明，因此直到 20 世纪 90 年代早期才被开发激光导星的西方科学家知晓。

涉及自适应光学的工程学科的发展遵循普遍的技术发展规律。当问题出现后，就去寻找解决方法。这个领域内具有导向性的研究经常受助于周边学科的创新和发明。对衡量光学问题的限度并控制其结果的需要常常随当时的电子技术或计算机能力的公认"最高水平"而定。

未采用实时波前补偿的其他方法也获得了成功应用，如散斑干涉法[441,662]或混合了自适应光学与图像后处理的复合技术。罗格曼（Roggemann）与威尔士（Welsh）对这些方法做了研究[672]。

哈迪（Hardy）的一篇综述[320]对主动光学和自适应光学的历史做了非常精彩的记叙，并描述了 1978 年时该技术的发展水平。前 30 年的发展在本书及巴布科克[46]、哈迪[322]、格林伍德（Greenwood）与普瑞默曼（Primmerman）[309]、本尼迪克特（Benedict）等[77]及其他人[794]的综述中都进行了详细的描述。1991 年美国军方将其在自适应光学研究中所做的很多工作解密[257,632]。涉及激光导星[210]的研究得以公开及讨论，从而促进了天文学界相关研究工作的发展[229]。

科学期刊和技术团体持续发布着新的技术和结果。除了技术发展和外场验证之外，天文望远镜上红外自适应光学系统的首批结果也于 1991 年得以公布[526]。世界各地其他系统的结果也在持续公布中。天文成像中一个令人兴奋的进步的例子示于图 1.1。自适应光学的历史还在不断地续写着。

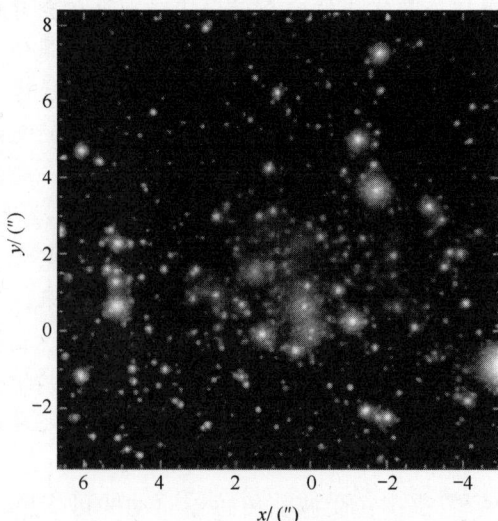

图 1.1　W·M·凯克（Keck）天文台自适应光学系统拍摄的仙后座中不规则矮星系 IC－10 的图像（照片由位于加州莫菲特机场（Moffett Field）的美国国家航空和宇航局阿姆斯研究中心 SOFIA-USRA 授权提供。获准引自 W·D·瓦卡（Vacca）、C·D·希伊（Sheehy）、J·R·格雷厄姆（Graham），2007，Ap J 662，272－283）

1.3　物理光学

自适应光学的工作原理基于一个前提：人们可以通过增加、移除或更换光学元件来改变一个光学系统的作用效果。对于人们感兴趣的大多数光学系统，衍射效应都是有害的。换言之，它们使得一束光在传输后或一个物体在成像后变得**不同**。当光束被传输时，无论其是准直的还是聚焦的，我们通常希望**所有的光**都能到达接收器。类似的，对于一个成像系统，我们希望得到的图像能完全重现物体本身。然而衍射效应降低了图像质量，因为它们使传输过程发生了退化。我们不能消除衍射效应，因为它们是麦克斯韦定律决定的固有属性。我们所能做到的最好情况就是达到衍射极限。当机械缺陷或热致缺陷对图像或传输过程的破坏超过衍射极限时，虽然不能完全消除这些缺陷，但是我们还是可以尽力改变光学系统来补偿这些缺陷的。

1.3.1 带像差传输

当用于自适应光学时，对光传输的描述方法采用数学形式体系。实际上已经有成百上千卷文献对光传输进行了描述。波恩（Born）和沃尔夫（Wolf）[89] 的经典名著在描述光传输时明确地指出了瞳平面上光场的相位对最终"像"平面上光场的影响。

对一束波长为 λ 的相干光，在距离为 z 的像平面或焦平面上一点 P 处的光强是

$$I(P) = \left(\frac{Aa^2}{\lambda R^2}\right)^2 \left| \int_0^1 \int_0^{2\pi} e^{i\left[k\Phi - vp\cos(\theta-\psi) - \frac{1}{2}u\rho^2\right]} \rho \mathrm{d}\rho \mathrm{d}\theta \right|^2 \tag{1.1}$$

式中：圆形光瞳的半径为 a，坐标为 (ρ,θ)；像平面上的极坐标为 (r,ψ)；坐标 z 垂直于瞳平面；R 是从光瞳中心①到 P 点的斜距；$k = 2\pi/\lambda$；$k\Phi$ 是相对于以焦平面原点为球心的完美球面的相位偏差（图 1.2）。为简化表达式，在焦平面上采用了如下的归一化坐标，即

$$u = \frac{2\pi}{\lambda}\left(\frac{a}{R}\right)^2 z \tag{1.2}$$

$$v = \frac{2\pi}{\lambda}\left(\frac{a}{R}\right)r \tag{1.3}$$

由于瞳平面上均匀电场的振幅为 A/R，因此瞳平面上的光强 $I_{z=0}$ 为 A^2/R^2。

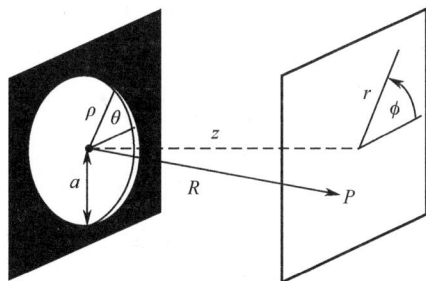

图 1.2 用于计算像差 Φ 的衍射的坐标系统

从自适应光学视角来看，上述表达式中最重要的物理量是 Φ，该物理量经常直接被误称为**相位**。实际上它更常用的称谓是**波前**。符号 Φ 代表传输到 P 点之前出现在光学系统中的所有光程差。如果不存在像差，那么轴上（$r=0$）的光强最大，称作高斯像点。

$$I_{\Phi=0}(P_{r=0}) = \pi^2 \left(\frac{Aa^2}{\lambda R^2}\right)^2 = \left(\frac{\pi^2 a^4}{\lambda^2 R^2}\right)I_{z=0} \tag{1.4}$$

---

① R 也是完美聚焦于 P 点的波前球面的半径。

斯特列尔比（Strehl） (S)，也称作归一化光强，是有像差光束与无像差光束在轴上的光强之比。如果倾斜（畸变）像差没有被消除的话，则轴被定义为垂直于倾斜面，而不是平行于 z 轴。当斯特列尔比用作评价光束传输质量的因子时应该消除静态倾斜。

综合式（1.1）和式（1.4），斯特列尔比变为

$$S = \frac{I(P)}{I_{\Phi=0}} = \frac{1}{\pi^2} \left| \int_0^1 \int_0^{2\pi} e^{i \left[k\Phi - vp\cos(\theta-\psi) - \frac{1}{2}w\rho^2 \right]} \rho d\rho d\theta \right|^2 \tag{1.5}$$

对于小像差，当倾斜①被消除、焦平面被移位到高斯焦点上时，式（1.5）指数中的线性项与二次项都会消失。剩余像差现在集中于以点 P 为球心的球面上，如果将它们表示为 Φ_p，则斯特列尔比可简化为

$$S = \frac{1}{\pi^2} \left| \int_0^1 \int_0^{2\pi} e^{ik\Phi_p} \rho d\rho d\theta \right|^2 \tag{1.6}$$

上式说明了波前是如何对传输降质产生影响的。如果光瞳上的光束没有像差，即 $\Phi_p=0$，那么斯特列尔比为 $S=1$。也就是说，焦点上的光强是处于衍射极限状态的。式（1.4）表明绝对强度的放大倍数正比于**菲涅尔（Fresnel）数** $a^2/(\lambda R)$ 的平方。更大的孔径、更短的波长或更短的传输距离将会增大焦平面上的最大光强。所有存在**极微小**像差的系统，即 $\Phi_p>0$，其斯特列尔比都会小于 1。如果波前像差较小，则其方差与斯特列尔比存在直接关系。波前方差 $(\Delta\Phi_p)^2$ 由下式得到：

$$(\Delta\Phi_p)^2 = \frac{\displaystyle\int_0^1 \int_0^{2\pi} (\Phi_p - \overline{\Phi_p})^2 \rho d\rho d\theta}{\displaystyle\int_0^1 \int_0^{2\pi} \rho d\rho d\theta} \tag{1.7}$$

式中：$\overline{\Phi_p}$ 为波前均值。对于 $\Delta\Phi_p < \lambda/(2\pi)$ 的情况，斯特列尔比如下所示[89]：

$$S = 1 - \left(\frac{2\pi}{\lambda}\right)^2 (\Delta\Phi_p)^2 \approx \exp\left[-\left(\frac{2\pi}{\lambda}\right)^2 (\Delta\Phi_p)^2 \right] \tag{1.8}$$

对于波前方差不大的系统，上式给出了一个仅根据波前方差来评估传输质量的简单方法。方差的平方根，更正式地说是波前的标准偏差 $\Delta\Phi_p$，经常被称为相位差的均方根、均方根相位差、相位差或波前差。这些术语在文献中可互换使用。光束传输质量与均方根相位差之间存在直接关系，这个事实非常重要。

---

① 对于本书来说，倾斜是 Φ 的一个分量，与瞳面上的坐标 $\rho\cos\theta$ 或 $\rho\sin\theta$ 呈线性关系。

1.3.2　带像差成像

成像背后的物理过程将传输与透镜、反射镜和其他成像光学器件的效应综合在了一起。这些效应的综合过程可通过基尔霍夫传输公式进行分析，该公式是式（1.1）的一个更普遍的形式。在 $x-y$ 平面上 P 点处的光场 $U(P)$ 由文献［89］给出：

$$U(x,y) = \frac{-iA}{2\lambda}\iint_{A_p}\frac{e^{ik(r+s)}}{rs}\left[\cos(n,r)-\cos(n,s)\right]ds \tag{1.9}$$

此处的坐标定义如图 1.3 所示，积分在孔上进行。A 为光场的振幅，对于平面波，其光场表示为 $U(z)_{\text{plane}} = Ae^{\pm ikz}$，对于球面波，其光场表示为 $U(z)_{\text{sph}} = A/(re^{\pm ikr})$。光源在 x_0-y_0 平面上，与 $x'-y'$ 光瞳平面相距 z_0。z 为瞳平面到像平面的距离。

对于长距离传输，即：$z > x$，y，x'，y'，x_0 和 y_0 中的最大值，式（1.9）化简为如下的菲涅尔积分，即

$$U(x,y) = C'\iint_{A_p}e^{ikf(x',y')}dx'dy' \tag{1.10}$$

此处 C' 项不是瞳坐标的函数，可表示为

$$C' \equiv \frac{-A}{2\lambda}\left[\cos(n,r)-\cos(n,s)\right]\frac{e^{ik(z_0+z)}}{zz_0}\cdot$$

$$\exp\left[\frac{ik}{2z_0}(x_0^2+y_0^2)\right]\exp\left[\frac{ik}{2z}(x^2+y^2)\right] \tag{1.11}$$

指数中的函数是

$$f(x',y') = \frac{1}{2}(x'^2+y'^2)(z_0^{-1}+z^{-1}) - x'\left(\frac{x_0}{z_0}+\frac{x}{z}\right) - y'\left(\frac{y_0}{z_0}+\frac{y}{z}\right) \tag{1.12}$$

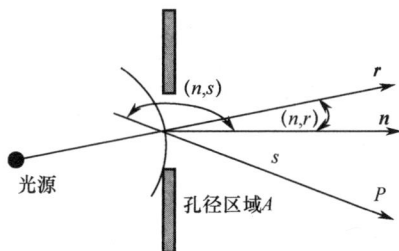

图 1.3　基尔霍夫（Kirchoff）公式的几何图示

在光束传输或天文成像等许多应用中，传输距离非常远。应用下面的近似关系计算：

$$z_0 \gg \frac{(x'^2+y'^2)_{\max}}{\lambda}, \quad z > \frac{(x'^2+y'^2)_{\max}}{\lambda} \tag{1.13}$$

基尔霍夫积分化简为如下的夫琅禾费（Fraunhofer）积分，即

$$U(x,y) = C' \iint\limits_{A_p} \exp\left\{ -ik\left[\left(\frac{x_0}{z_0} + \frac{x}{z} \right)x' + \left(\frac{y_0}{z_0} + \frac{y}{z} \right)y' \right] \right\} \mathrm{d}x'\mathrm{d}y' \quad (1.14)$$

将积分核中跟 $x_0 - y_0$ 平面上的光源有关的项与 C' 中的项合并，则积分呈现为傅里叶变换形式，即

$$U(x,y) = C' \iint\limits_{-\infty}^{\infty} U(x',y')_{A_p} \exp\left[-\frac{ik}{z}(xx' + yy') \right] \mathrm{d}x'\mathrm{d}y' \quad (1.15)$$

式（1.15）可简记为

$$U(x,y) \propto \mathscr{F}[U(x',y')] \quad (1.16)$$

式中：$\mathscr{F}$ 为傅里叶（Fourier）变换运算；$U(x', y')$ 为**光瞳函数**或**孔函数**。当光学系统包含像差 Φ 时，光瞳函数可写为

$$U(x',y') = A(x',y')\mathrm{e}^{ik\Phi(x',y',x_0,y_0)} \quad (1.17)$$

上式利用了如下事实：像差来自于光学系统中包括 (x', y') 平面上的物理光瞳在内的所有元器件。

当不存在像差且孔具有简单的几何形状时，式（1.15）可以精确求解。对于边长为 $2a$ 和 $2b$ 的矩形孔，在传输了距离 L 后，由夫琅禾费衍射导致的归一化光场为

$$U(x,y) = \frac{4L^2 \sin\left(\frac{kax}{L} \right) \sin\left(\frac{kby}{L} \right)}{k^2 xy} \quad (1.18)$$

一个重要的结果来自于圆孔的夫琅禾费衍射。在极坐标系中，归一化的光场变为

$$U(r,\theta) = \frac{\lambda L}{\pi ar} \mathrm{J}_1\left(\frac{2\pi ar}{\lambda L} \right) \quad (1.19)$$

式中：J_1 为第一类一阶贝塞尔函数。衍射后光场的光强为光场振幅的平方，即 $I = |U|^2$。

成像系统的光瞳函数会受到透镜和其他聚焦光学元件作用效应而改变。透镜透过率函数可用加斯克尔（Gaskill）给出的一种形式表示为[265]

$$T_{\mathrm{lens}} = \exp\left[\frac{-\mathrm{i}\pi}{\lambda f}(x^2 + y^2) \right] \quad (1.20)$$

式中：f 为透镜焦距。在积分方程中加入透镜透过率函数与中间传输的处理方法可将式（1.15）化简为

$$U(x,y) = C' \iint U(x',y') \exp\left[-ik\left(\frac{1}{z} - \frac{1}{f} \right)(xx' + yy') \right] \mathrm{d}x'\mathrm{d}y' \quad (1.21)$$

该式表明等效焦距为 f 的成像系统仍保持有傅里叶变换的性质。通过在成像平面上引入坐标变换，即

$$\xi = \frac{kx}{f} \tag{1.22}$$

和

$$\eta = \frac{ky}{f} \tag{1.23}$$

夫琅禾费衍射变成

$$U(\xi,\eta) = C' \iint U(x',y') \, e^{-i(\xi x' + \eta y')} \, dx' dy' \tag{1.24}$$

上式表明在焦距 f 处的夫琅禾费衍射图样是光瞳函数的傅里叶变换。

　　无论光瞳有无像差，其衍射图样都称为**点扩散函数**（PSF）。新坐标（ξ，η）的单位是长度的倒数，被称为**空间频率**。这类似于时域计算中的频谱，其频率是时间的倒数。在成像应用中，空间频率通常是二维的。

　　从式（1.24）中可以推导出一些重要的物理结果。如果光瞳函数是空间上受限的，例如孔径有限，则傅里叶变换运算截断了物体的空间高频成分，而这些高频成分包含着物体的细节信息。因此，能通过高频成分的成像系统（例如孔径比较大）"更好"，因为它能产生高分辨率图像。另外，无像差光瞳产生的图像中不会存在像差的高频特征掩盖了物体的高频含量的情况。这就是成像系统中需要自适应光学的主要原因。成像质量可由描述有多少空间频率成分被传递给图像的一个函数来表征，这是式（1.24）的一个重要结果。

　　对于相干成像系统①来说，像场可以表示为[265]如下的几何像与 PSF 的卷积：

$$U_{\text{im}} = W[\,(U_{\text{geom im}}) ** \text{PSF}\,] \tag{1.25}$$

几何像是根据成像系统的放大率、在平面内的平移、几何（光线追迹）投影和强度差异而调整后的物体的分布。在文献［299］关于成像的诸多论述中，术语**几何像**和**物**是互相通用的。只要不进行精确计算这样做是没有问题的，因为成像原理是相同的。常数 W 考虑了物体的辐射亮度和系统内各种元器件的定常透过率或吸收率。在式（1.25）中用 $**$ 表示的二维（2 – D）卷积过程解释了光学器件的衍射效应。卷积计算可如下所示转换为对两边同时做傅里叶变换来进行[299]：

$$\mathscr{F}(U_{\text{im}}) = W \cdot [\,\mathscr{F}(U_{\text{geom im}}) \mathscr{F}(\text{PSF})\,] \tag{1.26}$$

PSF 的傅里叶变换本身也是系统成像质量的衡量标准。**光学传递函数**（OTF）表示物场中每一个空间频率成分是如何被**传递**给图像的[351,352]：

$$\text{OTF} = \mathscr{F}(\text{PSF}) \tag{1.27}$$

系统**分辨率**的一种定义是 OTF 消失处的空间频率。在许多情形下，这是比简

---

　　①　非相干和白光成像系统用类似方式处理，但表达式的确切形式不同。

单的瑞利法则描述性更好的一个光学系统分辨率标准[89]。①

因为人观察到的是图像的强度分布而不是电场，因此场的振幅很重要。物和像都是由强度的傅里叶分量构成的。考虑一个单频分量，例如 ξ，物的强度 I_{obj} 可以用如下的一个常数和一个频率分量来表示，即

$$I_{obj} = b_0 + b_1\cos(2\pi\xi x) \qquad (1.28)$$

类似的，图像的强度可以写为

$$I_{im} = c_0 + c_1\cos(2\pi\xi x) \qquad (1.29)$$

调制度或对比度 M 是指定频率处强度峰谷值之间的关系，即

$$M = \frac{I_{max} - I_{min}}{I_{max} + I_{min}} \qquad (1.30)$$

当代入各自的强度表达式时，调制度 M 变为用定常强度归一化的形式。其结果是

$$M_{obj}(\xi) = \frac{b_1(\xi)}{b_0(\xi)}, \quad M_{im}(\xi) = \frac{c_1(\xi)}{c_0(\xi)} \qquad (1.31)$$

如下可知[265]这两个调制度的比值是 OTF 的振幅：

$$|OTF(\xi)| = \frac{M_{im}}{M_{obj}} \qquad (1.32)$$

OTF 的振幅是物的调制度中被传递给像的调制度的部分所占的比例。该函数被称为**调制传递函数**（MTF），是衡量成像系统传递空间细节能力的非常有用的一个因子。MTF 不包含相位信息，因为它仅仅是 OTF 的振幅。一个完美的系统在所有频率处 MTF 都应等于 1，这就要求孔径为无限大。实际系统的 MTF 在所有空间频率上都小于 1 大于 0。

1.3.3　波前表示

许多数学概念用来描述一束光的相位。相对于参考球[89]的相位偏差是波前。在自适应光学中通常通过改变波前来改变光束传输特性。

波前是与光束起点到目标之间的视线垂直的孔平面或其他待关注平面上的相位的 2 – D 映射图。在成像系统中，关注的平面垂直于物与像之间的视线。根据这个定义，光束的倾斜也被视为波前的一部分。在许多事例中，倾斜和活塞项②是自适应光学所感兴趣的，并被包含在波前中。波前沿传输方向为正。

1.3.3.1　幂级数表示

一种表示 2 – D 波前分布的方式是在极坐标 (ρ, θ) 下采用幂级数来表

---

① 瑞利勋爵提出两个相同但是相距一定距离的物，当一个物体的强度极大值与另一个物的强度第一极小值重合时是可以"分辨"的[639]。

② 活塞项是指相对于整个光束来说相位的固定延迟或者超前。

示，即

$$\Phi(\rho,\theta) = \sum_{n,m=0}^{\infty} S_{n,m1}\rho^n\cos^m\theta + S_{n,m2}\rho^n\sin^m\theta \qquad (1.33)$$

在此级数中，初级或者赛德尔（Seidel）像差[89]采用显式表示。坐标变换到笛卡儿坐标系中也很简单（$x = \rho\cos\theta$，$y = \rho\sin\theta$）。表 1.1 列出了前几阶赛德尔像差。

表 1.1　前几阶赛德尔项的表达式

n	m	表达式	类型
0	0	1	活塞
1	1	$\rho\cos\theta$	倾斜，扭转
2	0	ρ^2	离焦，场曲，"球形"
2	2	$\rho^2\cos^2\theta$	像散，柱形
3	1	$\rho^3\cos\theta$	彗差
4	0	ρ^4	球差

1.3.3.2　泽尼克级数

由于圆形孔、望远镜和透镜很常用，因此用极坐标系进行处理是诱人的方法。不幸的是幂级数表达式在圆域上不是正交系。泽尼克[903]引入的圆域正交多项式有一些非常有用的特性。这些级数称为**泽尼克（Zernike）级数**，是由具有适当归一化因子的幂级数之和组成的。波恩和沃尔夫对泽尼克级数给出了详细的描述[89]，诺尔（Noll）对泽尼克多项式和大气湍流及它们的傅里叶变换进行了分析[570]。① 罗迪耶（Roddier）[665]则演示了泽尼克多项式是如何在建模中用于描述大气的相位畸变的。温克尔（Winker）将该分析方法拓展到涵盖湍流的有限外尺度效应中[871]，而伯尔曼（Boreman）和戴恩蒂（Dainty）[88]则将之推广到包括非柯尔莫格洛夫（Kolmogorov）湍流[291]。其他可以更好支持局部传输测量的非柯尔莫格洛夫模型也得到了应用[73,451,904]。

一般的泽尼克级数包含所有的像差项，包括活塞项和倾斜项在内，如

$$\Phi(\rho,\theta) = A_{00} + \frac{1}{\sqrt{2}}\sum_{n=2}^{\infty} A_{n0}R_n^0\left(\frac{\rho}{R'}\right) + \sum_{n=1}^{\infty}\sum_{m=1}^{n}\left[A_{nm}\cos(m\theta) + B_{nm}\sin(m\theta)\right]R_n^m\left(\frac{\rho}{R'}\right)$$

$$(1.34)$$

式中：$n - m =$ 偶数；R' 为多项式的圆形定义域的半径。径向多项式 R_n^m 定义为

---

① 波恩和沃尔夫所描述的级数与诺尔所描述的级数之间在归一化上存在差异。诺尔所采用的每个多项式都乘以一个因子 $(2(n+1))^{-1/2}$ 后可以得到波恩和沃尔夫所采用的归一化多项式。

$$R_n^{\pm m}\left(\frac{\rho}{R'}\right) = \sum_{s=0}^{\frac{n-m}{2}} (-1)^s \frac{(n-s)!}{s!\left(\frac{n+m}{2}-s\right)!\left(\frac{n-m}{2}-s\right)!}\left(\frac{\rho}{R'}\right)^{n-2s} \quad (1.35)$$

此处径向项包含赛德尔项的混合项。

尽管泽尼克级数看起来结构非常复杂和使用不便，但是它却具有很多在自适应光学中应用的优点。它绕笛卡儿坐标轴做旋转变换很简单；每一对径向（n）和角向（m）序数对应一个多项式[89]，这些级数的系数可以用于像差大小的调整。对于一些简单系统，例如当用离焦来校正一定大小的球差时，这点很有用[89]。所需要的各种模式的大小与径向多项式的归一化常数有关[104,566,882]。如果遍及径向序数 n 将所有模式的数目都加起来，则泽尼克模式的总数目 Z_m 与径向序数的数目之间存在如下关系：

$$Z_m = \frac{1}{2}(n+1)(n+2) \quad (1.36)$$

表 1.2 列出了前几项径向泽尼克多项式。泽尼克级数的另一个有用的属性是可以用很简单的方式计算出波前的均方根误差。如果表示波前的级数的所有系数都已知的话，则除活塞项之外所有级数的系数的几何和就是波前方差，即

$$(\Delta\Phi)^2 = \sum_{n=1}^{\infty}\sum_{m=0}^{n}\frac{A_{nm}^2+B_{nm}^2}{2(n+1)} \quad (1.37)$$

表 1.2　前几项径向泽尼克多项式

径向项	类型
$R_0^0 = 1$	活塞
$R_2^0 = 2\left(\frac{\rho}{R'}\right)^2 - 1$	包含活塞项的泽尼克离焦
$R_4^0 = 6\left(\frac{\rho}{R'}\right)^4 - 6\left(\frac{\rho}{R'}\right)^2 + 1$	包含离焦和活塞项的泽尼克球差
$R_3^1 = 3\left(\frac{\rho}{R'}\right)^3 - 2\left(\frac{\rho}{R'}\right)$	包含倾斜项的泽尼克彗差

此方差可直接用于计算斯特列尔比。在波前关于子午面（$B_{nm}=0$）对称的特殊情况下，幂级数展开系数可由泽尼克系数计算得到[787]。类似的，泽尼克系数也可由幂级数系数计算得到[151]。因为我们能够采用简单的积分方法计算得到泽尼克系数 A_{nm} 和 B_{nm}，因此泽尼克系数提供了一种易于处理的波前表示形式，以用于计算或用于确定圆形光束中初级像差的影响效果。

1.3.3.3　泽尼克环形多项式

一些光学系统（如卡塞格伦（Cassegrain）望远镜和牛顿望远镜）的光束

中央部分被遮挡。这些系统的波前很难用幂级数或泽尼克多项式来表示，这是因为：需要在径向上用很高的空间频率才能表示遮挡效应。甚至对于初级像差的表示也需要大量的级数项。马哈詹（Mahajan）[496] 论述了一个在环形域上正交的级数。通过采用格拉姆－施密特正交化过程，得到了一种基于泽尼克多项式的多项式级数。该级数包含一个表示光波前内半径的量，且各项的表达式类似于径向泽尼克多项式。

1.3.3.4 低阶像差模式

活塞项仅仅是波前的整体均匀平移，除此之外，倾斜和离焦是对传输和成像影响最大的初级像差。根据更严格的理论，这些项其实不能称为"像差"[89]。它们有重要的几何意义。重写式（1.1），焦面上点 P 处的光强度方程变为

$$I(P) = \left(\frac{Aa^2}{\lambda R^2}\right)^2 \left| \int_0^1 \int_0^{2\pi} e^{i\left[k\Phi - v\rho\cos(\theta-\psi) - \frac{1}{2}u\rho^2\right]} \rho d\rho d\theta \right|^2 \tag{1.38}$$

可以看出指数中主要包含三项：波前部分 $k\Phi$，倾斜部分 $v\rho\cos(\theta-\psi)$ 和离焦部分 $u\rho^2$。如果已知波前 Φ 包含一个 x 方向上大小为 K_x 的倾斜，则可以进行坐标变换 $\Phi = \Phi' + K_x\rho\sin\theta$。将倾斜项分离成 $x-y$ 分量，焦距表示为 f，孔半径表示为 a，则指数变成

$$k\Phi' + kK_x\rho\sin\theta - \frac{ka}{f}r\rho\sin\psi\sin\theta - \frac{ka}{f}r\rho\cos\psi\cos\theta - \frac{1}{2}kz\left(\frac{a}{f}\right)^2\rho^2 \tag{1.39}$$

从波前高阶项 Φ' 中移除倾斜，并按照 $x' = x - (R/a)K_x$，$y' = y$，$z' = z$ 做变量替换，则指数变成

$$k\Phi - \frac{ka}{f}\rho'\cos(\theta - \psi') - \frac{1}{2}kz\left(\frac{a}{f}\right)^2\rho^2 \tag{1.40}$$

上式与式（1.1）具有相同的形式。像面上光分布与初始无倾斜波前的情况相同，不过图像中心会发生大小为 fK_x/a 的平移。

对于离焦也可以做类似的变换。如果波前包含 $K_z\rho^2$ 项，则光的分布在焦面上不会变化，但是焦距 f 会平移一个正比于 K_z 的量。这个非常重要的结果是测量光束中离焦量或平移量的基础，对它的详细讨论见第 5 章。

1.3.4 干涉

干涉发生在两束或多束相干光叠加的时候。白光发生干涉是由于（非相干的）白光可认为是能够干涉的相干成分的混合光。光干涉的基本原理可用于诸如自适应光学中的波前测量等实际场合[424]。

强度是电场振幅平方的时间平均。我们可以把平面波的电场矢量表示为

$$E = \frac{1}{2}\left[A(r)e^{-i\omega t} + A^*(r)e^{i\omega t}\right] \tag{1.41}$$

此处振幅的矢量分量是

$$A_x = a_x e^{ikr-\delta_x} \tag{1.42}$$

$$A_y = a_y e^{ikr-\delta_y} \tag{1.43}$$

$$A_z = a_z e^{ikr-\delta_z} \tag{1.44}$$

这些分量的相位是 δ 部分。场的大小 $|E|^2$ 取如下形式：

$$|E|^2 = \frac{1}{4}(A^2 e^{-2i\omega t} + A^{*2} e^{2i\omega t} + 2A \cdot A^*) \tag{1.45}$$

对场的大小在一个较长时间间隔上求平均数可得强度，即

$$I = \langle E^2 \rangle = \frac{1}{2} A \cdot A^* = \frac{1}{2}(a_x^2 + a_y^2 + a_z^2) \tag{1.46}$$

如果两个这样的场叠加起来，则矢量相加，即

$$E = E_1 + E_2 \tag{1.47}$$

这两个场之和的大小变为

$$\langle E^2 \rangle = \langle E_1^2 \rangle + \langle E_2^2 \rangle + 2\langle E_1 \cdot E_2 \rangle \tag{1.48}$$

这两个叠加场的强度为

$$I = I_1 + I_2 + 2\langle E_1 \cdot E_2 \rangle = I_1 + I_2 + (a_{x1}a_{x2} + a_{y1}a_{y2} + a_{z1}a_{z2})\cos\delta \tag{1.49}$$

式中：δ 为这两个场之间的相位差。为了简化表达式起见，不失一般性，将光处理为横向线性偏振，即 $a_{yi} = a_{zi} = 0$。根据式（1.41），各束光的强度为

$$I_1 = \frac{1}{2}a_{x1}^2 \tag{1.50}$$

$$I_2 = \frac{1}{2}a_{x2}^2 \tag{1.51}$$

叠加后光束的强度为

$$I = I_1 + I_2 + 2\sqrt{I_1 I_2}\cos\delta \tag{1.52}$$

最大强度发生在 $\cos\delta = 1$ 的时候，即 $\delta = 0$，2π，4π，…，最小强度发生在余弦项为零的时候，即 $\delta = \pi$，3π，5π，…。对于 $I_1 = I_2$ 这种并非罕见的特殊情况，叠加后光束的强度为

$$I = 4I_1 \cos^2(\delta/2) \tag{1.53}$$

其最大强度 $I_{max} = 4I_1$，最小强度 $I_{min} = 0$。

测量干涉图样等价于测量光场的空间相干函数。范西特（Van Cittert）–泽尼克定理[672]指出：光场的空间相干性是光源辐照度分布的傅里叶变换。光场和无线电的干涉都基于该原理。这些干涉原理的应用也是波前控制研究的基础。自适应光学就是一门通过对某处相位 δ 的控制来对另一处光强 I 完成操作的工程学科。

1.4 自适应光学中的术语

在自适应光学界经常用到大量的术语。这些术语中，一部分从电学或机械工程中演变而来，另一部分采用自特殊军事应用中的术语[806]，而其余的都仅适用于自适应光学。

许多作者对相同或相似的术语采用了不同的定义。对一个正在成长中的国际研究领域，这种现象很寻常。在本书中，为了保持一致性，一些术语采用自适应光学——工程界在天文和传输应用中所通用的定义。其他术语的定义将根据它们所使用的场合而定。

在 1.1 节中讨论了**主动**光学和**自适应**光学的差异。需要对**开环**和**闭环**做一个相当宽泛的定义。如果一个光学系统或一个光电系统无论以何种方式用到了反馈，那么就可以认它为一个**闭环**系统。这一定义既适用于正反馈也适用于负反馈，而且，该定义也可用于光学、电学、机械学，或在**信息**与**补偿**之间形成闭环的任何其他方法。

如果光信息在接收器或靶端（光传输中）或像面（成像应用中）上被收集起来，则该系统被认为是一个**目标回路**。如果信息在到达靶或像面之前或在某种校正应用之前就被截断，则该短路回路被称为是一个**局部回路**。

如果光信息被自适应光学系统接收发生在传输光束到达靶端之前，则认为它是**发射波**。如果传输的信息从靶端被反向传回到校正系统，则称它为**回波**。传输光束到达粗糙扩展目标后的回波显示出特殊的散斑问题。这些散斑可通过一个称为"散斑平均相位共轭"[834]的处理而缓解。

如果**补偿**需要有宏观质量的运动，则视其为**惯性的**。如果**补偿**仅改变物质的状态而不使其发生显著运动，则称为是**非惯性的**。如果补偿是通过在空间上分割校正区域并对每个区域独立处理（可能存在交叉耦合）来实施的话，则称为**区域校正**。相反地，如果补偿的实施是以另一种方式来划分校正区域，例如在数学上将校正分解为正交模式，则称为**模式校正**。

可以理解的是这些定义中也存在一些灰色地带。举例来说，折射率的声光变化是在分子层级上移动物质，但因为它不是一个显著的宏观应用，所以也属于是非惯性的。类似的，在激光谐振腔内可能也不存在自适应光学情况中所定义的"靶"，但这种目标回路也可简单地被称为**输出回路**。

当一束光投射在不透明表面上时，根据光束的口径和波前，光斑几乎可以呈现出任何形状。如果光束是圆形的并且有锐利的边缘，那就很容易确定光斑的半径或直径。高斯型剖面强度在边缘处没有锐截止。**边缘**通常指强度下降为最大值的13.5%的位置点。这是光束强度的 $1/e^2$ 点，也称为**束腰**。边缘容易确定的光束形状是圆孔的夫琅禾费衍射图样（式（1.19））。这是因为贝塞尔函数在一个著名的位置处到达其第一个零点，$J_1(3.8)=0.0$，所以"圆形光斑的边缘"定义为第一暗环，即相消干涉区域。在此情况下"光斑"包含84%的能量（图1.4）。

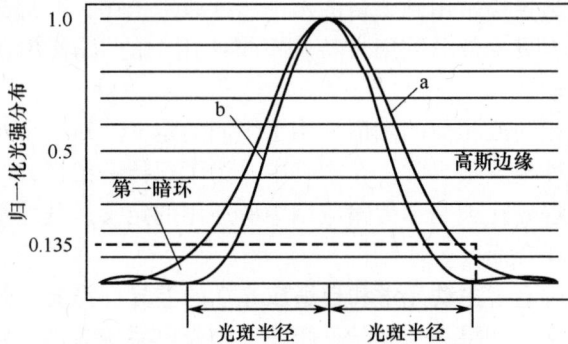

图1.4　强度剖面不同，光斑尺寸定义也不同，
图中 a 为高斯剖面，b 为均匀光束通过圆孔衍射后的远场光斑

其他的光束光斑可能是非对称的，或严重扭曲的，或具有大量的强度高低不同的孤立区（类似于粗糙漫反射表面上的散斑图样）。通过选取包含84%能量的最小光斑面积并计算其等价圆域的直径，可近似得到**光斑尺寸**。

使用惠更斯（Huygens）子波概念[80,89]，我们可以知道平面波穿过孔后马上就会从其准直形态开始发散。发散的大小依赖于初始光束的振幅和相位、在孔上的分布、使光束发生散射和衍射的传输介质以及光束"边缘"的定义。**光束发散角**通常表示为传输轴与光束路径上不同位置处光束边缘连线之间的夹角。根据光束路径上光束边缘所定义的立体角有时候也用于表示光束发散。

斯特列尔比是用于描述由像差引起的强度衰减量的基本物理量。另一个物理量，**光束质量**，也在类似场合使用。在光学界存在大量光束质量的定义。最常用的定义规定光束质量是斯特列尔比倒数的平方根，即

$$BQ = \sqrt{1/S} \tag{1.54}$$

对于高斯光束，光束质量等价于由光束发散引起的束腰的线性增长。一般来说，衍射光斑的线性尺寸增加量就表征了光束质量。为更好地描述某些特殊系统，一些研究者重新定义了光束的衍射极限。例如，斯特列尔比与有像差光束的强度和无像差光束的强度有关。如果一束光在无像差时不均匀，例如环形光束或其他任意受遮挡光束，则该无像差光束的强度将不会比一个类似的等面积无遮挡光束的强度高。增大相位畸变通常将会降低轴上的光束强度。然而，在某些情况下，增大相位畸变也会增大某种特殊遮挡光束的轴上强度。这就会导致斯特列尔比大于1而光束质量小于1的情形出现。在斯特列尔比定义中通过替换受遮挡但无像差光束的轴上强度，该光束质量可以视为一个将相位畸变仅

与传输强度相联系的标量。光束质量应该总是与具有相同尺寸和形状的无像差光束相比。

　　抖动是光束的动态倾斜，通常用角度方差或其平方根来表示。与机械振动情况相似，其动态特性也常用功率谱密度来表示。如果抖动很慢——通常指慢于待研究系统的响应，则称为**漂移**。因为倾斜改变的是光束的传输方向而非形状，所以，根据正式的定义，倾斜对斯特列尔比没有影响。然而，如果建立一个系统是为了将光束保持在接收器或空间上一点，则抖动将引起光束越过此点往复扫动。靶上的时间平均强度将随抖动而下降。

　　受衍射（表示为波前方差 $\sigma^2 = (k\Delta\Phi)^2$）、抖动和 m 个光学元件透过率损耗的衰减，圆孔的轴上远场强度 I_{ff} 可以表示为[715]

$$I_{ff} \approx \frac{I_0 TK\exp(-\sigma^2)}{1 + \left(\dfrac{2.22\alpha_{jit}D}{\lambda}\right)^2} \tag{1.55}$$

式中

$$T = \prod_{i=1}^{m} T_i \tag{1.56}$$

为 m 个光学元件的总透过率；K 为文献 [349] 中所描述的孔形状校准因子；D 为孔径；λ 为波长；α_{jit} 为单轴抖动角均方根值。在式（1.4）中通过代换得到无像差无抖动时的强度为

$$I_0 = \frac{\pi D^2 P}{(2\lambda L)^2} \tag{1.57}$$

式中：L 为传输距离；P 为圆形孔内均匀分布的入射光功率。

　　根据巴比涅原理，遮拦比为 ε 的圆孔内的强度变为[89]

$$I_0\big|_{obsc} = \frac{\pi D^2 P}{(2\lambda L)^2}(1 - \varepsilon^2) \tag{1.58}$$

当光束的强度分布具有相对简单的解析形式时，知道了轴上强度就足以描述其远场效应了。对于畸变严重或者具有复杂孔形状的光束，知道轴上强度还不足以描述其远场效应。因此需要测量焦面或靶面上的总功率，或焦面上的部分功率。对沉积在焦面上某圆域内的光功率进行积分就得到了一个称为**总积分功率**的物理量。如果在焦面上放置一个已知半径的"桶"，该"桶"将会收集到一部分功率的光，称为**桶中功率**。对于完美的圆孔，桶中功率表示为[89]

$$PB = 1 - J_0^2\left(\frac{2\pi ab}{\lambda L}\right) - J_1^2\left(\frac{2\pi ab}{\lambda L}\right) \tag{1.59}$$

式中：a 为孔半径；b 为桶半径。

　　经常有必要将一个系统的传输能力表示为与传输距离无关的量。式（1.55）中远场强度 I_{ff} 的表达式乘以传输距离的平方 L^2 就产生了一个用单位立

体角内的功率为单位来表示的量。这个术语称为**亮度（Bringhtness）**，它是对传输系统而非传输效应本身的描述，即

$$\text{Bringhtness} \approx \frac{\pi D^2 PTK\exp[-\sigma^2]}{4\lambda^2 \left[1 + \left(\frac{2.22\alpha_{jit}D}{\lambda}\right)^2\right]} \qquad (1.60)$$

天文亮度定义为单位时间内到达地球表面给定面积内的光子数，与恒星的星等有关。在可见光谱带内用下式确定：

$$B_{astro} = (4 \times 10^6) 10^{-m_v/2.5} \text{ 光子}/(\text{cm}^2 \cdot \text{s}) \qquad (1.61)$$

式中：m_v 为被观察恒星的视星等。在黑暗处，人的裸眼视觉极限大约相当于 6 视星等。14 视星等大约相当于地球同步卫星受太阳照射所产生的亮度。

　　天文学家使用"视宁度"来描述大气中的湍流情况。该术语基于透过大气观察时对两个点目标的分辨能力而定义。本质上与分辨两个点目标的瑞利（Rayleigh）准则相同[89,639]，即"视宁度"是用角度表示的 PSF 的半高全宽值。它通常用角秒（或角分）来表示，$1'' = 4.8\mu rad$。未受补偿的大气视宁度可低至 $0.45''$[27]高至 $2.0''$[664]。对于地球低轨空间目标监视来说，视宁度应该低于 $0.02''$[509]。对于天文观测来说，好的视宁度一般在 $0.1'' \sim 0.5''$。自适应光学就是用来改善视宁度的。

第 2 章　像　差　源

在图像采集或光束传输过程中光强的有害变化产生了对自适应光学的需求。第 1 章指出，相对于参考球面的相位偏差（波前）是引起光强变化的主要原因，而它可用自适应光学来处理。产生波前误差的来源很多。

天文学家最关心的是造成图像降质的大气湍流。而从事光束传输并使接收器上有用能量最大化工作的工程师关心的则必定是由激光器本身、光束控制元件及传输介质所引入的误差。本章将讨论许多由自适应光学系统所处理的相位畸变的来源。这些来源包括：由湍流、光学制造和装配失调所引起的线性效应以及由非线性的热效应和流体性所产生的误差。最小化这些效应一直就是研制任何一套光学系统所一开始时就需要考虑的。而对这些扰动的实时补偿则属于自适应光学的研究领域。

2.1　大气湍流

自然界不断发生的温度微小起伏（小于 1℃）引起风速的随机变化（涡流），我们将其视为大气中的湍流运动。温度的这些变化造成大气密度的微小变化，从而引起折射率的微小变化。这些量级为 10^{-6} 的折射率变化会发生累积，而这种累积效应能造成大气折射率分布的明显不均匀性。因此光束在大气传输过程中波前将发生变化，这会导致光束漂移、光强起伏（闪烁）和光束扩展。

在大气中，折射率的这些微小变化起的作用与小透镜相当。它们使光波汇聚和改变方向，并最终通过干涉而引起光强变化。这些"透镜"的尺寸大致与产生它们的湍流涡的尺寸相同。虽然薄透镜模型是个可用的近似模型，但是，因为大气几乎不存在不连续性，所以这种近似并不完全准确。

最常见的湍流效应可从恒星的闪烁和颤动中明显看出来。**闪烁**就是恒星的随机光强变化，这是由于来自同一恒星但通过的大气路程略有不同的光波之间发生了随机干涉。恒星的平均位置也呈现出一种随机的**颤动**，这是因为来自于恒星的光的平均到达角受到沿路上大气折射率变化的影响。第三个效应很早之前就为天文学家所知，这就是湍流所引起的恒星像的明显**扩散**。由光学系统引入的像差不能解释恒星这类点目标的光斑图像为何这么大。引起扩散的原因是湍流产生的随机高阶像差。

因为湍流的这三个主要效应是自适应光学系统的补偿对象，所以这里将对它们进行研究。其他大气效应，例如气溶胶散射和分子吸收，将会在它们影响到自适应光学系统性能时再介绍。通过控制波前在空间和时间上的大幅变化能够减小随机温度起伏所导致的相位变化。这是采用自适应光学技术的主要原因。

关于这个问题，已经有好几本专著[130,374,746,755]和数百篇论文来研究湍流效应的理论基础和这些理论的实验验证[209]。卢金（Lukin）在1986年撰写的一本书中对与自适应光学相关的湍流现象进行了全面的理论研究，不久前该书的更新版从俄文译成了英文[488]。

在应用于自适应光学时，湍流可用一些描述物理上的湍流现象与光学中的传输和相位效应之间关系的基本原理来概述。穿过大气湍流的光传输还未完全搞清楚，特别是对小尺度现象而言。因为实际大气的复杂程度超出了确定性预测或数值分析的能力，所以湍流理论是基于统计分析建立起来的。着重采用统计学来描述大气湍流，这种方式产生了大量非常实用的理论和标度律来描述总体属性的平均效应，例如光束总漂移、光束扩散和闪烁[208]。

2.1.1　大气湍流描述

高密度的空气和低密度的空气随风四处运动，该过程可用统计量来描述。柯尔莫格洛夫[425]研究了位移矢量为 r 的空间两点之间风速的均方差，定义结构张量 $\boldsymbol{D}_{ij}$ 为

$$\boldsymbol{D}_{ij} = \langle [v_i(r_1 + r) - v_i(r_1)][v_j(r_1 + r) - v_j(r_1)] \rangle \tag{2.1}$$

式中：v_i 和 v_j 为风速的不同分量；$\langle \cdot \rangle$ 为系统平均。用实际速度描述符来评估，该等式并不简单；不过，如果对大气做三个假设，则该结构张量可以得到简化。首先，大气是局部均匀的（速度随矢量 r 而变）；其次，大气是局部各向同性的（速度仅随 r 的幅度而变）；第三，湍流是不可压缩的（$\nabla \cdot v = 0$）。现在张量就变成了如下的一个结构函数[65]：

$$\boldsymbol{D}_v = \langle [v_r(r_1 + r) - v_r(r_1)]^2 \rangle \tag{2.2}$$

如果间距 r 较小（在湍流的惯性子区内），则结构函数服从 r 的 2/3 次方定律，即

$$\boldsymbol{D}_v = C_v^2 r^{2/3} \tag{2.3}$$

式中：C_v^2 为速度结构常数，表征对湍流能量的度量。该结构函数形式仅当 r 的值大于最小涡尺寸 l_0 而小于最大涡尺寸 L_0 时成立。小涡的尺寸称为**内尺度**或**微尺度**，当小于该尺寸时黏滞效应比较重要，能量耗散为热。内尺度与湍流动能 ε 的耗散速率和运动黏滞度 v 之间的关系为[577]

$$l_0 = 7.4 \left(\frac{v^3}{\varepsilon} \right)^{1/4} \tag{2.4}$$

大涡的尺寸称为**外尺度**,当大于该尺寸时各向同性不再成立。l_0 的取值范围可近似为:从地球表面附近的几毫米到对流层内的几厘米甚至更大。外尺度 L_0 的取值范围从几米到几百米。在近地面 1km 以下,$L_0 \approx 0.4h$,此处 h 是离地高度[755]。在自由大气内,外尺度通常在几十米的量级上,但是也有达到几百米的情况[52]。

利用被动混合物概念,塔塔尔斯基(Tatarskii)[755]与考森(Corrsin)[152]在速度结构函数与折射率结构函数之间建立了联系。在处理传输问题时,折射率结构函数 D_n 更为重要,即

$$D_n(r) = C_n^2 r^{2/3}, \quad l_0 < r < L_0 \tag{2.5}$$

式中:C_n^2 为折射率结构常数,表征对湍流强度的度量。惠特曼(Whitman)和贝兰(Beran)[858]讨论了有限内尺度效应和 r 接近于 l_0 时结构函数的变化。

大气可假设为由平均折射率 $\langle n(r) \rangle$ 与起伏折射率 $n_1(r)$ 两部分构成。因此折射率场的协方差 B_n 变为

$$B_n = \langle n_1(\boldsymbol{r} + \boldsymbol{r}_1) n_1(\boldsymbol{r}_1) \rangle \tag{2.6}$$

功率谱密度(PSD)是协方差的傅里叶变换,即

$$\Phi_n(\boldsymbol{K}) = \frac{1}{(2\pi)^3} \int d^3 r B_n(r) e^{-i\boldsymbol{K} \cdot \boldsymbol{r}} \tag{2.7}$$

式中:$\boldsymbol{K}$ 为三维空间波数。采用柯尔莫格洛夫惯性子区表达式(式(2.5)),将坐标变换为球坐标形式 $\boldsymbol{K} = (K, \theta, \phi)$,并计算系综平均[746],则 PSD 变为

$$\Phi_n(K) = \frac{5}{18\pi} C_n^2 K^{-3} \int_{l_0}^{L_0} dr \sin(Kr) r^{-1/3} \tag{2.8}$$

如果放宽积分的上下限范围,即 $l_0 \rightarrow 0$,$L_0 \rightarrow \infty$,则该积分导出**柯尔莫格洛夫谱**为

$$\Phi_n(K) = 0.033 C_n^2 K^{-11/3} \tag{2.9}$$

之所以采用零内尺度和无穷大外尺度是为了便于进行积分运算。塔塔尔斯基[756]描述了一个可用于有限内尺度[488]的谱,即

$$\Phi_n(K) = 0.033 C_n^2 K^{-11/3} \exp\left(\frac{-K^2}{(5.92/l_0)^2} \right) \tag{2.10}$$

冯·卡门(von Karman)谱[755]用于有限外尺度情况,其表达式为

$$\Phi_n(K) = \frac{\Gamma(11/6)\pi^{-9/2}}{\Gamma(1/3)8} \delta^2 L_0^3 (1 + K^2/K_0^2)^{-11/6} \tag{2.11}$$

计算该表达式中常数项的值,得到

$$\frac{\Gamma(11/6)\pi^{-9/2}}{\Gamma(1/3)8} \approx 2.54 \times 10^{-4} \tag{2.12}$$

$K_0 = 2\pi/L_0$，折射率起伏方差为

$$\delta^2 = \frac{C_n^2}{1.9K_0^{2/3}} \tag{2.13}$$

上述这些功率谱都仅在如下惯性子区内有效：

$$\frac{2\pi}{L_0} \leqslant K \leqslant \frac{2\pi}{l_0} \tag{2.14}$$

2.1.2 折射率结构常数

折射率结构常数 C_n^2 表征对湍流强度的度量，但它并不是一个常数，而是每个季节甚至每日每时都在变。而且它还随地理位置和海拔高度的变化而变化。图 2.1 显示了该参数的一些测量变化值以及两个基于均值近似的著名数值模型。它很容易受到航空器的运动等人为因素的扰动。已经对 C_n^2 进行了大量的测量[163,362,817]，但还没有一个精确的理论模型可适用于多种湍流情况。基于实验观察，赫夫纳格尔（Hufnagel）建议采用如下形式[362]，即

$$C_n^2 = \{[(2.2 \times 10^{-53})h^{10}(W/27)^2]e^{-h/1000} + 10^{-16}e^{-h/1500}\}\exp[r(h,t)] \tag{2.15}$$

式中：h 为以米为单位的海拔高度；W 为与风有关的因子，其定义为

$$W = \left[\left(\frac{1}{15\text{km}}\right)\int_{5\text{km}}^{20\text{km}} v^2(h)dh\right]^{1/2} \tag{2.16}$$

$r(h, t)$ 是均值为零的均匀高斯随机变量。术语 $v(h)$ 是高度为 h 处的风速。C_n^2 的单位是 $\text{m}^{-2/3}$。

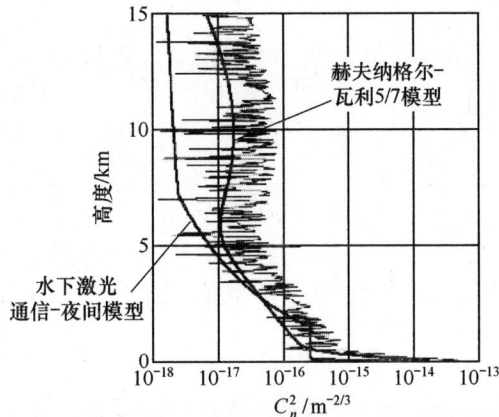

图 2.1 折射率结构常数 C_n^2 作为海拔高度的函数的测量值，作为比较
列出了赫夫纳格尔 – 瓦利（Valley）5/7 模型和水下激光通信 – 夜间模型

应用式（2.15）时，需要严格知道风速随海拔高度的变化关系。常用的风模型，也是本书在计算时所采用的风模型，是巴夫顿（Bufton）[106]推导得到

的，即

$$v(z) = 5 + 30\exp\left[-\left(\frac{z-9.4}{4.8}\right)^2\right] \tag{2.17}$$

式中：z 的单位为 km；风速 v 的单位为 m/s。

瓦利[808]在研究非等晕时对风模型稍做了修改，具体情况将在第 3 章中讨论。乌尔里奇（Ulrich）又增加了一项以对边界层进行解释，从而导出了赫夫纳格尔－瓦利边界（HVB）模型[800]，表达式为

$$C_n^2 = 5.94 \times 10^{-23} z^{10} \mathrm{e}^{-z}\left(\frac{W}{27}\right)^2 + 2.7 \times 10^{-16} \mathrm{e}^{-2z/3} + A\mathrm{e}^{-10h} \tag{2.18}$$

式中：z 为平均海拔高度，单位为 km；h 为相对于站址的高度，单位为 km；C_n^2 单位为 m$^{-2/3}$；W 为与高空大气风速有关的一个可调节参数；A 为比例常数[800,808]。如果站址位于海平面上，则可调节 W 和 A 使它们与相干长度 r_0 和等晕角 θ_0 的已知积分值相对应。① 对于 $r_0 = 5\mathrm{cm}$，$\theta_0 = 7\mu\mathrm{rad}$，$\lambda = 0.5\mu\mathrm{m}$（所谓的赫夫纳格尔－瓦利 5/7 模型）的情况，参数 $A = 1.7 \times 10^{-14}$，$W = 21$。当波长 λ 单位为 μm，相干长度 r_0 单位为 cm，等晕角 θ_0 单位为 μrad 时，对于任意站址条件[791]，HVB 参数都可表示为

$$W = 27(75\theta_0^{-5/3}\lambda^2 - 0.14)^{1/2} \tag{2.19}$$

和

$$A = 1.29 \times 10^{-12} r_0^{-5/3}\lambda^2 - 1.61 \times 10^{13}\theta_0^{-5/3}\lambda^2 - 3.89 \times 10^{-15} \tag{2.20}$$

另一个常用于计算与大气湍流有关的参数的模型是水下激光通信（SLC）－夜间模型，该模型因程序名 SLC 而得名，此处 h 是离地高度（单位为 m）。对该模型的描述如表 2.1 所列。

表 2.1　水下激光通道－夜间模型中离地高度 h 与 C_n^2 的对应关系

高度/m	C_n^2
$h \leqslant 18.5$	8.40×10^{-15}
$18.5 < h \leqslant 110$	$2.87 \times 10^{-12} h^{-2}$
$110 < h \leqslant 1500$	2.5×10^{-16}
$1500 < h \leqslant 7200$	$8.87 \times 10^{-7} h^{-3}$
$7200 < h \leqslant 20000$	$2.00 \times 10^{-16} h^{-0.5}$

2.1.3　湍流效应

湍流会引起空间高频的光束扩展，空间低频的光束漂移和强度变化。光束

---

① 相干长度和等晕角在 2.1.3 节中再做正式描述。

扩展由尺寸小于光束的涡引起，漂移由尺寸大于光束的涡引起[746]。柯尔莫格洛夫谱表明强度变化由尺寸在 $\sqrt{\lambda L}$ 量级上的涡引起，此处 L 为传输距离。

2.1.3.1　弗里德相干长度

在研究光外差通信接收器时，弗里德（Fried）[237]发现：为使大气畸变不严重限制接收器性能，聚光器所允许的最大直径为 r_0，此处"**相干长度**"① 为

$$r_0 = \left[0.423k^2\sec\beta\int_0^L C_n^2(z)\,\mathrm{d}z\right]^{-3/5} \tag{2.21}$$

式中：L 为光程长；β 为天顶角；C_n^2 可随高度 z 而变。可以发现在很多情况下，柯尔莫格洛夫湍流的相位结构函数中都含有该参数[238]。对于平面波，有

$$D_\phi = 6.88\left(\frac{r}{r_0}\right)^{5/3} \tag{2.22}$$

其中径向变量 r 垂直于传输方向。对于球面波，相干长度表达式略有变化，即

$$r_{0\mathrm{sph}} = \left[0.423k^2\sec\beta\int_0^L C_n^2(z)\left(\frac{z}{L}\right)^{5/3}\mathrm{d}z\right]^{-3/5} \tag{2.23}$$

式（2.22）可以推广到非柯尔莫格洛夫湍流情形。尼科尔斯（Nicholls）等[563]讨论了结构函数的一般模型，其形式为

$$D_n(r) = \gamma_\eta\left(\frac{r}{R_0}\right)^{\eta-2} \tag{2.24}$$

当 $\eta=11/3$，$R_0=r_0$，$\gamma_\eta=6.88$ 时，认为它符合柯尔莫格洛夫湍流。如果 $\eta<11/3$，则相位畸变的部分能量就会从低阶模式转移到高阶模式，要求自适应光学系统做出相应的改变。

若 C_n^2 为常数（即对于一段水平路径），平面波的相干长度表达式可简化为

$$r_0\big|_{\mathrm{pl}} = 1.68\,(C_n^2 Lk^2)^{-3/5} \tag{2.25}$$

球面波的相干长度表达式可简化为

$$r_0\big|_{\mathrm{sph}} = 3.0\,(C_n^2 Lk^2)^{-3/5} \tag{2.26}$$

在天文学中，星光在进入大气时是平面波，因此采用平面波描述。在波长 λ 处，晚间 r_0 的典型中值可近似为[246]

$$[r_0]_{\mathrm{median}} = 0.114\left(\frac{\lambda}{5.5\times10^{-7}}\right)^{6/5}(\sec\beta)^{-3/5} \tag{2.27}$$

式中：λ 的单位为 m。

弗里德相干长度已用于描述各种大气湍流现象。该参数可以通过间接方式测量[40,700]。通过采用双通道夏克－哈特曼（Shack-Hartmann）传感器

---

① 该参数也常被称为"视宁单元尺寸"[239]。

（5.3.2 节）作为差分图像运动监视器[227,690]，可以测量大气视宁度。因为 r_0 将湍流强度 C_n^2、波长和传输距离等合并在了一个参数中，所以它被广泛用于标度律和对大气现象的描述。例如，在空间频率域（空间频率 ξ 的单位为 m^{-1}）中湍流谱就是用相干长度表示的[570]，当 r_0 的单位为 m 时该谱的表达式为

$$\Phi(\xi) = \left(\frac{0.023}{r_0^{5/3}}\right)\xi^{-11/3} \tag{2.28}$$

利用泽尼克系数和其它多项式，这个空间频谱可用于描述大气湍流的所有畸变模式[665]。而且对该频谱积分后可以给出整体波前方差：

$$\sigma^2 = \int\Phi(\xi)\mathrm{d}^2\xi \tag{2.29}$$

2.1.3.2　闪烁

强度变化通常表示为振幅的对数的起伏（**对数振幅起伏**）。柯尔莫格洛夫谱表明对数振幅起伏是由尺寸为 $\sqrt{\lambda L}$ 量级的涡引起的，此处 L 为传输距离。对 $l_0 \ll \sqrt{\lambda L}$ 的冯·卡门谱，平面波的对数振幅方差 σ_χ^2 为[755]

$$\sigma_\chi^2 = 0.307k^{7/6}L^{11/6}C_n^2 \tag{2.30}$$

球面波的相应表达式为

$$\sigma_\chi^2 = 0.124k^{7/6}L^{11/6}C_n^2 \tag{2.31}$$

因为在推导这两个表达式时采用了扰动理论，所以对长距离传输和强湍流[633]情况这两个表达式不成立。塔塔尔斯基[755]在推导该理论时采用了雷托夫（Rytov）[681]发明的方法。由于**雷托夫近似**的限制，这两个等式仅对 $\sigma_\chi^2 < 0.3$ 成立。

采用大气的简单多透镜模型，也可以计算振幅方差。因为每个直径为 l 的涡都相当于一个透镜，所以相应地它也有一个长度为 $f \approx l/\Delta n$ 的焦距。在几何光学中，$l > \sqrt{\lambda L}$，$l_0 < \sqrt{\lambda L}$，则对数振幅方差为[145]

$$\sigma_\chi^2 \approx k^{7/6}L^{11/6}C_n^2 \tag{2.32}$$

与更严格的塔塔尔斯基方法相比，该式只差一个常数倍数。

当采用小的接收孔径或点接收孔径时，例如光通信接收器、小型光学跟踪器或人眼等，闪烁效应最为显著。在某些情况下，中心跟踪器中的闪烁也可以解释为倾斜或抖动误差，虽然实际上不存在相位倾斜[350]。对于较大的孔径，闪烁效应在孔范围内被平均了，因此聚焦后的辐照度变化较小。通过辐照度的变化 σ_I^2 可以观察闪烁，其表达式为

$$\sigma_I^2 = A[\exp(4\sigma_\chi^2) - 1] \tag{2.33}$$

式中：A 为**孔径平均因子**[20,139]。

切恩赛德（Churnside）[139]给出了很多在不同条件下的孔径平均因子的表

达式。对弱湍流条件和小 l_0 值，孔径平均因子是

$$A = \left[1 + 1.07 \left(\frac{kD^2}{4L} \right)^{7/6} \right]^{-1} \tag{2.34}$$

对其他条件，参见文献［19，790］。

因为大气湍流是动态的，所以闪烁也是动态的。塔塔尔斯基[755]给出了闪烁关于频率 f 和天顶角 β 的时间功率谱，即

$$P(f) = 8.27\sec^{7/3}\beta k^{2/3} \int_0^L \frac{C_n^2(z)z^{4/3}}{v_w(z)} dz$$

$$\times \int_0^\infty \left[x^2 + \frac{f^2}{f_0^2(z)} \right]^{-11/6} \sin\left(x^2 + \frac{f^2}{f_0^2(z)} \right) dx \tag{2.35}$$

频率 $f_0(z)$ 是风速 $v_w(z)$ 的函数，即

$$f_0(z) = \left[\frac{2k}{z\sec\beta} \right]^{1/2} v_w(z) \tag{2.36}$$

在式（2.35）中对哑变量 x 的积分可做如下近似[791]

$$\int(\cdots)dx = \exp\left[-1.8\left(\frac{f}{f_0} - 0.5 \right)^{1.9} \right], \frac{f}{f_0} \geqslant 0.5 \tag{2.37}$$

$$\int(\cdots)dx = 1, \frac{f}{f_0} < 0.5 \tag{2.38}$$

2.1.3.3 光束漂移或倾斜

湍流大气引起传输光束的飘动。当光束的飘动速度较快时，常称之为光束**抖动**；当光束的飘动速度较慢时，称之为**漂移**。光束的漂移是由波前的动态倾斜引起的。萨希拉（Sasiela）[693]给出了波前方差的一个通用形式，即

$$\sigma_{\mathrm{WF}}^2 = 0.2073k^2 \int_0^L dz C_n^2(z) \int_{-\infty}^\infty d\boldsymbol{\kappa} \, \boldsymbol{\kappa}^{-11/3} \cos^2\left[\frac{\kappa^2(z-L)}{2k} \right] \prod_{i=0}^N F_i(\boldsymbol{\kappa}, z) \tag{2.39}$$

式中：对 z 积分沿大气路径进行；$\boldsymbol{\kappa}$ 为二维空间频率；N 为包含的泽尼克模式数，$k = 2\pi/\lambda$。泽尼克模式滤波器 F_i[695]由下面的方程给出，即

$$F_{\mathrm{even}\,m,n}(\boldsymbol{\kappa}) = 2(n+1)\left[\frac{2J_{n+1}(\kappa D/2)}{\kappa D/2} \right]^2 \cos^2(m\phi) \tag{2.40}$$

$$F_{\mathrm{odd}\,m,n}(\boldsymbol{\kappa}) = 2(n+1)\left[\frac{2J_{n+1}(\kappa D/2)}{\kappa D/2} \right]^2 \sin^2(m\phi) \tag{2.41}$$

$$F_{m=0,n}(\boldsymbol{\kappa}) = (n+1)\left[\frac{2J_{n+1}(\kappa D/2)}{\kappa D/2} \right]^2 \tag{2.42}$$

利用 $n=1$ 和 $m=1$ 对应的滤波器方程式（2.41），萨希拉导出了波前倾斜方差 σ_{tilt}^2 的表达式，即

$$\sigma_{\text{tilt}}^2 = 0.2073k^2 \int_0^L dz C_n^2(z) \int_{-\infty}^{\infty}\int_{-\infty}^{\infty} d\kappa \left[\kappa^2 + k^2\right]^{-11/6} \left(\frac{16}{kD}\right)^2 \left[\frac{J_2(\kappa D/2)}{\kappa D/2}\right]^2 \quad (2.43)$$

式中：J_2 为第一类二阶贝塞尔函数；κ 为二维空间频率；D 为孔径。对于中心遮挡直径为 εD 的环形孔，可导出类似的倾斜方差表达式，见式 (2.44)

$$\sigma_{\text{tilt}}^2(\varepsilon D) = 0.2073k^2 \int_0^L dz C_n^2(z) \times \int_{-\infty}^{\infty}\int_{-\infty}^{\infty} d\kappa (\kappa + k^2)^{-11/6}$$

$$\left[\frac{16}{kD(1-\varepsilon^4)}\right]^2 \left[\frac{J_2(\kappa D/2)}{\kappa D/2} - \varepsilon^3 \frac{J_2(k\varepsilon D/2)}{k\varepsilon D/2}\right]^2 \quad (2.44)$$

利用式 (2.43) 并计算出相干长度后，可以分别得到双轴不相关情况下或单轴的倾斜角方差 α^2 的表达式为

$$\alpha_{\text{two-axis}}^2 = 0.364 \left(\frac{D}{r_0}\right)^{5/3} \left(\frac{\lambda}{D}\right)^2$$

或

$$\alpha_{\text{one-axis}}^2 = 0.182 \left(\frac{D}{r_0}\right)^{5/3} \left(\frac{\lambda}{D}\right)^2 \quad (2.45)$$

倾斜的动态特性在其功率谱中表现得很清楚。对于梯度倾斜（G - 倾斜），例如四象限探测器所测量的倾斜度，单轴倾斜功率谱取如下形式[781]

$$P(f) = 0.155D^{-1/3} \sec\beta f^{-8/3} \int_0^L F_G\left(\frac{f}{v_w}\right) C_n^2(z) v_w^{5/3} dz \quad (2.46)$$

此处函数 F_G 为

$$F_G(y) = \int_0^1 dx \frac{x^{5/3}}{\sqrt{1-x^2}} J_1^2(\pi y/x) \quad (2.47)$$

对于低频，单轴倾斜功率谱化简为一个符合 -2/3 次幂律的表达式

$$P(f)_{\text{low}} \to 0.804D^{-1/3} \sec\beta f^{-8/3} \int_0^L C_n^2(z) v_w^{-1/3} dz \quad (2.48)$$

对于高频，它服从 -11/3 次幂律

$$P(f)_{\text{high}} \to 0.110D^{-1/3} \sec\beta f^{-11/3} \int_0^L C_n^2(z) v_w^{8/3} dz \quad (2.49)$$

对于泽尼克倾斜（Z - 倾斜）①，则具有类似的表达式

$$P(f) = 0.251D^{-1/3} \sec\beta f^{-14/3} \int_0^L F_Z\left(\frac{f}{v_w}\right) C_n^2(z) v_w^{11/3} dz \quad (2.50)$$

此处 F_Z 为

————————

① Z - 倾斜是指垂直于波前最佳拟合平面的方向。

$$F_Z(y) = \int_0^1 dx \frac{x^{11/3}}{\sqrt{1-x^2}} J_2^2(\pi y/x) \tag{2.51}$$

对于低频，单轴 Z - 倾斜功率谱同样可化简为一个符合 - 2/3 次幂律的表达式，即

$$P(f)_{low} \to 0.804 D^{-1/3} \sec\beta f^{-2/3} \int_0^L C_n^2(z) v_w^{-1/3} dz \tag{2.52}$$

对于高频，Z - 倾斜功率谱则服从 - 17/3 次幂律，即

$$P(f)_{high} \to 0.014 D^{-1/3} \sec\beta f^{-17/3} \int_0^L C_n^2(z) v_w^{14/3} dz \tag{2.53}$$

用于自适应光学补偿分析时，可以用单个参数来表示整个倾斜功率谱。大气湍流的倾斜特征频率常被称为倾斜的格林伍德（Greenwood）频率，由泰勒（Tyler）给出[781]，对于 G - 倾斜，其表达式为

$$f_{TG} = 0.331 D^{-1/6} \lambda^{-1} \sec^{1/2}\beta \left[\int_0^L C_n^2(z) v_w^2 dz \right]^{1/2} \tag{2.54}$$

对于 Z - 倾斜，式（2.54）中的常数变为 0.368。

2.1.3.4　高阶相位变化

小于光束尺寸的湍流涡使光束破碎并使其能量分散。波前之所以发生变化是由于折射率是空间和时间的随机函数。两束相距为 ρ 的平行光传输通过大气后其相位差为 $\delta\phi \simeq k\rho [\Delta n(\rho)]$，此处折射率差用 Δn 表示。通过对许多统计实例做平均，并假定传输距离为 L，则**相位结构函数**可由下式确定，即

$$D_\phi = 1.46 k^2 C_n^2 L \rho^{5/3}, l_0 < \rho < L_0 \tag{2.55}$$

当传输通过较长的距离和较多的湍流涡时，光波可能会失去**相干性**。如果在进入一个湍流涡之前波前就发生了强烈畸变，则迄今所用的平面波近似将不再有效。如果相位差 $\langle(\delta\phi)^2\rangle < \pi^2$，则光束是相干的。如果 ρ_0 是被平面波穿过后仍能使之保持相干性所允许的最大湍流涡尺寸，则根据式（2.55），**相干距离**可如下计算

$$\rho_0 \approx \left[\frac{\pi^2}{\pi^2 C_n^2 L} \right]^{3/5} \tag{2.56}$$

相干极限可用于推导出总的光束扩展情况。柳托米尔斯基（Lutomirski）和尤拉（Yura）[493]采用广义惠更斯—菲涅尔原理推导出半径为 α 的准直均匀光束在均匀湍流①中的扩展角 θ 为

$$\theta^2 \approx \frac{1}{k^2 a^2} + \frac{1}{k^2 \rho_0^2} \tag{2.57}$$

---

① 当可以认为 C_n^2 与海拔高度无关时，就称湍流为均匀的。

对于高斯光束[384]这种特例

$$I = \frac{w_0^2}{w_b^2}\exp\left(-\frac{2\rho^2}{w_b^2}\right) \qquad (2.58)$$

对于短距离传输 ($z \ll \pi w_0^2/\lambda$)，束腰 w_b 从初始尺寸 w_0 开始按照如下表达式增加，即

$$w_b^2 = w_0^2 + 2.86 C_n^2 k^{1/3} L^{8/3} w_0^{1/3} \qquad (2.59)$$

对于长距离传输 ($z \gg \pi w_0^2/\lambda$)，束腰按照如下关系增加，即

$$w_b^2 = \frac{4z^2}{k^2 w_0^2} + 3.58 C_n^2 L^3 w_0^{-1/3} \qquad (2.60)$$

斯特列尔比和成像系统的空间分辨率可由相位方差来计算。诺尔（Noll）[570]指出未受补偿的湍流的波前方差为

$$\sigma_{uncomp}^2 = 1.02 \left(\frac{D}{r_0}\right)^{5/3} \qquad (2.61)$$

因为我们关心的是光束的扩展而非光束中心的漂移，所以在消除两个轴向的倾斜后波前方差变为

$$\sigma_{tiltcomp}^2 = 0.134 \left(\frac{D}{r_0}\right)^{5/3} \qquad (2.62)$$

在舍弃掉对光束扩展没有贡献的项后，斯特列尔比 S 可使用式（1.60）来计算。除小湍流涡导致光束扩展之外，大湍流涡也会引起光束的抖动。经长时间曝光后，由高阶湍流效应导致扩展的光束将会因高频抖动而扩展地更大。长曝光斯特列尔比为[268]

$$S = \frac{e^{-\sigma_{comp}^2}}{1 + \left(\frac{2.22\alpha_{jit}D}{\lambda}\right)^2} \qquad (2.63)$$

式中：σ_{comp}^2 为倾斜被消除后的波前方差；α_{jit} 为单轴倾斜抖动。天文望远镜拍摄的恒星图像，相当于光学系统的点扩展函数（PSF），具有一个明亮的中央核与一个较宽的类似于图2.2的背景光晕。帕伦蒂（Parenti）[598]提出了一个改进后的斯特列尔比表达式，可以解释背景光晕，即

$$S = \frac{e^{-\sigma_{comp}^2}}{1 + \left(\frac{2.22\alpha_{jit}D}{\lambda}\right)^2} + \frac{1 - e^{-\sigma_{comp}^2}}{1 + \left(\frac{D}{r_0}\right)^2} \qquad (2.64)$$

PSF 中央核的半高全宽（FWHM）值可近似为

$$FWHM_{core} = \sqrt{\left(\frac{1.22\lambda}{D}\right)^2 + (2.7\alpha_{jit})^2} \qquad (2.65)$$

光晕的 FWHM 值等于 $1.22\lambda/r_0$（图2.2）。

穿过大气的光学成像系统的分辨率 R（采用瑞利准则[639]）因叠加在图像

核之上的光晕而变得略显复杂[598]，该分辨率由下式给出

$$R = 1.22\left(\frac{\lambda}{D}\right)\frac{Q}{S} \tag{2.66}$$

此处 S 为方程（2.64）所表示的斯特列尔比，而

$$Q = \sqrt{\frac{e^{-2\sigma_{comp}^2}}{1 + \left(\frac{2.22\alpha_{jit}D}{\lambda}\right)^2} + \frac{1 - e^{-\sigma_{comp}^2}}{1 + \left(\frac{D}{r_0}\right)^2}} \tag{2.67}$$

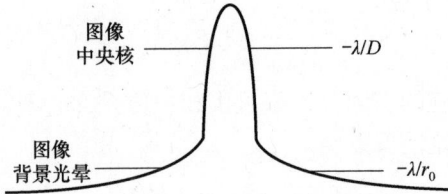

图像
中央核 ———— $-\lambda/D$

图像
背景光晕 ———— $-\lambda/r_0$

图 2.2　穿过大气的点扩展函数，显示了衍射极限的中央核与光晕

湍流是随机过程，因此，如具有空间统计特性一样，它也具有时间统计特性。从自适应光学的角度来看，这些统计特性很重要。如果湍流的运动非常慢，则自适应光学系统可将该扰动视为是静态的。校正将只需要在空间域中进行。然而，如果湍流的运动非常快，则自适应光学系统将只能看到时间平均后的扰动。幸运的是，真实的湍流是由风和局部的湍流涡驱动的，可通过电子方法对其追踪。每次当风驱动空气横穿一个光束直径的距离时，$t \approx D/v_w$（D 为光束直径，v_w 为风速），光束穿过空气的部位也会不同。当光束直径远大于相干长度时，学术上感兴趣的时间段是风横穿过光束一个相干长度的距离所用的时间 τ[907]，该时间可如下计算

$$\tau \approx 0.53\left(\frac{r_0}{v_w}\right)\left(\frac{D}{r_0}\right)^{1/6} \tag{2.68}$$

当风速较大时，湍流涡在横穿光束边缘时的移动非常快。造成的结果就是幅度和相位产生高频起伏。对高阶波前的变化，功率谱 $P_\phi(f)$ 表现出如下的 $f^{-8/3}$ 次幂律关系

$$P_\phi(f)_{f\to\infty} = 0.0326k^2f^{-8/3}\int_0^L C_n^2(z)v_w^{5/3}(z)\,\mathrm{d}z \tag{2.69}$$

具有闭环伺服响应的自适应光学系统应该可以消除掉大部分相位起伏。格林伍德[307]计算的特征频率 f_G（常称为**格林伍德频率**）为

$$f_G = 2.31\lambda^{-6/5}\left[\sec\beta\int_0^L C_n^2(z)v_w^{5/3}(z)\,\mathrm{d}z\right]^{3/5} \tag{2.70}$$

在风速不变的情况下，格林伍德频率可近似为

$$f_G = 0.43\frac{v_w}{r_0} \tag{2.71}$$

对大多数学术上感兴趣的情况，大气的格林伍德频率在数十到数百赫兹的范围内。贝兰德（Beland）和克劳斯·波尔斯托夫（Krause Polstorff）[72]给出的测量结果表明了格林伍德频率是如何随地理位置而变化的。夏威夷毛伊岛上的哈雷阿卡拉山（Mt. Haleakala）上的平均格林伍德频率为 20Hz。对于强风（喷流等）和紫外波段，格林伍德频率可达 600Hz。

2.1.4　湍流调制传递函数

柳脱米尔斯基将光学系统畸变、湍流、大气吸收和散射合并为一个简单的形式[492]。系统的调制传递函数（MTF）是湍流的 MTF 和光学系统的 MTF 以及大气消光系数 ε 所引起的衰减的乘积，为

$$M_{sys} = e^{-\varepsilon z} M_{opt} M_{turb} \tag{2.72}$$

式中：z 为传输路径长度。直径为 D 的圆形孔径在衍射极限下的 MTF 为

$$M_{opt} = \frac{2}{\pi} \left\{ \cos^{-1} \left(\frac{\xi F \lambda}{D} \right) - \left(\frac{\xi F \lambda}{D} \right) \left[1 - \left(\frac{\xi F \lambda}{D} \right)^2 \right]^{1/2} \right\} \tag{2.73}$$

式中：F 为光学系统的焦距；ξ 为空间频率，湍流的 MTF[300]由下式给出，即

$$M_{turb} = 1, \quad z \ll (0.4 k^2 C_n^2 L_0^{5/3})^{-1} \tag{2.74}$$

$$M_{turb} = \exp \left[- \left(\frac{2.01 \xi F \lambda}{r_0} \right)^{5/3} \right], \quad z \gg (0.4 k^2 C_n^2 L_0^{5/3})^{-1} \tag{2.75}$$

贝伦基（Belen'kii）[74]推导出了假定内尺度 l_0 有限时湍流的 MTF，即

$$M_{turb}(l_0) = \exp \left[- \frac{\left[(\xi F \lambda)^2 + l_0^2 \right]^{5/6} - l_0^{5/3}}{(r_0/2)^{5/3}} \right] \tag{2.76}$$

2.1.5　多层湍流

尽管在整个大气内湍流是连续的，但是某些区域湍流较强，会对大气中的成像造成较大的影响。在 3.1 节中描述相位共轭时，所有的波前误差都将被假定为集中在单一水平层内。自适应光学系统的传感器和校正器的光学共轭面就位于该层位置上。典型地，最强的湍流都位于低海拔区域，经常在地面和望远镜之上仅几米的高度。假设将该湍流层之上的所有湍流累积后包含在此地面层中，或者，更简单地，完全忽略掉其他海拔高度上的湍流，那么光学系统就可被设计为与该湍流层共轭。

随着大气条件的变化，最强湍流层的高度也会变化，因此，光学系统的共轭光瞳自身必须是可调节的。

次强湍流层典型地位于喷流所在的高度上，即近 10km 处。尽管此高度上的空气密度低，但是因为大的风力差仅仅发生在数百米范围且形成了强湍流涡，所以喷流湍流非常强。在 C_n^2 模型中，喷流出现的高度用平均位置表示。正如任意一份天气报告所告诉给我们的，喷流在强度、位置和持续时间上是高

度变化的。光瞳与喷流共轭的自适应光学系统必须也得随条件的变化而可调节。斯特列尔比的统计特性可通过测量感兴趣的不同位置处的少数几个有关的湍流参数而确定，如 r_0、f_G 或 σ_I^2[785]。

因为湍流强度沿垂直路径是连续变化的，所以物是否位于光轴上并不重要。合成后的折射率积分对湍流所处垂直位置不敏感。另一方面，对于离轴的物或光学路径，折射率总积分在几何上强烈依赖于扰动的高度。为了补偿多层不同强度的湍流，系统中必须存在多个光瞳相位共轭面，这就使得该系统的设计和构造变得极度复杂。多层共轭系统的系统设计结果将在第 4 章中详细讨论。

2.2　热　　晕

只要存在大量的热扰动，就会引发大气湍流，但是，只有大气从光束中吸收足够多的能量以至于改变了局部的折射率时才会发生热膨胀。这种自引入畸变就称为热晕。在研究中，当连续波激光束在千瓦量级得到充分发展时，就可观察到光束尺寸的扩展（"膨胀"）[732]。对稳态和瞬态这两种热晕都已做过研究。

当被吸收的激光功率通过热传导、自然对流或者由风或光束运动产生的强制对流而被平衡时，发生热晕的光束将**弯向风中**。无风情形下发生的热晕常被称为**热离焦**[674]，这是因为最低的折射率发生在强度最高的光束中心附近。这种大气负透镜效应引起光束的离焦现象。

当风或由光束摆动产生的非自然风引起光束呈现出月牙形特征时，一种重要的情形就会发生（图2.3）。光向空气中较密的部分也是光强最小的区域弯折。许多作者都对大气效应的动力学特征做了详细描述[276,732]。对流和传导效应比较简单，毋庸多言。而大气与一束被补偿的高功率光束的相互作用已成为许多研究的对象。热晕和湍流的组合效应甚至更为复杂，需要采用详细的波动光学和流体模型加以研究。

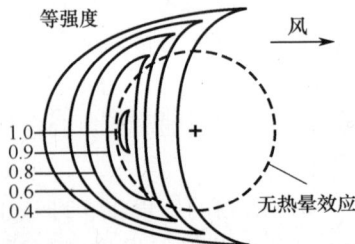

图2.3　高功率光束在大气中的等强度图，由计算机算得，演示了热晕效应，光束呈现出弯向风中的月牙形特征

2.2.1　热晕强度与临界功率

光束传输通过大气时功率会被吸收。对于均匀吸收大气，光强的变化遵从如下表达式[731]

$$I(r,L) = I(r,0)\exp(-\alpha L - N_{\rm B}{\rm e}^{-r^2/a^2}) \tag{2.77}$$

式中：α 为线性吸收系数；a 为光束半径；L 为传输距离；$N_{\rm B}$ 为无量纲参数，表征热晕畸变大小[92]。

对于有风（或光束在空气中摆动）的情形，畸变是不对称的。那么热晕强度就变成了风速 $v_{\rm w}$、光束半径 a、定压比热 $C_{\rm p}$ 和空气密度 ρ 的函数。布拉德雷（Bradley）–赫尔曼（Herrmann）热晕畸变数 $N_{\rm B}$ 为[87,92]

$$N_{\rm B} = \frac{-4\sqrt{2}P(\mathrm{d}n/\mathrm{d}T)k\alpha L}{\rho C_{\rm p}v_{\rm w}2a} \tag{2.78}$$

式中：P 为光束功率；ρ 为质量密度；$\mathrm{d}n/\mathrm{d}T$ 为折射率随温度的变化。温度为 T 时空气的折射率为[608]

$$(n_0)_{\rm air}(T) = 1 + (n_{15} - 1)\left(\frac{1.0549}{1 + 0.00366T}\right) \tag{2.79}$$

式中：T 的单位为摄氏度。15℃时空气的折射率由埃德林（Edlen）给出[186]

$$(n_{15} - 1)\times 10^8 = 8342.1 + \frac{2406030}{130 - \lambda^{-2}} + \frac{15996}{38.9 - \lambda^{-2}} \tag{2.80}$$

式中：λ 的单位为微米。例如：在15℃，$\lambda = 0.6328\mu{\rm m}$ 时，$(n_0)_{\rm air} = 1.000276$。对于会聚光束，半径 a 替换为传输距离为 L 时的等效半径 $a_{\rm eff}$ 为

$$a_{\rm eff} = \left(\frac{La\lambda}{\pi}\right)^{1/3} \tag{2.81}$$

式中吸收系数沿传输路径不是常数。当光束发生摆动时，卡尔（Karr）[403]提出了如下所示的一种更一般的畸变数表达式

$$N_{\rm D} = 8\sqrt{2}\,\pi\left[\frac{\partial n/\partial T}{\rho C_{\rm p}}\right]\frac{P}{2\lambda a}\int_0^\infty \frac{\alpha(z)}{v_{\rm w}(z) + \theta z}$$
$$\exp\left\{-\int_0^z[\alpha(z') + \alpha_{\rm s}(z')]\mathrm{d}z'\right\}\mathrm{d}z \tag{2.82}$$

式中：$\alpha(z)$ 为与路径有关的吸收系数；$\alpha_{\rm s}(z)$ 为与路径有关的散射系数；θ 为角摆动速度。

热晕对光束传输的影响是能量的物理扩散和轴上能量的衰减。热晕强度（或畸变数）大致上说就是热晕引起的波前误差的弧度数。实验和波动光学计算[732]证实：经验上，斯特列尔比 S 所表示的衰减可取如下的形式

$$S = \frac{1}{1 + K'N_{\rm B}^m} \tag{2.83}$$

式中：对于无限大的高斯光束，$K' = 0.0625, m = 2$ ；对于均匀光束，$K' = 0.01$ ，$m = 1.2$ 。如果轴上光强用热晕畸变的斯特列尔（式（2.83））来改写，则该光强变为

$$I_{\text{Bloom}} \propto \frac{Pa^2 S}{\lambda^2 L^2} \propto \frac{P}{1 + \kappa P^m} \tag{2.84}$$

式中：常数 $\kappa = K' (N_B/P)^m$ 中包含影响热晕强度的参数。注意，被热晕扩展的光束的强度与功率 P 的关系是非线性的。对于任何有限的 κ 值（即任何热晕强度等级），功率的增加仅会在达到一个特定的值之前导致光强的增加（图2.4）。这个**临界功率** P_{crit} 与热晕强度的关系为

$$P_{\text{crit}} = \left[\frac{-1}{\kappa(1 - m)} \right]^{1/m} \tag{2.85}$$

热晕导致的畸变能够用很多方法予以减小，而无需使用自适应光学方法。风或摆动速度的增加可以直接减弱热晕强度并增大斯特列尔比[426]。该方法尽管很简单，但是并不可行，因为特定位置上特定时间内的风是不可预测的，而且光束传输的场合可能也不允许任意地摆动光束。

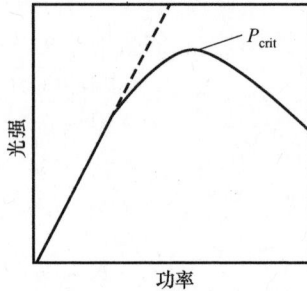

图2.4　功率的增加导致光强的增加，直到达到临界功率为止

如果光束功率持续时间过短以致大气发展不成热透镜，则热晕效应就可以避免。这个原理可通过使用脉冲激光予以验证。当声波产生的密度变化横穿光束时就会发生热晕效应。通过适当地控制脉冲长度和脉冲重复频率，热晕效应常常可被减小。

通过使激光形成脉冲来避免热晕并非在所有情况下都是可行的。缩短脉冲长度同时不减小功率可能引起比热晕更严重的其他现象。**气体击穿**是气体中的强烈辐射造成路径上空气的电离。其结果常造成激光束被完全地吸收[733]。

当脉冲长度大于 a/v_s 时，此处 a 为光束半径、v_s 为声速，则**长时间热晕**强度由下式给出，即

$$N_{\text{lt}} = \frac{2(-\text{d}n/\text{d}T)\alpha I_0 t L^2}{\rho C_p a^2} \tag{2.86}$$

式中：$\alpha L \ll 1$ 。尽管长时间热晕强度的表达式显示其随时间而线性增长，但是

存在一个极限因子。乌尔里希[799]指出：存在一个轴上光强会因为热晕而下降的时刻，因而热晕将不能持续。该时刻就是光强达到其初值的大约十分之一的时刻。这种饱和状态发生的时刻由下式给出，即

$$t_s = 0.04 \left[\frac{8n_0 \rho C_p}{(dn/dT)v_s^2 \alpha} \right]^{1/2} \frac{\lambda^2 L}{a\sqrt{E}} \tag{2.87}$$

式中：E 为脉冲能量。

当脉冲长度 t_p 短于流体动力透镜的形成时间 t_h 时，脉冲热晕强度 N_p 变为[732]

$$N_p = \frac{8(-dn/dT)v_s^2 E\alpha L^2 t^3}{3\pi \rho C_p t_p a^6} \tag{2.88}$$

式中：E 为脉冲能量，并假定 αL 很小，即 $\alpha L \ll 1$。式（2.88）显示：在脉冲出现后热晕强度与时间 t 存在三次幂指数关系。短期的瞬时热晕常被称为 t 的**三次幂热晕**。

当大量脉冲串行在一起时，会发生被称为多脉冲热晕的情形[183,588]。描述这种情形下热晕效应的参数是热晕强度 N_{mp} 和每个脉冲流时间内的脉冲个数（NP），因此

$$N_{mp} = \frac{2(-dn/dT)\alpha E L^2}{\rho C_p \pi a^4} \tag{2.89}$$

$$NP = [PRF]\frac{2a}{v} \tag{2.90}$$

这些基本表达式可用于式（2.83）中以计算空气中的热晕效应。应用自适应光学来校正热晕现象需要知道热晕畸变的时间和空间效应[602]。除前述的脉冲和多脉冲效应之外，在热晕效应下[562]大气响应总频率是 $f_b = v/(2a)$，此处风速 v 可以是摆动速度或真实风速或二者的组合，而光束半径 a 必须针对各种情况分别计算。对于准直光束，孔径半径是个合适的近似，对于会聚光束，可用在 $0.75L$ 处的光束半径做近似[7]。

这里所给的历史资料汇总和简单表达式可用于量级分析。而要了解大气中高功率光束的非线性行为还需要进行大量的分析和支撑性实验[489]。

2.2.2　湍流、抖动与热晕

大气湍流、光束抖动和热晕的合成且常常是紧密耦合的效应是很多研究的主题。尽管我们能够给出独立估计这三种效应的一些简单规则，但是大气对这三种具有竞争性现象的响应极其复杂。例如，热晕强度是光束半径 a 和风速 v 的函数。光束抖动具有人造风效应，会改变热晕强度。如果抖动是高频的，则大气在响应之前光束强度就扩散了，表现为有效半径变大了。对于中频抖动，光束自身的抖动可能产生**弯向风中**现象甚或抵消热晕效应。所有这些现象都可

能同时出现[276]。

大气湍流引入的动态倾斜效应与复杂的光束抖动具有相同的特性。因包含空间高频分量，湍流还可能会造成光束的扩展。这会增加光束的表观半径，从而降低局部光强和湍流强度。

当使用自适应光学试图校正热晕和湍流的合成效应时会发生另一种现象。传输路径上的波前误差容易使光束发生离焦或扩散。在光束发射光学系统中对大气负透镜的补偿会用到共轭正透镜。这就等效于增加光强，一方面这是需要的效果，但是另一方面这也增强了热晕强度并迫使大气再次形成负透镜。沿光束路径上的这种不稳定性[404]在很多实验[391]中都曾被观察到过，并被视为空间小尺度（空间高频）相位共轭不稳定性[57,392,705,706]。

许多研究者都研究过湍流和热晕[200,277,572,844]的复杂性。他们对简单的比例关系[94]、畸变过程的详细物理本质[97,337]和自适应光学的应用[540,706,842]都进行了研究。他们使用了经过实验验证[89,390,631]所支撑的四维波动光学模型[89,390,631]。自适应光学补偿热晕的极限，特别是进行全场①补偿所需的条件最令人感兴趣[402]。衍射、湍流和小尺度条件下高功率热晕现象的复杂相互作用限制了纯相位校正的应用[550]。

2.3　非大气类像差源

尽管使用自适应光学时，湍流是天文学家所关心的主要像差源、热晕是高功率光束传输的限制因素，但是自适应光学仍常被用于校正系统中其他方面的像差。

2.3.1　光学失调与抖动

倾斜或动态倾斜（抖动）无意中被引入系统时会造成系统性能的下降。在某些情况下，系统性能仅有轻微下降，如在成像系统中倾斜仅引起图像位置移动而不影响成像质量。这些问题常常还能够接受。但是，激光谐振器中轻微的光学失调却会极大地降低激光器性能，许多情况下甚至能完全使其不能受激发光。安装或装配的误差、外部误差源（如机械（声）振动[599]）和热问题都会对工作状况较差的系统产生负面影响。诸如倾斜[898]和偏心[515]等缺陷可以采用 ABCD 矩阵法来予以研究（参见 3.1 节）。

工作于倾斜校正模式的自适应光学系统可用于校正这些误差[100]。保持准直或光束定向等问题已从早期的望远镜和雷达的机电控制系统演化到目前工作

---

① 全场补偿是指对振幅和相位都施加校正。它不同于 3.1 节中将讨论的仅用于相位校正的传统相位共轭方法。

于兆赫范围的扫描和控制系统。本书将倾斜当作一项基本的低阶波前像差。系统中的偏转元件能引起其他高阶像差。在会聚光束中插入偏转镜或分束镜会引入更高一阶的像差，即像散。望远镜中的偏转球面光学元件会引入慧差。在复杂的光学结构中严重的倾斜会引入许多高阶像差。

倾斜或定向误差的消除是自适应光学系统的首要任务。对快速倾斜（抖动）或慢速倾斜（漂移）的控制常常成为对自适应光学系统需求的一切。

2.3.2　大光学器件：分块与定相

对更好地收集微弱的星光或将激光束聚焦为极小的光斑的追求需要越来越大的光学元件，而制造这些元件对研究者提出了新的问题，也对自适应光学提出了新的挑战。通过准直和定相将 36 块 1.8m 的分块镜合成为 10m 的口径，凯克（Keck）望远镜的这种扩展技术已经演化为将各个 8m 的分块镜定相为像"欧洲极大望远镜（EELT）"这样直径达 42m 的庞然大物。

在大型光学器件中，相对于完美曲面的小的局部偏差很显然是空间高频像差，需要加以校正。铸造大的镜面要求极其严格[182]。即使在完美地铸造、加工和镀膜后，大光学器件（大部分是反射镜）也还是会置于相对恶劣的环境中。常产生像差的一个操作就是反射镜的放置。重力对大质量物体（数千磅重、数英尺跨度）的效应会引起反射镜的下陷和变形[23]。如果该反射镜被置于一个活动的支撑台上，变形的方向将随运动而变化。因为在运行中下陷会变化，因此它既不能被校准又不能被抛光。

大反射镜的重力下陷可以计算出来。半径为 a 的圆形平板在水平放置时，则与其表面垂直的偏转角 ω_z 为[58]

$$\omega_z = \frac{3\rho g(1-\nu^2)}{16Eh^2}\left[\frac{5+\nu}{1+\nu}a^4 - \frac{2(3+\nu)}{1+\nu}a^2r^2 + r^4\right] \qquad (2.91)$$

式中：ρ 为材料密度；E 为杨氏模量；ν 为泊松比；h 为圆板厚度；g 为重力加速度。重力影响下反射镜或大透镜的像差包括定常活塞项、正比于 r^2 的球面项和正比于 r^4 的球差。例如，对于 2.4m 熔融硅反射镜（哈勃太空望远镜），在地面抛光过程中会存在 3μm 的总变形和 0.7μm 的球差分量，而在轨运行时这些像差不存在。

自适应光学可用于校正重力效应和其他由大尺寸带来的效应。大反射镜提出了令人感兴趣的问题，也提供了令人感兴趣的解决方案。大反射镜可做成自校正的，即：包含必要的物理元件用于调整面形和校正系统中其他部分的像差[446]。

大光学器件可分割成小的分块。这些分块可通过调准或**定相**后起到一个更大反射镜的作用。在大反射镜和用于分块定相的系统中引入的像差已被研究了很多年[212,728]。为了进行自适应光学研究，对重力引起的像差（空间低频）、局部缺陷或变形（空间高频）的处理可采用与处理小型光学器件中的类似像差相同的方式来进行，只需考虑空间频率上的放大。

就时间频率而言大反射镜抖动与小反射镜抖动是相同的①。像差的空间频率通常用**周期/直径**（c/d）表示。因此，1m 的大反射镜中一个缺陷（跨度为1cm）的空间频率成分（$100c/d$）比 20cm 反射镜中同一个缺陷的空间频率成分（$20c/d$）更高。

发生在失调边缘的像差具有非常高的空间频率成分。这些几乎无限大的空间频率必须分开处理。在边缘（通常在孔径区域中占很小的比例）上的校正可以直接予以忽略或遮盖掉入射在边缘上的光。波前中锋利边缘的出现会扰乱自适应光学系统的运行。如果在边缘任一侧的两点上测量波前，且测得的相位存在差异，那么控制系统可能会将之视为局部倾斜，虽然实际上它只是边缘一侧或两侧上的活塞误差。如果该误差大于一个波长，则自适应光学系统会变得不稳定。这些困难将在第5章中处理。

2.3.3 热致光学畸变

当一束光照射在光学表面上时，部分能量被吸收。对于低功率光束、成像系统和透明玻璃，这种吸收很少被注意。而高功率光束（大于 1.0kW/cm^2）会引起光学器件温度的升高，升高的温度与被吸收的入射强度成正比。因此被动冷却或无冷却的反射镜和主动冷却的反射镜在高功率光照下显示出畸变。

对于建模为一个平板的反射镜，应变 ε 正比于温升 T

$$\varepsilon = \alpha T \tag{2.92}$$

式中：α 为材料的线性热膨胀系数。对于 $x-y$ 平面中的平板，平面内的应力 σ_{xx} 和 σ_{yy} 由下式给出，即

$$\sigma_{xx} = \frac{E}{1-v^2}[(\varepsilon_{xx}+v\varepsilon_{yy})-\alpha(1+v)T] \tag{2.93}$$

$$\sigma_{yy} = \frac{E}{1-v^2}[(\varepsilon_{yy}+v\varepsilon_{xx})-\alpha(1+v)T] \tag{2.94}$$

式中：应变张量为 ε；杨氏模量为 E；v 为泊松比。如下所示，迈尔斯（Myers）和艾伦（Allen）[550]指出了平面内的应力是如何导致的应变的发生

$$\varepsilon_{xx} = \frac{v}{E}(\sigma_{xx}+\sigma_{yy})+\alpha T \tag{2.95}$$

在均匀入射强度下，厚度为 h 的圆形平板呈现出离面偏移 $\omega(r,\theta)$

$$\omega(r,\theta) = [C_0+C_2r^2]+[C_1r+C_3r^3]\exp(i\theta) \tag{2.96}$$

① 尽管使大反射镜快速抖动很困难，但是通常自适应光学系统也是采用同样的方式对它进行处理的。

该式是泊松方程$\nabla^2\omega = -m_t$的一个解，此处m_t是热力矩密度，可由下式计算

$$m_t = \frac{-\alpha E}{1 - v}\int_{-h/2}^{h/2} T(x,y,z)z\mathrm{d}z \tag{2.97}$$

常数C_i根据特定边界条件计算。对于边缘均匀受限的平板（即$C_1 = C_3 = 0$），畸变是常数加上一个关于径向距离的函数。这样，如果均匀吸收功率P，那么温度剖面产生的应力将会使平板产生一个抛物面形特征的弯曲，如下面的方程所示

$$\omega_z(r) = P(C_0' + C_2'r^2) \tag{2.98}$$

因为**弯曲畸变**正比于吸收的总功率，所以该畸变也被称作**功率引起的畸变**。

如果平板上的光强剖面$I(x,y)$不均匀，局部温升区域将引起另外一种形式的畸变。离面方向上的偏移ω_z可通过在适当边界条件下求解下面的表达式而得到

$$\nabla^4\omega_z = \frac{P_0}{D} \tag{2.99}$$

这里，P_0为载荷密度，平板模量D由下式给出

$$D = \frac{Eh^3}{12(1 - v^2)} \tag{2.100}$$

对于圆形平板，其结果是应变张量ε_{zz}[655]的积分

$$\omega_z(x,y) = \int_{-h/2}^{h/2} \varepsilon_{zz}\mathrm{d}z = \int_{-h/2}^{h/2} \alpha T(x,y,z)\,\mathrm{d}z \tag{2.101}$$

因为温度**剖面**近似正比于光强**剖面**，所以最后的离面热增长正比于吸收的光强分布，此处α_{abs}是吸收系数，因此有

$$\omega_z(x,y) = \xi\alpha_{abs}I(x,y) \tag{2.102}$$

在很多文献中使用的比例符号ξ看起来像个蠕虫，因此被称为**蠕虫因子**。这个常数描述了由于局部光强变化引起的热增长量。它是材料参数、冷却系统设计和冷却剂流速的函数。测量到的蠕虫因子范围为$5\sim100\text{Å}/\text{W}/\text{cm}^2$。

因为热畸变的这种形式产生了一幅与光通量或光强模式相同的分布图，所以这种热畸变被称为**热分布畸变**，**光通量引起的畸变**或**光强分布畸变**。它正比于光强**分布**而不是总功率。热分布有一个令人感兴趣的性质。因为光学表面对入射光束强度的响应是沿光轴发生畸变，所以来自该表面的反射依表面形状而超前或延后。热分布将光束的强度信息转变成了相位（波前）。光强的不均匀性导致了斯特列尔比的下降和更严重的光束传输限制。

平板的热力学响应并不总是精确地遵循光强模式。热扩散导致温度分布平滑，而平板的力学响应使之更趋平滑。对热分布更精确的处理是将这些效应表示为材料对热负荷R_T、机械应力R_M和被吸收光强激励函数$\alpha I(x,y,t)$等

响应的卷积（用 ∗ 表示），即

$$\omega_z(t) = R_{\mathrm{T}}(t) * R_{\mathrm{M}}(t) * \alpha\xi I(x,y,t) \tag{2.103}$$

针对不同条件，这些响应常常能进行数值计算。稳态解和瞬态解常常都是需要的。例如，连续光束照射在被主动冷却的反射镜上，在几秒或更少的时间内达到稳态畸变。对于被脉冲光束照射时的反射镜表面，其温度剖面（在式（2.97）中使用）是热扩散率 ζ 和热导率 k_t 的函数

$$T(x,y,\tau) = T_0(x,y,0) + \frac{I(x,y)}{k_t}\sqrt{\frac{4\zeta\tau}{\pi}} \tag{2.104}$$

式中：τ 为脉冲宽度；T_0 为脉冲到达前的表面温度[114]。

2.3.4 制造与微小误差

光学制造总是受到现有技术的限制。选择玻璃还是金属作为基底依赖于它们的最终性能。1730 年，伊萨克·牛顿写到[559]：

> 不过，因为金属比玻璃更难抛光，然后又非常容易因锈蚀损坏，且对光的反射能力不如镀水银的玻璃，所以我建议：不用金属，而是用前表面凹后表面凸的玻璃，并在该玻璃基底的凸面镀水银。玻璃必须处处精密等厚。

光学表面的制造技术限制了光学系统的整体性能。采用自适应光学技术，制造中出现的许多缺陷可被校正。被选来用于折射或反射光学器件的材料可能存在不能靠加工和抛光来消除的表面缺陷。通常，这些缺陷的尺寸如此之小或空间频率如此之高，以至于自适应光学对这些缺陷无能为力。偶尔，也可能出现大的系统性误差，从而产生低阶像差。例如，抛光压力的变化就可能产生这样的缺陷，因此当用到这样的光学元件时就可用自适应光学来消除该缺陷。通常，这些静态的低阶缺陷在系统安装过程中就可以校准或补偿掉，而不必依赖于闭环控制校正。

即使在抛光和镀膜之后，表面也会存在对自适应光学系统有不良影响的粗糙结构（称为微结构）。这种粗糙结构对像差的不良影响通常小于它使光学表面散射效应的增加。散射光影响传感器，并可导致控制系统性能下降。被抛光的光学材料的微结构用均方根（rms）粗糙度来表示[199]。粗糙度的范围可从熔融石英的大约 10 埃到钼和铍等材料的 100 多埃。入射光被 rms 粗糙度为 δ 的表面所散射掉的光所占的比例，即总散射（TIS）为

$$\mathrm{TIS} \simeq \left(\frac{4\pi\delta}{\lambda}\right)^2 \tag{2.105}$$

式中：λ 为入射光波长。对于粗糙度甚至比波长还小很多的情况，散射的负面效应则可能会很严重。对于高功率入射光来说，粗糙度大的表面极易受损，这一点也是众所周知的。如果光在表面的峰谷之间多次反射，则吸收和**微热影射**可产生应力，从而导致对反射镜表面的永久破坏。

微结构或其他随机的表面属性的另一个特征量是自协方差长度。抛光或加工过程可能会产生一些空间相关性[638]。通过计算表面上 $z(\rho)$ 处表面的自协方差 $G(r)$，我们能得到表面粗糙度或面形误差的统计描述，如下所示

$$G(r) = \lim_{L \to \infty} \int_{-L/2}^{L/2} z(\rho) z(\rho + r) \mathrm{d}\rho \qquad (2.106)$$

式中：L 为待研究表面的一维宽度。考察一维或两维方向上的自协方差可得到该随机表面的空间特征信息。窄的 $G(r)$ 表明粗糙度的粒度非常细，在大的区域范围内没有相互作用。这是表面微粗糙度的特征。宽的 $G(r)$ 表明了某种空间相关性。这个现象的发生主要是系统性和可重复性加工或镀膜过程的结果。自协方差函数中的尖峰表明在某个特定间距上存在强烈的相关性。径向金刚石车削机可能产生呈现出这种周期性行为的小缺陷。若冷却通道中压力不当，冷却反射镜也会显现出周期性地对冷却通道的复印效应，表现为自动协方差函数中的尖峰或突起。虽然自适应光学不能校正大部分这些非常小或空间频率非常高的误差，但是这些误差也掩盖掉了有待自适应光学加以校正的扰动。

2.3.5　其他像差源

除空气或真空传输以及简单的反射或折射之外，自适应光学也可用于其他目的。新近提出的应用包括人眼视网膜成像[463]、光在海水中的传输[622]、地－地自由空间激光通信、地－空激光通信、光纤传输及在激光聚变系统[543,825]和固态或气态激光介质中的应用。这些应用中每个都显示出有像差引入的不同可能性，需由自适应光学校正。眼球玻璃体液中的湍流使成像变形，不过该缺陷可采用传统的自适应光学加以补偿。关于该应用的细节描述在第 4 章给出。海水的折射率大于 1.3，在蓝－绿谱段具有穿透性，是海面－潜艇之间通信的天然传输介质。海洋具有较大的热梯度，会产生湍流[622]，湍流引起的像差会使信号降质。自由空间通信系统中的光起载波作用，但是严重的像差能引起调制失真，导致误码率急剧增加[673]。自适应光学激光通信系统的细节也将在第 4 章中讨论。

2.3.6　航空器边界层湍流产生的像差

在运动的航空器上向外拍摄图像存在一些问题。航空器在穿过周围空气运动时，正好在空载相机物镜前的边界层中产生湍流。边界层的 MTF 的表达式[453]遵循指数形式，与柯尔莫格洛夫大气湍流的表达式类似（式（2.75）），由下式给出

$$M_{\mathrm{BL}} = \exp\left[-3.44 \left(\frac{\lambda \xi F}{r_{\mathrm{BL}}} \right)^{5/3} \right] \qquad (2.107)$$

式中：F 为物镜焦距；r_{BL} 为边界层相关长度。该相关长度类似于弗里德常数，

与飞行速度、航空器表面形状和空气密度有关。在可见光波段，r_{BL} 变化范围在 5 ~20mm 之间[406]。有许多机械力学方法可用于减小边界层像差，并用来表征残余像差[303]。

2.3.7 激光谐振腔与激光介质中的像差

激光谐振器中有很多机会都会导致像差出现。绝大多数谐振器本质上的多次穿越性使得存在像差的行波衍射后产生光强起伏。光强起伏会导致光波进一步的降质[6]。与任一光路中的光学元件类似，谐振腔中的光学元件也会失去准直性。倾斜、离焦[14,234] 和像散会在谐振器中出现，并极大地影响其性能[594,595,741]。对各种像差之间的耦合已有所研究[594]。静态波前倾斜和动态倾斜（抖动）可达到使谐振器不能产生激光的临界水平[433]。

激光增益介质是造成许多像差的原因。因为受激发光可以发生在固体、液体、气体或等离子体中，这些介质中的任何瑕疵都会导致增益的不均匀分布，从而降低激光性能。固体激光器[894] 中的结构缺陷和液体或气体激光器[328,601,674] 中的湍流是最常见的问题。动态气体激光器和自由电子激光器拥有快速运动的激光介质，这种快速运动的激光介质是另一种波前扰动源[168]。

某些具有共用光路的谐振器[722,723]，如非稳环形谐振器，对一些效应不敏感。例如：圆锥反射镜或轴锥镜[518] 会缩短仪器的一侧光路，但是会等长地伸长另一侧的光路[548]。往返的光子并没有经历相位变化。在这样的谐振器中，辐射不象在通常的稳定谐振器中那样局限于小的中央区域。当辐射扩展并到达圆锥镜和输出刮刀镜时，边缘效应变得非常重要[15,716]。边缘在波前中引入极高空间频率的像差，常常导致比切趾或光强缓慢衰减边缘严重得多的发散效应。

自适应光学系统已被用于谐振器和激光介质中固有像差的校正。在某些情况下，自适应光学系统置于谐振腔内[234,625,222]。另外的一些系统则被设计为直接校正激光谐振器的畸变输出，而不管扰动的来源是什么。传感和校正方法的细节在第 5 章和第 6 章中讨论。

第 3 章　自适应光学补偿

当第 2 章中所讨论的各种扰动不可避免时，自适应光学就前来补救了。每个自适应光学系统都应该增强其"母"光学系统的性能。自适应光学只有能改善成像质量才应该被加入到成像系统中去，只有能增强聚变过程才应该被加入到激光核聚变系统中去[825]。

有许多方法来处理像差补偿问题。使用波前传感器、电子控制和校正光学器件的传统方法能用来克服像差效应。一些被动方法也已被提了出来。贝克尔斯（Beckers）[68,69] 描述了一种可用于天文光学干涉仪的事后光学校正方法。由于成像系统的点扩展函数由较宽背景噪声环绕的称谓"好"信息的中央尖峰组成（图 2.2），因此他提出放置一个孔径或单模光纤来限制进入中央尖峰的光量。其他的**非传统方法**是利用特定光学材料的非线性来校正像差效应。在任何情况下，校正的运用一般都是一种闭环实时过程。利用波前信息的非实时图像处理技术通常有些不足。存在像差的图像的调制传递函数（MTF）很低以致信号被噪声破坏。自适应光学预先改善 MTF 和信噪比（SNR）是非常必要的。

校正各种像差最常用的方法是**相位共轭**原理，该方法有时也被称为**纯相位共轭**以区别于也对振幅效应进行校正的系统。与**非线性**相位共轭同义的"相位共轭"这一术语得到了广泛使用。然而，施加共轭相位于光束的原理是大多数形式的自适应光学的基础，无论是线性的（传统的）或非线性的。

3.1　相位共轭

相位共轭原理是自适应光学的核心[340]。它可以用多种方式进行分析。应用相位共轭的方法如图 3.1 和图 3.2 所示。从左边入射的光束的波前（图 3.1（a））被一块折射率大于 1 的玻璃改变了形状。当它通过玻璃时波前发生了延迟（图 3.1（b））。在被反射镜反射（图 3.1（c））后，波前形状未变但传输方向相反。当它再次穿过玻璃（图 3.1（d））时，像前面一样又产生同样的延迟。最终的出射波前（图 3.1（e））因两次通过像差器而大大变形。

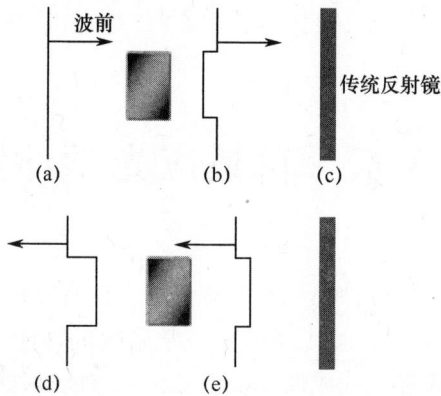

图 3.1　穿过像差器的波前畸变：（a）平面波前穿过像差器后波前被延迟；
（b）延迟的波前从（c）传统反射镜反射后（d）向左延迟行进；
（e）由于它第二次通过像差器，波前被进一步延迟

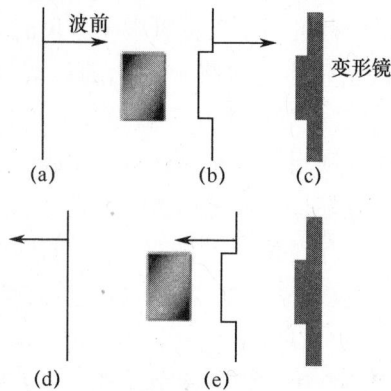

图 3.2　波前畸变穿过带校正镜的像差器：（a）平面波前穿过像差器后波前被延迟；
（b）延迟波前被（c）具有共轭形状的变形镜反射后（d）以相反的延迟向左行进；
（e）当它第二次穿过像差器后，波前恢复成平面

　　如果我们想要在光束两次通过玻璃之后得到一个平面波，那么有一个方法是通过改变反射镜面使得波前逆转以便光束第二次穿过玻璃后不留下残余畸变。观察图 3.2，我们可以看到在反射镜的**适当位置**上**适当大小**的凸起可以造成波前前缘发生逆转。当该波前（图 3.2（d））再次穿过像差器时，最终的波前（图 3.2（e））又成为了平面。反射镜所需"凸起"的大小正比于波前本身但是符号相反。本质上这相当于令光场 $|E|e^{-i\phi}$ 乘以其复共轭 $|E|e^{i\phi}$；于是命名为**相位共轭**。

　　在前面的论述中存在一些重要的"假定"。如果我们能在**适当位置**施加**适当大小**的共轭相位，那么我们能实现此校正。正如在第 2 章中所讨论的，许多像差都是动态的；我们还必须在**适当时刻**对光束施加相位共轭。对相对简单的

相位共轭施加问题的这三个限制条件是困难的原因，这是自适应光学在取得显著进展之前不得不处理的。理解相位共轭概念及其局限的另一个途径是考察一个简单的成像系统。采用近轴近似，即几何光学和 ABCD 矩阵方法，我们可以看出相位共轭是如何用于校正成像系统外的像差的。如果从左方入射的光线用离轴位移 x 和斜率 s 描述，那么我们可以对其追迹到一个简单成像系统的焦点位置（图 3.3）。成像系统的透镜（焦距为 f）在透镜后方距离为 $F = f$ 处成像。光线穿过成像系统后的特性 x' 和 s' 由矩阵方程给出

$$\begin{pmatrix} 1 & F \\ 0 & 1 \end{pmatrix} \begin{pmatrix} 1 & 0 \\ -1/f & 1 \end{pmatrix} \begin{pmatrix} x \\ s \end{pmatrix} = \begin{pmatrix} x' \\ s' \end{pmatrix} \tag{3.1}$$

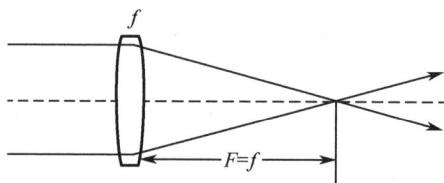

图 3.3　简单成像系统

垂直于透镜的光线（$s = 0$）在距离透镜为 f 处与轴相交。现在，如果在距离成像系统 d 处有一个由另一个透镜 f_a 所表示的像差，则光线将不会在成像系统的焦点上与轴相交。参见图 3.4 的上部分。与轴相交的位置（光线的新焦点）由下式给出，即

$$F = f \left[\frac{d - f_a}{d - f - f_a} \right] \tag{3.2}$$

这意味着我们可以通过重新聚焦光束来补偿像差。如果紧邻成像透镜（图 3.4 下部分）后方简单地加一个焦距为 f_c 的校正透镜，那么我们会发现"自适应光学"成像系统有一个表观焦距 $(f_c f)/(f_c + f)$，且校正透镜的焦距为

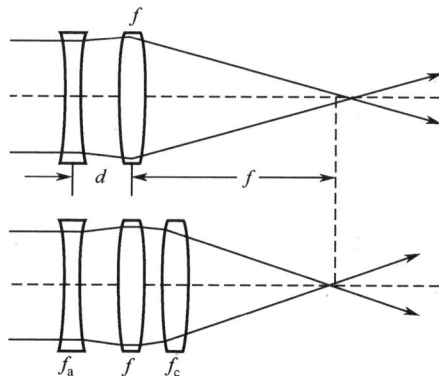

图 3.4　有像差透镜的简单成像系统

$$f_c = \left(\frac{1}{F} - \frac{1}{f} - \frac{1}{(f_a + d)} \right)^{-1} \tag{3.3}$$

这表明波前测量值（光线的位移和倾斜）可引导对光源之外的某种因素引入的离焦进行校正。在焦平面与透镜相距为 F 处且像差与成像系统的距离 $d \to 0$ 的特定情况下，校正系统的焦距与像差相反，即：$f_c = -f_a$。

如果波前由球面波的前缘组成（惠更斯原理），我们可看到 ABCD 矩阵方法是如何能被用于理解自适应光学的。如果波前的每一个部分都用其斜率 s 来测量，那么我们能表示出整个波前的特征。知道了每个斜率测量值的来处就等价于知道了其离开轴的位移值 x。对校正器件 f_c 的反复和同步调整就可产生一个共轭波前。

更严格的处理无需约束性的几何近似，也可说明相位共轭原理。从图 3.5 我们可计算穿过像差板后传输到校正反射镜并经反射后反向传输穿过像差板的光场 $U_4(x_2, y_2)$。从左向右传输的入射光场是个定常平面波 $|U_1|$。在穿过像差板后，光场有了相位成分，$U_a = |U_1| e^{ik\phi_a}$。传输到反射镜面处时产生的光场 U_2 为

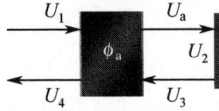

图 3.5　物有像差情况下的简单传输

$$U_2 = \frac{ik e^{ikd}}{2\pi d} \int dx_a dy_a U_a \exp\left[\frac{ik r_{a2}^2}{2d} \right] \tag{3.4}$$

此处 $r_{a2}^2 = (x_a - x_2)^2 + (y_a - y_2)^2$，积分在限制孔径上进行。反射镜在其镜面上施加了校正 ϕ_c，离开镜面的光场变为 $U_2 e^{ik\phi_c}$。返向像差板传输的光场具有如下形式

$$U_3(x_a, y_a) = -\frac{ik e^{-ikd}}{2\pi d} \int_{mirror} dx_m dy_m U_2 e^{ik\phi_c} \exp\left[\frac{-ik r_{2a}^2}{2d} \right] \tag{3.5}$$

在最后穿过像差板后，光场具有如下形式，即

$$U_4 = e^{ik\phi_a} \frac{-k^2}{(2\pi d)^2} |U_1| \int dx_m dy_m e^{ik r_{2a}^2/2d} e^{ik\phi_c} \int dx_a dy_a e^{ik\phi_a} e^{ik r_{a2}^2/2d} \tag{3.6}$$

由于像差形式和积分边界（孔径）不确定，一般情况下该方程没有解析解。然而，对于类似于前面讨论过的单个玻璃平板的情况，指数像差项可如下从积分号内移出：

$$U_4 = e^{2ik\phi_a} e^{ik\phi_c} \frac{-k^2}{(2\pi d)^2} |U_1| \int dx_m dy_m e^{ik r_{2a}^2/2d} \int dx_a dy_a e^{ik r_{a2}^2/2d} \tag{3.7}$$

对于与光场 U_1 精确相等的光场 U_4，必须忽略孔径效应并施加校正 $\phi_c = -2\phi_a$。通过解释该问题的两次穿透本质，说明了施加的校正必须是像差的共轭。

　　这就带来了自适应光学的根本局限问题。如果波前不能被准确地确定或准确地复制，或如果衍射效应起主要作用，那么相位共轭就不完全可用。这就在很多地方限制了自适应光学的效能。例如，高空气溶胶会增强热晕。由于衍射效应对相位测量的消隐，高空处的波前变化很少能被地面上的波前传感器探测到。许多为自适应光学校正而设计的系统必须专门考虑像差与校正位置的关系。一种方法是在相位扰动的像面上施加校正。一些非线性光学方法（如受激布里渊散射）利用畸变光束自身来引发校正。其他的方法是在靠近像差源的地方施加波前校正以限制衍射效应（保持在近场方法）。对于某些自适应光学系统，则承认其不足，只是尽其所能进行校正[569,574,627,734]。

3.2　相位共轭限制

　　直到目前为止，我们都隐含地认为：自适应光学系统可以具有完美的相位共轭，当获得这样完美的共轭相位时系统只要"完全执行"就够了。但完美的相位共轭并不是自适应光学起作用的必要条件。对于散斑干涉测量[569]或天文学测量，部分补偿不仅仅是有用的，而且因为自适应光学的昂贵价格，这样做也是唯一的选择。8m 的地上望远镜在可见光波段需要超过 1500 个校正区域来补偿湍流才能获得近衍射极限的性能[59,524]。虽然非线性光学共轭方法的数学形式显示光场是共轭的，但是共轭的保真度仍高度依赖于泵浦光束的质量、介质的均匀性和非线性极化率项扩展的宽度。

　　对于传统自适应光学，对相位共轭的限制来自很多方面。波前测量质量、解算速度和保真度以及波前表面轮廓重构质量都对相位共轭过程有影响。许多研究者导出了将自适应光学系统参数与其系统级性能相联系的表达式。这些限制可能是基于空间约束的，如传感器或校正器的空间分辨率；也可能是基于时间约束的，如探测器积分时间或计算系统速度。

3.2.1　湍流倾斜或抖动误差

　　湍流产生的倾斜或抖动误差在 2.1.3 节中已做过讨论并表示在了式（2.45）中。

3.2.2　湍流的空间高阶误差

3.2.2.1　模式分析

　　第 2 章中从波前方差所包含的泽尼克模式数量方面给出了它的表达式。特别地，式（2.39）和与其对应的滤波器方程式（2.41）可用来严格导出泽尼克模式被补偿后的方差。因为泽尼克模式是正交的，所以我们可通过修改式（2.39）来描述泽尼克模式被移除后被补偿过的波前的方差

$$\sigma_{\text{WF}}^2 = 0.2073k^2\int_0^L\mathrm{d}zC_n^2(z)\int_{-\infty}^{\infty}\mathrm{d}\boldsymbol{\kappa}\boldsymbol{\kappa}\left(-\frac{11}{3}\right)\cos^2\left[\frac{\kappa^2(z-L)}{2k}\right]\left[1-\sum_{n,m}^{N'}F_{n,m}(\kappa)\right]$$

（3.8）

式中：N' 为被移除的泽尼克项数。

　　另一个描述模式校正效应的方法由诺尔[570]采用柯南（Conan）[148]所给出的严格分析给出。通过对泽尼克多项式所表示的大气湍流波前进行傅里叶变换，得到了用于确定校正后残余波前方差的表达式。对于柯尔莫格洛夫湍流，残余方差 σ^2 是被校正模式的数目的函数。至于平均相位（活塞项被移除后），直径为 D 的孔径上未得到校正的湍流的残余波前方差为 $\sigma^2\approx1.0299$ $(D/r_0)^{5/3}$ rad^2。顺序下来的几项模式被校正后的波前残差为

$$\text{一维倾斜}\ \sigma^2 = 0.582\left(\frac{D}{r_0}\right)^{5/3}$$

$$\text{二维倾斜}\ \sigma^2 = 0.134\left(\frac{D}{r_0}\right)^{5/3}$$

$$\text{离焦}\ \sigma^2 = 0.111\left(\frac{D}{r_0}\right)^{5/3}$$

对于更高阶模式的校正，诺尔推导出了近似表达式

$$\sigma^2 = 0.2944N_{\mathrm{m}}^{-\sqrt{3}/2}\left(\frac{D}{r_0}\right)^{5/3}(\mathrm{rad}^2)$$

（3.9）

式中：N_{m} 为被校正模式的数目。

3.2.2.2　区域分析：校正器拟合误差

　　鉴于物理上的变形镜表面既不能精确地匹配大气湍流涡的像差模式，也不能精确地重现泽尼克模式，休晋（Hudgin）在对镜面和大气湍流做了最小二乘拟合后推导出了波前误差的表达式[360]。校正后波前方差 σ_{fit}^2 是相干长度 r_0 与校正区域（如变形镜驱动器）间隔 r_{s} 的函数，由下式给出

$$\sigma_{\text{fit}}^2 = \kappa\left(\frac{r_{\mathrm{s}}}{r_0}\right)^{5/3}$$

（3.10）

当假定大气具有柯尔莫格洛夫谱[325]时该误差表达式成立。拟合参数 κ 的值通过估计大气湍流谱对不同基函数所产生的谱的响应来确定，这些基函数由镜面影响函数①组成。参数范围为：高斯型影响函数对应 0.23、金字塔型影响函数的对应 0.28、纯活塞型影响函数对应 1.26、实验情况下对应 0.39[360]。一些研究者还使用过 0.15[605]、0.31[873] 和 0.987[76] 等拟合参数。大气湍流存在情况下对高斯型影响函数拟合误差的详尽分析表明：$\kappa=0.349$ 可适用于边缘无约束的许多影响函数[796]。将这些模拟与应用于自适应光学大气湍流校正问题

---

　　① 影响函数在 6.2 节中详细讨论。

的空间滤波方法做了对比（3.5节），这些情况下的拟合参数可用0.319[796]近似。显然，用于分析的精确参数必须根据每块镜面的设计和像差——压力函数从经验上确定，且对不同几何结构必须计算等效驱动器间隔。

校正通道（或校正模式）数目可根据给定斯特列尔比的空间要求而确定。将斯特列尔比近似值 $S = e^{-\sigma^2}$ 代入式（3.10），则区域数目 N_a 可根据驱动器间隔 r_s 和孔径直径得到。孔径直径为

$$D = \sqrt{\frac{4N_a}{\pi}} r_s \qquad (3.11)$$

区域数目的方程变为

$$N_a = \frac{\pi}{4} \left(\frac{D}{r_0}\right)^2 \left[\frac{\kappa}{\ln(1/s)}\right]^{6/5} \qquad (3.12)$$

如果满足假定条件：柯尔莫格洛夫湍流的 C_n^2 为常数；孔径直径足够大，$D_A > 4r_s$；湍流引起的波前误差不太严重，$\sigma^2 < \sim 1.6$，则系统的复杂度可快速计算得到。

不依赖波前误差方法，王（Wang）[849]确定了镜面影响函数对大气湍流中成像系统 MTF 的影响。图3.6显示了 MTF 是如何被改善的，即便只有空间低阶模式被校正。模式分析在确定自适应光学系统的整体性能[398]时很有用。

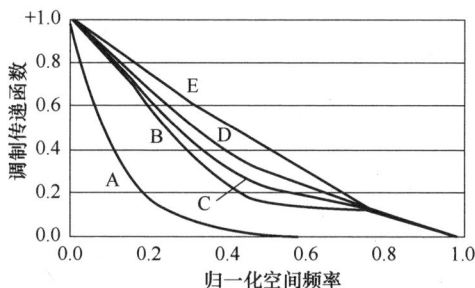

图3.6　$D/r_0 = 2.0$ 的情况下自适应光学补偿后的 MTF：曲线 A，无校正；曲线 B，倾斜被校正；曲线 C，倾斜加离焦被校正；曲线 D，倾斜、离焦加像散被校正；曲线 E，理想波前补偿和衍射极限性能

3.2.3　湍流时域误差

大气湍流的共轭过程像受限于空间采样不足一样也受限于时间采样的不足[405]。假定空间校正很完美，格林伍德[307]指出由时间限制产生的校正后波前的方差为

$$\sigma_{temp}^2 = \int_0^\infty |1 - H(f,f_c)|^2 P(f) \, df \qquad (3.13)$$

式中：波前倾斜的扰动功率谱 $P(f)$ 由式（2.46）给出；高阶像差的扰动功率谱由式（2.69）给出。自适应光学系统提供了用滤波器 $H(f, f_c)$ 表示的

校正。有两类滤波器易于分析。带宽为 f_c 的锐截止滤波器表示为

$$H = 1, f < f_c \tag{3.14}$$

$$H = 0, f \geqslant f_c \tag{3.15}$$

RC 滤波器表示为

$$H = \left(1 + \frac{if}{f_c}\right)^{-1} \tag{3.16}$$

对于带宽为 $f_{3\mathrm{dB}}$（3dB 截止频率）的倾斜控制系统，补偿后的倾斜角方差为

$$\alpha_{\mathrm{comp}}^2 = \left(\frac{f_{\mathrm{TG}}}{f_{3\mathrm{dB}}}\right)^2 \left(\frac{\lambda}{D}\right)^2 \tag{3.17}$$

倾斜的格林伍德频率见式（2.54）。由时间约束引起的高阶波前方差 σ_{temp}^2 为

$$\sigma_{\mathrm{temp}}^2 = \left(\frac{f_{\mathrm{G}}}{f_{3\mathrm{dB}}}\right)^{5/3} \tag{3.18}$$

式中：格林伍德频率见式（2.70）。

　　维诺克（Winocur）将模式空间校正表达式与格林伍德时间因素结合在一起考虑[873]。结果没用解析形式表达，但是详尽的数值分析表明了相对光强或斯特列尔比是如何通过提高空间带宽和时间带宽来改善的。对在 0.5μm 波长处以 2m 孔径从地面向空间（300km 高）传输的控制系统要求的考虑表明，需要 70 阶径向模式（2556 项泽尼克像差），并以高于 300Hz 的伺服带宽才能使斯特列尔比达到0.9（图3.7）。

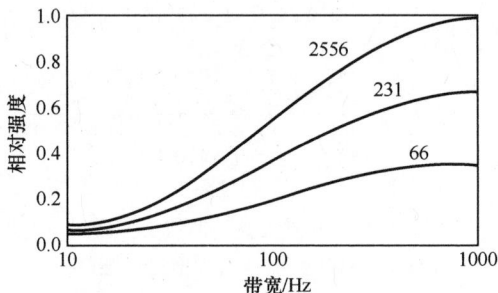

图 3.7　用于校正地－空传输的空间和时间要求，每条曲线上方的数字是被校正模式的数目

　　一种规避时间限制的方法是"获得幸运"。所谓的幸运成像系统是在自适应光学处于最佳工作情况下采集多帧短曝光图像，然后选择大气处于宁静状态下短时间内采集的最锐利的图像[852]。为了减轻数据存储与处理的负担，波前传感器测量值可用来帮助选择在最佳大气条件下拍摄的图像[112]。过去仅在红外自适应光学条件下才会出现的清晰成像现在在可见光波段也变得可能了[450]。

3.2.4　传感器噪声限制

　　对自适应光学过程的另一个约束来自于波前传感器的限制，用波前方差来

表示。它与传感器的信号强度和处理特性有关。克恩（Kern）等人[410]采用了如下表达式

$$\sigma_{\mathrm{WFS}}^2 = \frac{2\pi^2}{n}\left(\frac{\lambda_{\mathrm{A}}}{\lambda}\right)^2 \tag{3.19}$$

式中：n 为每个子孔径探测到的光子数，通常小于 $1000^{[326]}$。波前传感器探测波段的平均波长为 λ_{A}。哈迪[321,326]给出了可见光剪切干涉仪这一特例中方差的显式表达式（5.3.1 节）

$$\sigma_{\mathrm{WFS(SI)}}^2 = \frac{2}{\pi\gamma^2 n}\frac{d_s^2}{s^2} \tag{3.20}$$

式中：γ 为条纹对比度；d_s 为子孔径直径；s 为剪切距离。

对于哈特曼传感器，起作用的是子孔径的倾斜测量限制。波前方差为

$$\sigma_{\mathrm{WFS(H)}}^2 = \frac{2\pi^2\left[\left(\frac{3}{16}\right)^2 + \left(\frac{s}{8}\right)^2\right]^{1/2}}{\mathrm{SNR}} \tag{3.21}$$

式中：s 为光源的尺寸，对于自然星或无限远处的物体，$s = 0$。CCD 阵列用来确定哈特曼传感器中的所有中心位置，每个子孔径占用了 n_{pix} 个像素，SNR 为

$$\mathrm{SNR} = \frac{N}{[N + n_{\mathrm{pix}}(\sigma_{\mathrm{r}}^2 + \sigma_{\mathrm{bg}}^2)]^{1/2}} \tag{3.22}$$

式中：N 为信号电子数；σ_{r} 为噪声电子数；σ_{bg} 为背景电子数。

波前传感器必须有一个足够亮的光源以保证较高的 SNR。对于天文成像，需要有明亮的自然星。罗迪尔[661]指出对于 $8 \sim 10\mathrm{m}$ 口径的望远镜找到合适导星的几率大约为 30%。在每平方度内大约 10000 颗导星的条件下，对具有低噪声探测器的 $8\mathrm{m}$ 望远镜进行倾斜控制是有可能的。在每平方弧度内大约 4000 颗导星的条件下进行低阶补偿也是有可能的[20]。如果 m 等星或更亮的恒星的角密度用 $\rho(m)$ 来表示，例如 $\rho(m) = 1.45\exp(0.96m)$ $\mathrm{stars/rad}^{2[598]}$，则在立体角 Ω 内探测到 N 颗星等在 m_1 到 m_2 之间的恒星的概率为[198]

$$P(N, m_1, m_2) = \frac{\left[\int_{m_1}^{m_2}\Omega_\rho(m)\,\mathrm{d}m\right]^N}{N!}\exp\left[-\int_{m_1}^{m_2}\Omega_\rho(m)\,\mathrm{d}m\right] \tag{3.23}$$

3.2.5　热晕补偿

热晕可用自适应光学进行部分校正[87]。当根据畸变数 N_{B}（2.2 节）来表示热晕时，校正 N_{m} 个模式的自适应光学系统将使波前方差减小到[575]

$$\sigma_{\mathrm{bloom}}^2 = \frac{\sqrt{2}}{5\pi^4}\left(\frac{N_{\mathrm{B}}^2}{N_{\mathrm{m}}^{2.5}}\right) \tag{3.24}$$

3.2.6 非等晕

大气可认为是垂直于光束传输方向的一个平面。该平面在表面上具有各种各样的相位变化。如果光束穿过这个平面的任意部分并经历相同的波前误差，则认为是**等晕的**。从2.1节的讨论中我们知道情况并非如此。大气的不同部分之间以不同方式扭曲光束。尽管统计特性相同，但大气湍流的具体实例并不相同。因此穿过湍流的传输是**非等晕的**[123]。两束细光束之间存在不同的波前误差，且一束粗光束中的不同部分之间也存在不同的波前误差。非等晕性会对补偿大视场的大口径自适应光学或对共享空间回波系统等类型的设计产生严重后果[308]。非等晕性尽管只是一个空间现象，但是在其他因素促使下也可能会出现。两束间隔一定距离的平行光束会产生**移位**非等晕性。彼此以略微不同角度传输的两束光会产生**角度**非等晕性[745]。当两束光的光源与接收器距离不同，且接收器的采样区域为圆锥形时，则这两束光显示出**圆锥效应**或聚焦非等晕性。与导致大气运动的风耦合后，两束光的传输时延会导致**时间**非等晕性。最后，波长略有差异的两束光经历的湍流像差大小不同，代表了**色差**非等晕性的一个例子（5.6节）。

角度非等晕像差的大小可根据柯尔莫格洛夫谱计算出来[243]。实验测量验证了这些表达式[870]。参考图3.8，指向距离为 L 的目标或湍流层的夹角为 θ 的两束光，其波前方差（单位为 rad^2）为

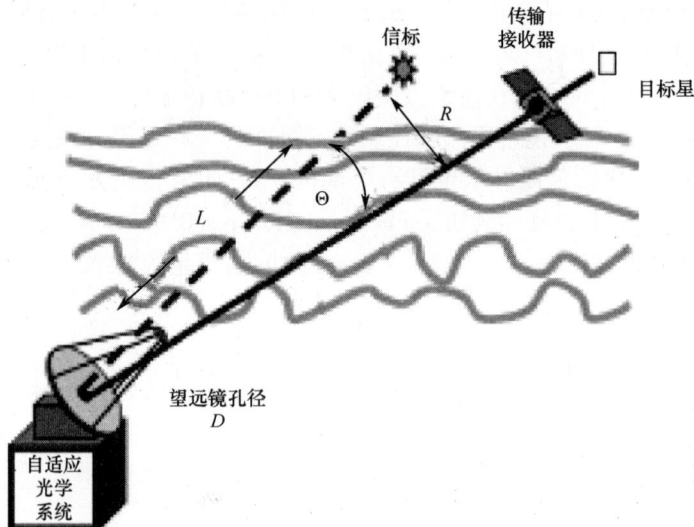

图 3.8 非等晕性几何结构

$$\sigma_{\mathrm{iso}}^2 = 2.91k^2 \int_{\mathrm{path}}^{L} C_n^2 (\theta z)^{5/3} \mathrm{d}z \qquad (3.25)$$

当 $(D/r_0)/(\theta/\theta_0) \to \infty$ 时，方差变为

$$\sigma_{\mathrm{iso}}^2 = \left(\frac{\theta}{\theta_0}\right)^{5/3} \tag{3.26}$$

此处 θ_0 定义为**等晕角**，即

$$\theta_0 = \left[2.91k^2\int\limits_{\mathrm{path}}^{L}C_n^2(z)z^{5/3}\mathrm{d}z\right]^{-3/5} \tag{3.27}$$

对于定常 C_n^2，记得 $r_0 = (0.423k^2C_n^2L)^{-3/5}$，则等晕角表达式简化为[659]

$$\theta_0 \approx \frac{0.6r_0}{L} \tag{3.28}$$

如果角间距 θ 远小于等晕角，则不同路径之间的方差很小，自适应光学校正效果会非常好。反之，自适应光学系统将施加不正确的共轭相位，校正效果将不会很好。在某些情况下，不校正甚至好于错误的校正。因为倾斜等晕角大约为 θ_0 的四倍，且全孔径都可以用来测量自然导星的倾角，因此，光源可以是暗弱的，且不必像高阶校正所要求的那样离研究对象很近。

时间非等晕性发生在光束传输场景中。信标光因光行时间而延迟 $\Delta t = L/c$。校正后的光束到达目标时将再次延迟 Δt。在此期间大气有足够的时间会发生运动和变化[105]。泰勒的分析[779]指出：在小孔径情况下过时的校正甚至坏于不校正。对于较大的孔径，即使采用了时间延后的信息，校正也可能是有用的。

某些恒星成像系统光子数很少，以致目标本身的光不能用于自适应光学。在另外一些情况下，成像系统与自适应光学传感系统所用的波长可能不同。在目标星临近方向上的信标或**导星**也可使用。这样，色差非等晕性与角度非等晕性就同时出现了。在这些例子中，信标与目标之间的角度（从发射者或观察者位置测量）变成重要参数[662]。与信标使用相关联的时间滤波器为[779]

$$H(f) = \exp(-i2\pi f\Delta t) \tag{3.29}$$

式中：f 为时间频率；Δt 为与两条路径差有关的时间延迟，$\Delta t = \theta/\dot{\theta}$。大气相对于光学系统的等效运动是角度的时间导数，用 $\dot{\theta}$ 表示。非等晕效应引起的波前误差是滤波后波前谱的傅里叶逆变换，即

$$\phi_{\mathrm{cor}} = \int F\phi_{\mathrm{unc}}[1 - H(f)]\exp(i2\pi ft)\mathrm{d}f \tag{3.30}$$

变换又导出表达式

$$\sigma_{\mathrm{iso}}^2 = \left(\frac{\theta}{\theta_0}\right)^{5/3} \tag{3.31}$$

该式类似于因伺服带宽有限所引起的波前方差的表达式[307,779]

$$\sigma^2 = \left(\frac{f_{\mathrm{G}}}{f_{\mathrm{3dB}}}\right)^{5/3} \tag{3.32}$$

式中：f_{3dB} 为自适应光学系统的时间带宽。

在这里，格林伍德频率可用角度重新定义为

$$f_G = \left[\frac{1}{2}\Gamma(8/3)\right]^{3/5} \frac{\dot{\theta}}{2\pi\theta} \tag{3.33}$$

非等晕性可被认为是空间和时间效应的耦合。由于大气一直在运动，因此光束穿过空气中的不同部分就相当于光束在不同时间穿过空气的同一个部分。过时的校正差不多与在略微偏移路径上的校正相同。泰勒[779]将这两种效应综合在了一起，由有限带宽和等晕角的综合作用引起的波前方差为

$$\sigma_{iso}^2 = \left(\frac{\theta'}{\theta_0}\right)^{5/3} \tag{3.34}$$

角度 θ' 既受限于大气的非等晕性也受限于带宽，其表达式为

$$\theta' = \left\{\int_0^\infty d\tau e^{-\tau}\left[\left(\theta + \frac{1.186\theta_0 f_G \tau}{f_{3dB}}\right)^{5/3} - \frac{1}{2}\left(\frac{1.186\theta_0 f_G \tau}{f_{3dB}}\right)^{5/3}\right]\right\}^{3/5} \tag{3.35}$$

式中：$\tau = 2\pi t f_{3dB}$。

3.2.7　后处理

在视场远大于等晕角的望远镜中，图像采集后的空间可变像差可通过众多后处理技术中的任意一种而消除[42,761]。

3.3　人工导星

非等晕效应最终转化成对视场的根本性限制，其值大约为 $2L\theta_0$。信标张角所对应的弦应该尽可能地小，达到 $1.22\lambda/r_0$。目标等晕角内几乎没有处于可见光波段的自然导星。对于红外目标，等晕角稍大一些，系统受到的限制也小一些。在天文领域一些研究者研究了对大气的部分校正效应[569,734]。从20世纪80年代初期起，美国空军[181,255,257,258]和天文学界[229,232,765]的研究者就一直在研究使用人工导星技术对大气采样[813]。该技术利用激光激励部分上层大气来产生人工导星用于采样大气湍流[210,541,751]。

瑞利散射[766]可在离地大约20km高度的平流层产生导星。由于波前传感器所采样和探测到的大气仅仅是导星之下位于导星和波前传感器孔径之间的圆锥中的部分，因此存在圆锥效应或聚焦非等晕性[751]。弗里德导出的由聚焦非等晕性产生的波前方差为[244,248]

$$\sigma_{cone}^2 = \left(\frac{D}{d_0}\right)^{5/3} \tag{3.36}$$

式中：D 为望远镜全口径直径。当给定 C_n^2 剖面后，泰勒[783]给出了 d_0 的如下

表达式

$$d_0 = \lambda^{6/5} \cos^{3/5}\beta \left[19.77 \int \left(\frac{z}{z_{\mathrm{LGS}}} \right)^{5/3} C_n^2(z)\,\mathrm{d}z \right]^{-3/5} \qquad (3.37)$$

式中：z_{LGS} 为人工导星的高度（单位为 km）。聚焦非等晕性参数 d_0（单位 m）还可通过对弗里德模型结果进行经验曲线拟合而逼近。对于赫夫纳格尔 – 瓦利湍流模型

$$d_0(\mathrm{HV5/7}) = 0.018 z_{\mathrm{LGS}} + 0.39 \qquad (3.38)$$

对于 SLC – 白昼湍流模型

$$d_0(\mathrm{SLC - Day}) = 0.041 z_{\mathrm{LGS}} + 0.29 \qquad (3.39)$$

对于 SLC 夜间湍流模型[60]

$$d_0(\mathrm{SLC - Night}) = 0.046 z_{\mathrm{LGS}} + 0.42 \qquad (3.40)$$

对于 4m 口径上 $\lambda/10$ 大小的波前误差，d_0 需达到 7m，根据 SLC 夜间模型，要求激光导星高度达到 143km，这是一个在物理上无法实现的结果。为了克服此困难，并减小圆锥效应，可采用多激光导星[245,247]。则聚焦非等晕性参数可近似为

$$d_0(\text{多导星}) = 0.23 N_{\mathrm{LGS}} + 0.95 \qquad (3.41)$$

式中：N_{LGS} 为人工导星的数目。现在正在进行的大量工作是对多导星信息融合以层析重构望远镜上方大气的三维图[475,556,782]。

20km 以上的大气非常稀薄，不能提供足够的后向散射以产生足够明亮的导星。哈珀（Hpper）等人[319]提出利用中间层中钠层的共振后向散射来产生高度大约为 92km 的导星[597]，此高度恰好高于大部分湍流大气[264,854]。尽管除钠之外还有其他化学成分也可用于人工导星[759]，但大部分开发的导星都是位于 589nm 的钠 D_2 线。

由于信标不可能正好放置在目标正前方，因此角度非等晕效应仍然必须要考虑。导星必须足够亮到可以被探测到，并位于目标的等晕角内。这些限制可通过计算一个例子来检验。式（3.21）可用于确定：对于 $\lambda/10$ 的残余波前误差需要的 SNR 大约为 6。对于 CCD 阵列探测器，SNR 由式（3.22）给出。假定：每个像素有 10 个噪声电子 $\sigma_r = 10$，背景光子为零 $\sigma_{\mathrm{bg}} = 0$，波前传感器每个子孔径占 4 个像素 $n_{\mathrm{pix}} = 4$，则每个子孔径需要 137 个光子。稍微保守起见，我们希望的探测条件是每个子孔径中可探测到 150 个光子。

假定一个观察站，其可见光波段的 r_0 为 15cm（凯克和里克天文台的平均值），波前传感子孔径大小为 r_0，波前传感器采样速率为 100Hz，根据式（1.61）我们发现：为了满足波前传感器要求，需要一颗 12 星等（$m_{\mathrm{v}} = 12$）或更亮的星。

平均来说，每平方弧度有 $1.45 e^{0.96 m_v}$ 颗星。对于 12 等星或更亮的星，每平方弧度有大约 150000 颗星。这样，对研究目标可能在的任一特定天空区域，在额定 10μrad 的等晕区内可能不存在一颗 $m_{\mathrm{v}} = 12$ 的自然星。因此，需要人工导星。

3.3.1　瑞利导星

　　激光能量给定后，导星的亮度正比于激光束体积内空气的密度。探测到的瑞利光子通量由激光雷达方程得到

$$F_{\text{Rayleigh}} = \eta T_A^2 \frac{\sigma_R n_R}{4\pi z_0^2} \frac{\Delta z \lambda_{\text{LGS}} E}{hc} \tag{3.42}$$

式中：η 为望远镜和探测器效率；T_A 为从望远镜到导星的单程大气透过率；σ_R 为瑞利后向散射截面；n_R 为大气密度；Δz 为待观测大气层的厚度；λ_{LGS} 为激光导星的波长；E 为每个脉冲的激光能量；z_0 为望远镜入口上方聚焦星的高度；h 为普朗克常数（6.63×10^{-34}J·s）；c 为光速（3.0×10^8m/s）。

　　散射截面与密度的乘积 $\sigma_R n_R$ 是导星形成处大气高度的函数，可近似为

$$\sigma_R n_R \approx 2.0 \times 10^{-4} \exp\left[\frac{-(z_0 + z_t)}{6\text{km}}\right] \tag{3.43}$$

式中：z_t 为激光发射器所处的海拔高度。在式（3.43）中激光波长假设为351nm。根据几何关系，并考虑到口径为 D_{proj} 的激光投射器向上发射到导星高度处的激光的能量扩散，得到大气层厚度 Δz

$$\Delta z = \frac{4.88\lambda z_0^2}{D_{\text{proj}} r_0} \tag{3.44}$$

对于1m 的投射光学系统，当站址高度为3km、导星高度为20km（从平均海拔起）时，$\Delta z = 33$m。采用图3.9中所示的基本几何关系可以确定光通量。根据式（3.42），当 $\eta = 0.075$、$T_A = 0.85$ 时，光子通量（单位为每平方米光子数）为 $6.2 \times 10^5 E$；E 为激光能量，单位为焦耳/脉冲。对于 r_0 大小的子孔径直径，每个子孔径内光子数为

$$N_s = \left(\frac{\pi}{4}\right) r_0^2 F = 1.1 \times 10^4 E \tag{3.45}$$

当 $N_s = 150$ 个光子时，需要的激光能量为14mJ/脉冲。

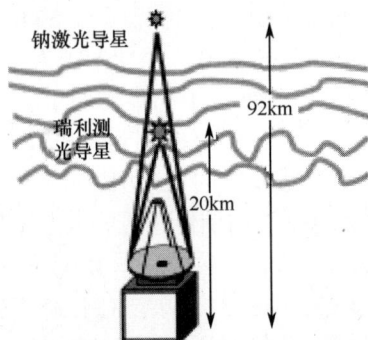

图3.9　激光导星的几何结构

　　瑞利激光导星涉及大量工程性问题。从地表向上一直到激光导星的会聚点都存在瑞利后向散射。为了避免波前传感器探测到导星下方区域内的后向散射，利用了距离选通技术[257]。脉冲应该短一些以保持在厚度为 Δz 的大气层内。在发射 66μs 后脉冲到达高度为 20km 的导星。在发射 132μs 后返回的能量（导星脉冲）到达波前传感器。因此，为了避免接收到沿光路连续后向散射的能量，一个长度为 Δz、中心为脉冲发射后 132μs 的电子距离开关触发波前传感器的探测器的开启。以 5kHz 频率工作时，下一个脉冲在间隔 200μs 后发出，从而避免了干扰或导致多脉冲混淆。如果导星的脉冲速率较低，例如 300Hz，则脉冲在 132μs 内发射并返回，远短于脉冲之间的间隔时间 3333μs。已经证明在闭环工作期间通过改变距离门限深度有助于优化性能[542]。其他的工程性问题还包括与激光导星方向有关的效应。斯图尔德（Steward）天文台的一台处于工作状态的激光导星示于图 3.10 中。

图 3.10　亚利桑那州斯图尔德天文台的 6.5m 整体镜面式望远镜上的激光导星（图片由亚利桑那州图森（Tucson）市斯图尔德天文台的托马斯·斯太尔卡普（Thomas Stalcup）提供）

　　大气引起的倾斜无法通过一个激光导星而采样得到[647]。因为光传输路径从激光器到人造星位置的传输上行路径与返回到波前传感器的反向下行路径相同，所以导星的绝对位置是未知的，从而它相对于目标或固定参考画面的相对位置也是未知的。已经有建议提出采用多波长[230,231,252]的或扩展的人造星[65]来克服此困难[165]。另外一些有希望的设想是使用多个激光导星[856]和传感器，然后通过计算来"融合"信息以得到倾斜的测量值并扩大等晕区的范围[560,598,686,692,712,752,780,784]。

采用多个导星可以消除聚焦非等晕性效应。然而，因为仅能有一个信标在光轴上，所以与在上行传输路径上的湍流所产生的信标位置误差相伴生的**圆锥倾斜误差**又被引入进来了[323]。圆锥倾斜相位误差的方差 σ_{ct}^2 为

$$\sigma_{ct}^2 = \left(\frac{D_B}{d_1}\right)^{5/3} \tag{3.46}$$

式中：D_B 为用于单个信标的孔径直径，可以为全孔径；d_1 为单个信标倾斜误差为 $1\,rad^2$ 时的孔径直径。例如，对于 10km 高的信标（假定湍流符合赫夫纳格尔 – 瓦利 20/20 模型），在 $\lambda = 0.5\mu m$、天顶角为 $0°$ 时，$d_1 = 0.23m$。信标位置误差方差的计算结果中包含一个低于信标间隔高度的项 σ_{PL}^2 和一个高于信标间隔高度的项 σ_{PH}^2。

两束光被直径为 D 的一个望远镜会聚到高度 H_B 处，但间距为 b。这两束光在低于信标的高度 h_c 处开始重叠。斜程长度 $L = H_B \sec\beta$，此处 β 是天顶角。在两束光分离高度之下以相位平方弧度为单位的方差为

$$\sigma_{PL}^2 = k^2 b^2 D^{-1/3} \int_0^{h_c} dz C_n^2(z) F_{PL}(b,z,D,L) \tag{3.47}$$

式中

$$\begin{aligned}
F_{PL}(b,z,D,L) = 0.6675 &\left[\left(\frac{bz}{DL}\right)^2 \left(1 - \frac{z}{L}\right)^{-1/3} \right. \\
&- 2.067 \left(\frac{bz}{DL}\right)^4 \left(1 - \frac{z}{L}\right)^{-7/3} \\
&\left. - 1.472 \left(\frac{bz}{DL}\right)^{14/3} \left(1 - \frac{z}{L}\right)^{-3} + L \right]
\end{aligned} \tag{3.48}$$

在两束光分离高度之上以相位平方弧度为单位的方差为

$$\sigma_{PH}^2 = k^2 b^2 D^{-1/3} \int_{h_c}^{H_B} dz C_n^2(z) F_{PH}(b,z,D,L) \tag{3.49}$$

式中

$$\begin{aligned}
F_{PH}(b,z,D,L) = 0.7600 &\left[\left(1 - \frac{z}{L}\right)^{-5/3} \right. \\
&- 0.6637 \left(\frac{bz}{DL}\right)^{-1/3} \left(1 - \frac{z}{L}\right)^2 \\
&\left. - 0.0031 \left(\frac{bz}{DL}\right)^{-7/3} \left(1 - \frac{z}{L}\right)^4 - L \right]
\end{aligned} \tag{3.50}$$

信标位置误差的总方差为

$$\sigma_P^2 = \sigma_{PL}^2 + \sigma_{PH}^2 \tag{3.51}$$

必须要考虑到达导星的斜程和激光导星的有限尺寸[412]。在许多情况下，为了避免光学元件的有害后向散射、光学元件可能发出的荧光和接收光学器件上高功率光学镀膜的复杂性，激光输出孔径并不与望远镜接收孔径共享。当用到多

个激光导星时，除了一个导星之外的其他导星都在斜程方向，并且其形状会被拉长[763]。当使用离轴导星时，必须要考虑角度非等晕性和聚集非等晕性。泰勒[784]给出的结论是：当瑞利导星路径与接收望远镜路径之间的轴间距很明显时，应该使用较低的或中等高度的导星。对于斜径（不是到天顶），激光脉冲在达到 20km 高度时在大气中所走过的距离更长，这点必须要考虑。虽然更大的以及发光时间更长的导星返回的光子数更多，但是由于与点源的近似性[415]被破坏了，因此脉冲应该保持较短的状态[70]。光通量正比于 $\sec\beta$，此处 β 为天顶角。

3.3.2　钠导星

考虑到上层大气钠的密度和共振散射限制，共振钠导星的光通量可以采用与瑞利导星类似的方式计算得到[881]。处于原子状态的钠是流星分解的产物，之所以留在 89 ~ 92km 高的空中是因为处于这个高度的条件阻止了分子反应的发生。在 589.1583nm 的波长上，探测到的钠光子通量可按式（3.42）计算得到

$$F_{\text{Sodium}} = \eta T_{\text{A}}^2 \frac{\sigma_{\text{Na}} \rho_{\text{col}}}{4\pi z_0^2} \frac{\lambda_{\text{LGS}} E}{hc} \qquad (3.52)$$

式中：高度 z_0 约为 92km；σ_{Na} 为共振后向散射截面；ρ_{col} 为柱丰度，通常在 3×10^9 原子数/cm^2 和 1×10^{10} 原子数/cm^2 之间。散射截面与柱丰度的乘积大约为 0.02[267]。由于钠原子有限的数量（整个地球中少于 600kg）和后向散射对应的衰变速度，钠导星受限于每秒大约 1.9×10^8 个光子[251]。采用式（3.46），当子孔径直径为 r_0 时，每个子孔径内的光子数 N_{s} 为

$$N_{\text{s}} = \left(\frac{\pi}{4}\right) r_0^2 F = 550E \qquad (3.53)$$

若 $N_{\text{s}} = 150$ 个光子，则需要 272mJ/脉冲。

仅仅将钠波长的光束照射中间层是不够的。由柱丰度所表示的钠的丰度（大约为 $10^3 ~ 10^4$ 原子/cm^3）随季节或日期或在短至 10min 的时间尺度内变化的幅度高达 2.5 个星等[162,179]。有效高度可在 89 ~ 92km 之间变化。波前传感器必须正确聚焦，否则会产生错误的离焦项[150,809]。匹配滤波之类的技术[285]可以改善中心点的计算性能[284]。

目的是在非常小的体积内在 589.2nm 波长上激发 D_2 从 $3^2 S_{1/2}$ 态跃迁到 $3^2 P_{3/2}$ 态（以制造一个点源）。这两个态被各种机制加宽。电子和核自旋之间存在磁相互作用。基态分裂为两个能级（1.77GHz）。激发态分裂为四个能级（100MHz）。它们进一步分裂为磁次能级。在这八个次能级之间允许存在 54 个跃迁。

实际上，即使在光束覆盖范围内也只有极少的钠原子才会被激发。返回的

光通量应该正比于光束强度；然而，在饱和强度下，当所有的原子被激发后光束功率的增加将不会增大光通量。因为连续波激光具有较低的峰值功率，所以它们比脉冲激光产生的回波光能量多。

作为一个应用上的问题，钠信标中必须要考虑对瑞利后向散射的抑制[164,879]。对于一个原子，其辐射寿命是 16ns（10MHz）。散射速率反比于辐射寿命。而且，由于热运动，原子总是处于运动中。1.2Ghz 的非均匀多普勒加宽使得 589.2nm 光束只能与一个"速度群"中的那些原子或者说仅仅大约 1% 的钠原子发生相互作用。已有人建议采用多个频率的激光来激发更多的速度群。令人惊奇的是这种信标完全可以工作。

对于大望远镜，离轴光源也能产生信标，但它们根本不是点光源。它们有很大的延展，且延展长度随着时间起伏。延展的角度可用 $\alpha_{\text{Elong}} = 0.24 d_{\text{sep}}$ 来近似，此处 d_{sep} 为望远镜和激光投射器之间的间距，单位为米，α_{Elong} 的单位为角秒。光束投射器口径应该大约为 $3r_0$。如果信标投射光从次镜后发出，则会发生一些光污染或光场阻挡问题。如果信标投射光从望远镜光学系统中发出，则会发生光散射和磷光现象。延展的信标在夏克－哈特曼传感器中呈现为拉长的点，会影响波前测量精度。

多层共扼自适应光学概念[20,67,712,713]是指独立校正每一"层"大气。通过以串联方式放置校正装置（变形镜），并使每个校正装置负责校正一层大气，则会有效增大等晕区。多层共扼自适应光学、地层自适应光学[775]、激光层析自适应光学、多目标自适应光学和极端自适应光学[534]等术语用来描述不同的多导星布局结构。因此，我们可以用单层共轭自适应光学代指过去所称的**自适应光学系统**[195,266,440,564,698,818,822,826]。

除传统自适应光学之外，许多望远镜，例如用于搜索太阳系外行星的望远镜还必须使用其他新颖的光学技术。举个例子，来自太阳系外行星的光一般都比其母恒星的光弱 7 或 8 个量级。恒星的点扩展函数常常会掩盖掉行星。使用相干波导重新映射光瞳几何形状[431]的长曝光相位差法[546]或新颖的日冕观测仪常用来增强成像效果。在某情况下，将光涡植入到入射光束的相位中，等效于在中心制造一个零强度的洞，可以遮挡掉恒星的光[225]。基于迈克耳逊恒星干涉仪原理[753]的大口径地基长基线干涉仪，例如 CHARA[760]，也是用于自适应光学的候选对象[773]。

3.4　导星激光器

有多种激光器可用于瑞利信标。倍频铌酸锂固体激光器、两倍频 Nd：YAG 激光器（$\lambda = 532\text{nm}$）[331]、三倍频 Nd：YAG 激光器（$\lambda = 355\text{nm}$）[29]、受激准分子激光器和铜蒸汽激光器都已得到成功应用。

另外，还有大量的激光源可达到钠激光导星所需的最小功率。其中的几个类型是闪光灯泵浦的 Nd：YAG 激光器、激光腔中为有机染料的准分子激光器[13]、连续及脉冲燃料激光器和光纤激光器[609]。一个幸运的现象是 Nd：YAG 激光器具有两个激光波长，$1.06\mu m$ 和 $1.32\mu m$。当这两条谱线在非线性晶体中发生混频时，最后的和频波长是 $(1.06\mu m)^{-1} + (1.32\mu m)^{-1} = (0.589\mu m)^{-1}$，恰好是激发钠原子所需要的波长[80,382,680,682]。

一般地说，激光器输出的光束应该是单横模 TEM_{00}，$M^2 < 1.2$，带宽应该窄于多普勒加宽后的钠吸收谱（大约 $2.77GHz$）。$4W$ 功率的连续或准连续光束[169]应该可以产生一个稳定的光子回波[682]。

不管怎样，自适应光学系统中的激光导星已得到了验证并用于了天文和卫星成像[44,249,250,366,376,383,473,510,581,767,764,769]。采用多激光导星的波前测量也得到了验证[445,549]。截止到 20 世纪 90 年代中期，对激光源的总结在关于此主题的文献［256］和其他地方[181]都有论述。

3.5　限制因素综合

本节中所用到的表达式可综合起来得到系统性能的近似表示。补偿后的波前方差（用平方弧度表示）是各分量之和[268]，即

$$\sigma^2 = \sigma_{fit}^2 + \sigma_{temp}^2 + \sigma_{WFS}^2 + \sigma_{bloom}^2 + \sigma_{iso}^2 + \sigma_{cone}^2 \qquad (3.54)$$

式（3.10）、式（3.18）、式（3.20）或式（3.21）、式（3.24）、式（3.26）和式（3.36）可用于计算这些分量以估计性能。该组合假定各限制因素是不相关的。尽管该假定并不严格，但是对于系统层级的分析很有用[855]。波前补偿后的斯特列尔比就是式（2.64）所示的结果，在该表达式中含受补偿后的波前误差和抖动方差。

3.6　线性分析

3.6.1　随机波前

前述的表达式都假定波前像差主要由柯尔莫格洛夫大气引起。正如第 2 章所示，可以发现存在多种形式的波前扰动。自适应光学系统补偿其他随机像差的能力常常可用空间滤波器方法来确定。

当像差可用具有特定相关长度的随机扰动来表示时，可将自适应光学系统假设成一个空间滤波器来进行研究[334]。由于校正区域间距 r_c 限制了自适应光学系统的空间分辨率，因此可将之视为一个高通滤波器，消除了所有的低频（低阶）模式而通过了高频模式。该滤波器的确切形式根据它对特定波前的校

正能力来确定[538,793]。校正后的波前 ϕ_c 是未校正的波前与相位共轭镜的表面面形 $M(x, y)$ 之差，由下式给出

$$\phi_c(x,y) = \phi_u(x,y) - \gamma_m M(x,y) \tag{3.55}$$

式中：常数 γ_m 为自适应光学系统特定几何结构的函数。对于校正镜的反射角为 θ 的系统，该常数 $\gamma_m = 2\cos\theta$。对于非线性光学相位共轭镜（PCM），$\gamma_m = 1$。对式（3.55）做傅里叶变换并重新排列，我们得到

$$\mathscr{F}(\phi_c) = \mathscr{F}(\phi_u)\left[1 - \frac{\gamma_m \mathscr{F}(M)}{\mathscr{F}(\phi_u)}\right] \tag{3.56}$$

方括号中的项是未校正波前谱的滤波器，它是**谱的函数**。这种函数性使得该问题变成了波前中的非线性问题。仅当考虑低阶模式时，该非线性可以忽略[429]。经常通过假定滤波器具有锐截止来代替每种情况下的确切形状，可以避免非线性问题的解析求解。截止频率 ν_c 与奈奎斯特准则通过 $\nu_c = 1/2r_c$ 发生联系。一般地，该滤波器[789]可用于改变波前的谱以得到自适应光学系统校正后的波前结果。该滤波器考虑了传感、控制和校正三部分的空间分辨率，但是不能区分各自的作用。未校正相位的非线性可用如下方式可视化。如果校正镜的校正大小（$\gamma_m M(x, y)$）精确地等于未校正的波前 ϕ_u，那么滤波器消失，校正很完美，也就是说校正后的波前为零。只要校正镜面不同驱动器的影响函数加起来使得表面与波前精确吻合，就会发生这种情况。例如，**仅有一个驱动器**的校正镜，如果其驱动器的表面影响函数精确地与未校正波前的共轭吻合，那么它就完美地校正了波前。由于在任何现实情况下这都是不可能的（除非简单的倾斜或离焦校正），因此对于分析许多多区域自适应光学系统来说空间滤波器原理都是成立的。

当波前误差是随机过程造成的时候，例如光学器件中的微结构误差或传输路径上的非均匀性，精确的波前或它的谱常常是不知道的。在这些情况下，波前的自协方差函数可用来分析自适应光学系统。自协方差函数包含随机过程的统计特征，功率谱密度（PSD）就是自协方差的傅里叶变换。通过采用自适应光学系统这一高通空间滤波器对 PSD 滤波可得到残余 PSD。残余 PSD 函数的积分就是校正后波前的方差。对残余 PSD 做逆傅里叶变换得到残余自协方差函数。残余自协方差函数的峰值发生在原点，是校正后的波前方差。

为了在一维方向上解释该分析过程，假定波前是随机的，并具有高斯统计特征。互相关长度 l 出现在自协方差形式中，由下式给出

$$A(x) = \sigma_{unc}^2 \exp\left(-\pi \frac{x^2}{l^2}\right) \tag{3.57}$$

自协方差的傅里叶变换是 PSD，由下式给出

$$P(v) = l\sigma_{unc}^2 \exp(-\pi l^2 v^2) \tag{3.58}$$

当该 PSD 被空间滤波时，残余的 PSD 遵循如下条件

$$P(v)_{res} = \mathscr{F}[A(x)] = l\sigma_{unc}^2 \exp(-\pi l^2 v^2), \text{ 当 } v \geq (1/2r_c) \quad (3.59)$$

$$P(v) = 0, \text{ 当 } v < (1/2r_c) \quad (3.60)$$

该 PSD 的逆变换给出了如下的残余波前自协方差函数为

$$A(x)_{res} = \sigma_{unc}^2 \exp\left(-\pi \frac{x^2}{l^2}\right)\left[1 - \text{erf}\left(-i\sqrt{\pi}\frac{x}{l} + \frac{\sqrt{\pi}l}{2r_c}\right)\right] \quad (3.61)$$

此处 erf 是误差函数[1]。残余波前方差是自协方差函数在原点处的值,由下式给出

$$\sigma_{corr}^2 = \lim_{x \to 0} A(x) = \sigma_{unc}^2\left[1 - \text{erf}\left(\frac{\sqrt{\pi}l}{2r_c}\right)\right] \quad (3.62)$$

定义**校正能力**为 $C = (\sigma_{unc}^2 - \sigma_{corr}^2)/\sigma_{unc}^2$,校正区域间距为 r_c 的自适应光学系统对相关长度为 l 的随机扰动的校正能力为

$$C = \text{erf}\left(\frac{\sqrt{\pi}l}{2r_c}\right) \quad (3.63)$$

从此表达式可看出,当校正区域间距两倍于相关长度时,方差值的一半几乎可被消除:$r_c = 2l$ 时 $C = 0.47$。当 $r_c = l$ 时 $C = 0.78$。如果校正区域间距低至 $r_c = l/2$ 时,自适应光学系统几乎就是一个完美的相位共轭器了,$C = 0.99$。

3.6.2　确定性波前

当未校正的波前已确定的时候,可执行空间滤波过程来确定校正后的波前。不过,在此情况下,是对波前本身而不是对自协方差做傅里叶变换。波前的谱可采用像前面一样的方式来滤波。锐截止高通滤波器用来确定残余谱,且其变换直接给出校正后的波前。方差可根据波前来计算,也可用波前来计算光束的传输。如果我们认为波前是傅里叶分量之和,那么

$$\phi_{unc} = \sum_{m=0}^{\infty} a_m \cos(2\pi m \Delta v x) \quad (3.64)$$

空间滤波器滤除了低阶成分,使得校正后的波前呈现如下形式

$$\phi_{cor} = \sum_{m=1/(2\Delta v r_c)}^{\infty} a_m \cos(2\pi m \Delta v x) \quad (3.65)$$

由于方差是各系数平方的加权和,因此校正后的波前必定比未校正波前具有较低的方差值。在许多情况下,例如对大气湍流,低阶分量的系数对斯特列尔比的损失起的作用最大[570]。

当波前可用泽尼克多项式来表示时,我们可以直接得到校正后波前的方差。根据式(1.37),方差可通过对泽尼克系数 A_{nm} 和 B_{nm} 直接按下式求和得到

$$\sigma^2 = \sum_{n=1}^{\infty}\sum_{m=0}^{n} \frac{A_{nm}^2 + B_{nm}^2}{2(n+1)} \quad (3.66)$$

经空间滤波校正后的波前方差是

$$\sigma_{\text{cor}}^2 = \sum_{n=1}^{\infty} \sum_{m=0}^{n} \frac{A_{nm}^2 + B_{nm}^2}{2(n+1)} - \sum_{n=1}^{\infty} \sum_{m=0}^{n} \sum_{n'=1}^{\infty} \sum_{m'=0}^{n'} (-1)^{(n-n')/2}$$
$$(A_{nm}A_{n'm} + B_{nm}B_{n'm}) Z\left(\frac{R}{r_c}, n, n'\right) \tag{3.67}$$

$B_{n0} = 0$，R 为孔径半径。校正函数 $Z\left[(R/r_c), n, n'\right]$ 通过对泽尼克多项式的傅里叶变换做空间滤波得到[788]

$$Z[(R/r_c), n, n'] = \int_0^{1/2r_c} \frac{J_{n+1}(2\pi\rho R) J_{n'+1}(2\pi\rho R)}{\rho} d\rho$$
$$= \sum_{k=0}^{\infty} \frac{(-1)^k (n+n'+2k+1)! \left(\frac{\pi R}{2r_c}\right)^{n+n'+2k+2}}{(n+1+k)!(n'+1+k)!(n+n'+k+2)!k!} \tag{3.68}$$

因此，在知道了未校正波前的泽尼克系数 A_{nm} 和 B_{nm}、校正区域或驱动器间距 r_c 之后，残余波前方差可采用空间频率滤波方法通过代数计算得到。

3.7　部分相位共轭

　　没有自适应光学系统可达到完美相位共轭的地步，尽管许多系统几近完美。维诺克[873]和诺尔[570]给出了对单独模式的校正效果和对大气湍流中的某些成分不予校正的残余结果。具有有限自由度的系统能根据许多实际用途提供相当好的图像补偿[668,669]。布隆斯（Bruns）[101]演示了一个简单的五模式校正系统是如何为米级望远镜提供补偿的。在图像补偿之外，采用自适应光学系统校正后的闪烁的对数强度方差反比于被校正泽尼克模式的数目[457]。尽管希望对更多的模式进行校正，但是对少数低阶模式的补偿所提供的改善最明显。

第4章　自适应光学系统

本章中我们将回顾许多已用于对传输和成像系统进行校正的自适应光学概念。采用功能框图来解释这些概念。这些框图代表的功能有光学、电子学、机械学或其组合的功能。本书的下半部分论述这些框图中每个框所代表的子系统的细节。在这个概念层级，我们可认为这些框具有如下功能：

（1）**光学系统**：一连串透射或反射光学元件。

（2）**校正器**：可改变光束波前的光学元件。

（3）**采样器**：可从一束光中分离出另一束光的光学元件（认为没有使相位产生畸变）。

（4）**WFS**：波前传感器。

（5）**成像器**：可以形成图像并将之传递到探测器上的一组光学器件。

（6）**目标**：需要做完美校正的光束所在的空间平面。

（7）**接收器**：将光信息转换成电子信号的设备。

（8）**控制**：电子处理。

（9）**标记器**：可对光束的某部分做标记的光学设备。

（10）**激光器**：激光器。

系统概念应该谨慎选择。在天文望远镜中用于校正大气湍流的系统很可能对于校正高功率激光中的低阶模式没有用处。用于移动大型光学器件的强力技术对于校正高频振动就会显得太慢。我们将仔细考察这些方法并探究其有效或无效的原由。

4.1　自适应光学成像系统

4.1.1　天文成像系统

到目前为止，自适应光学最常见的应用是成像[688]。自1982年以来，自适应光学已用于穿过大气的成像[322]，采用的基本部件有波前采样器、波前传感器（WFS）、校正器（如变形镜）和执行实时数值计算的控制计算机[325]。参考图4.1，系统的基本功能相当简单。来自感兴趣目标的光，例如天文研究对象或卫星，被望远镜和光具组所组成的光学系统捕获。其中一部分光被 WFS

采集，控制计算机计算必要的光程变化并将信号发送至校正器进行光程修正。成像器，即相机，收集穿过补偿后光学系统的光。如果来自于目标的光微弱到不足以确定波前，则使用另外的光源，如邻近的自然导星[829]或人造导星。表4.1总结了全世界主要天文台大多数在役或计划中的望远镜和自适应光学系统。

表 4.1　现存或计划中配备自适应光学系统的天文台

天文台	传统的缩写	望远镜口径	参考文献
真空太阳望远镜	VTT	0.7m	[736，830]
萨克拉门托峰天文台		0.76m	[3，4，651]
中国云南天文台		1.2m	[385，386，772]
上普罗旺斯天文台		1.52m	[454，525]
威尔逊山天文台		2.5m	[717，718，768]
北欧光学望远镜	NOT	2.56m	[28]
肖恩望远镜（利克天文台）		3.0m	[447]
阿帕契点天文台		3.5m	[175，413]
"星火"光学试验场	SOR	3.5m	[397]
威斯康辛、印地安纳、耶鲁、国家光学天文台	WIYN	3.5m	[699]
天文物理联盟望远镜	ARC	3.5m	[22]
卡拉阿托天文台		3.5m	[78，153]
伽利略国家望远镜	TNG	3.58m	[54，637]
加拿大－法国－夏威夷望远镜	CFHT	3.6m	[33，648，649]
新技术望远镜	NTT	3.6m	[590，634，677]
可见光和红外巡天望远镜	VISTA	3.6m	[161]
先进光电系统望远镜	AEOS	3.67m	[497，838]
英国红外望远镜	UKIRT	3.8m	[132]
英澳望远镜	AAT	3.9m	[103，576]
南方天体物理学研究望远镜	SOAR	4.1m	[762]
威廉·赫歇尔望远镜	WHT	4.2m	[110，171，552，770]
海尔望远镜，帕洛玛山		5.0m	[83，166]
超大单镜面望远镜	MMT	6.5m	[344，472，474]
南北双子座望远镜		8.0m	[134，135，636，776]
昴星团望远镜		8.2m	[750]
大型双筒望远镜	LBT	2×8.4m	[635]
甚大望远镜	VLT	4×8.2m	[282]
凯克双子望远镜		2×10m	[387，878]
巨型麦哲伦望远镜	GMT	25m	[389]
三十米口径天文望远镜	TMT	30m	[359]
环形干涉望远镜	RIT	30m	[158]
欧洲极大望远镜	E－ELT	42m	[62，293，359，742]

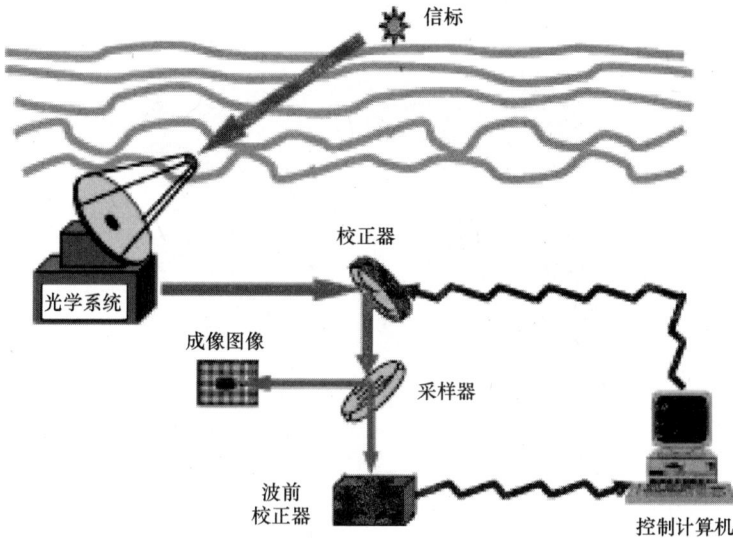

图4.1　闭环自适应光学成像系统的传统结构，显示了校正器、采样器和波前传感器
等主要元件，其他元件，例如共轭光瞳、图像会聚和波前会聚等光学元件未予显示

　　除了图4.1中所示的成像系统结构之外，自适应光学系统也可将图像信号本身用于图像清晰化。当不进行明确的波前测量而是在成像平面上测量图像的清晰度时，改变校正过程也能使成像向"最好的图像"方向收敛。这类似于试着从很多对眼镜里找出最好的那个。将"清晰"图像作为性能指标的试错法是这种方法的基础，该方法将在5.4.2节中做深入讨论。还有一种新技术称为**幸运成像**技术[353]，通过鉴别许多短曝光图来找到最清晰的图像，此时观察者足够幸运正好碰到了短时间内宁静的大气。

4.1.2　视网膜成像

　　自1990年代后期以来，研究者在采用自适应光学原理和技术并将之应用于医学成像方面，特别是在人眼视网膜感光（柱状和锥状）[462]或神经节细胞以及视网膜色素上皮细胞[306]的成像方面，已取得长足进步（图4.2）。尽管具体的结构有所变化，但系统元件仍包含有 WFS、变形镜和控制计算机。眼睛中称为玻璃液的液体很像大气一样做湍流运动；但是它不遵从柯尔莫格洛夫谱模型。另外，保持眼球不动并对变化中的泪膜做补偿也提出了实践上的挑战。许多研究者采用传统的哈特曼－夏克波前传感器建立了研究和临床诊断系统，波前传感器配备了低功率激光器，其发射的激光被视网膜反射后用作波前信标[108,136,215,399,630]。其他的研究者则采用了不同的方法，如金字塔型波前传感器[122]，或干脆不使用传感器而是采用模拟退火算法来使图像清晰化[905]。

研究者们采用多帧图像开发出了自动识别锥状感光细胞[460]或评估巩膜筛板（此部位是青光眼早期损伤处[824]）变化的技术。

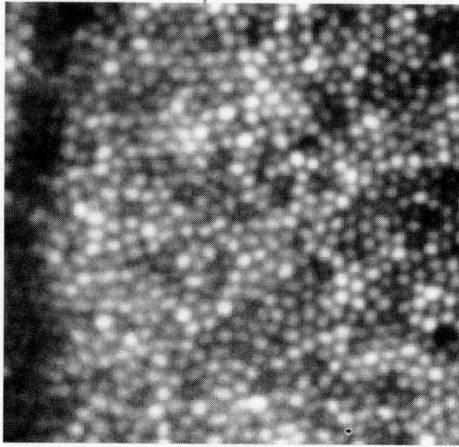

图 4.2　罗彻斯特大学采用自适应光学系统获取的人眼视网膜图像清楚地显示了
感光细胞（柱状和锥状）（纽约州罗彻斯特市罗彻斯特大学视觉科学中心供图）

为了支持自适应光学在成像上的应用，正在进行的许多工作是为了搞清楚眼睛中的光散射[679,847]和高阶像差[159,479,683]。目前正从视觉灵敏度角度[490]进行对高阶像差补偿效果的研究[128,544]。采用超宽谱带光源和飞秒激光器，自适应光学相干光层析技术可获得超高分辨率的视网膜成像[120,899]。

4.2　光束传输系统

通过扰动向下传输穿过大气的光而使图像失真的同一个湍流大气也将会使向上传输穿过大气的光束发生畸变。尽管用于弹道导弹防御的武器级激光穿过大气的传输[889]是早期大多数自适应光学发展的推动力，但是其技术和系统也能用于和平时期的各种应用场合。如图 4.3 中所示的系统可用于传送激光功率到在轨卫星上为电池充电[254,531,555]、传送激光功率为月球基地提供能量[444]或地 – 空激光通信[791,868]。

通常，动态的扰动或像差发生在离开光学系统之后的传输过程中。在这种情况下，不事先采样像差源就很难预测扰动并施加它的相位共轭。图 4.3 中显示的系统使用来自目标或邻近目标的光能量来提供像差信息。如果来自于目标的信号，可能是合作目标（激光导星）或日光的反射，反向传输穿过大气，则自适应光学系统可探测从目标返回光束的波前畸变。通过与该光场共轭（记住要根据略微不同的路径或波长而作适当调整），输出光束可被赋予一个波前使得辐射以近衍射极限到达目标上。如果回波与出射波共享相同的光路或孔径，则该方法称为**回波共享孔径**方法。可以通过在物理上将返回光束和出射光束区分成不同部分来实现孔径空间共享，或通过将这两束光分为时间的函数来实现空径时间共享。如果回波和出射波具有不同的波长或偏振态，那么也可以将它们从光谱上区分。共享方法将在 5.5 节讨论波前采样时再涉及。

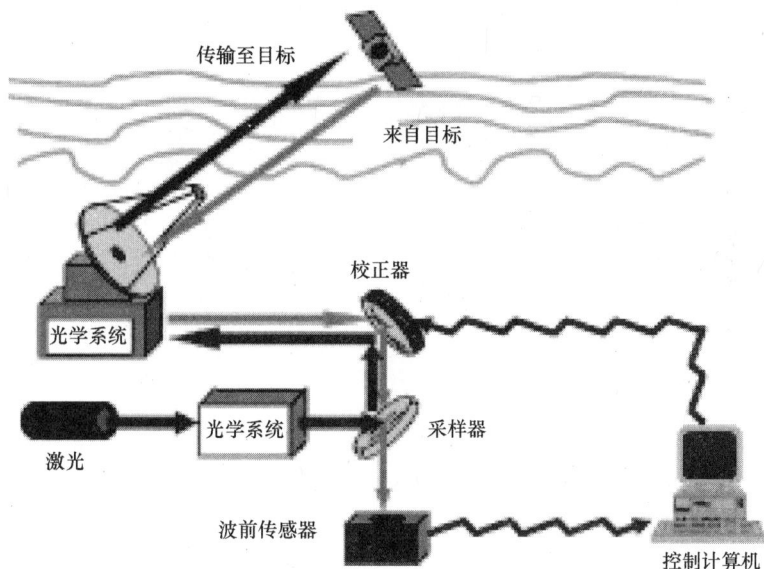

图 4.3　激光传输系统

4.2.1　本地环路光束净化系统

如果一束光向目标传输，那么我们有时可以在它到达目标之前在本地闭环里来校正光束中的像差。这种情况的一个例子以示意图形式显示在了图 4.4 中。假定光束在其形成过程中产生了像差或者被光具组引起了像差。该光束的一部分被采样并送往 WFS。传感器测量波前，控制器产生送给校正器的信号，校正器施加共轭相位。在此设计中，采样器**位于校正器之后**。这就允许自适应光学系统是差分型的，即波前传感器看到的是光束、光学器件和校正器的组合像差输出。如果波前是平的则校正器将会被驱使为平的。当波前偏离平面时，波前传感器看到的就是光束和校正器的像差之差。这个差值将施加到校正器上直到波前传感器再也看不到任何差异，这就意味着共轭相位已施加到了光束上。由于在此过程中需要避免衍射效应，因此必须尽可能在靠近像差源（激光和光学元件）时进行。该系统在诸如激光核聚变等高功率场合应用。本地环路光束净化被建议作为基本自适应光学结构配置在 750TW 国家点火装置高功率激光器[346] 的 192 路光学系统的每一路中。

如果采样器位于校正器之前，则 WFS 看到的仅仅是光束和光学器件的输出像差。自适应光学系统施加一个开环共轭相位给校正器。如果光束发生变化，WFS 将探测到该变化，如果自适应光学系统被正确校准的话，则校正器将被驱动到共轭位置。这种变体自适应光学系统**应该**能提供同等大小的校正。共轭过程是相同的；但是，信任校准的稳定性并不加测量就认为校正器的输出确实是共轭的，并不是好的工程惯例。

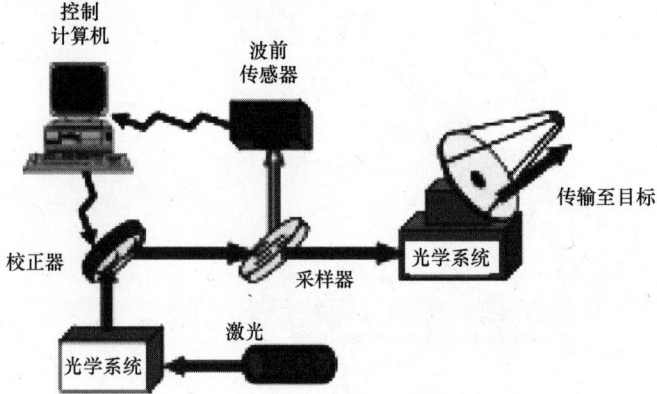

图 4.4　本地环路光束净化自适应光学系统

如果光束在离开自适应光学系统之后的传输没有遇到任何额外的像差，则该系统就是最优的。但是，如果位于自适应光学系统下游的透射光学系统掺入了像差（非真空传输），那么净化的诸多好处将在光束到达目标之时消失殆尽。

4.2.2　其他可供选择的设计

在类似于图 4.3 所示的传输系统中，如果从目标返回的波通过不同孔径进入系统中，则称之为**回波独立孔径方法**（图 4.5）。

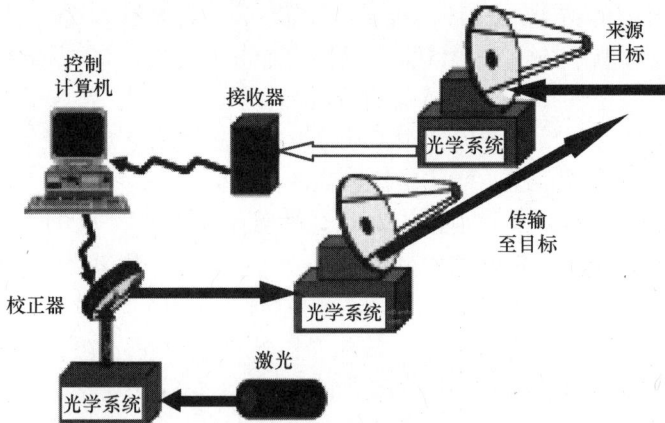

图 4.5　回波独立孔径自适应光学

如果目标回波不直接用于波前共轭，而是用于提供光路信息以使出射波通道能预测注入一个共轭相位，那么自适应光学系统仍然能够工作。该方法图解于图 4.6 中，被称作**相干光自适应技术**（COAT）**方法**或**多抖动方法**。通常通过采用不同的调制频率对光束不同部分的相位进行调制，出射波在空间和时间上都被作了标记。目标的镜面反射光由接收器解码并用于预测、产生共轭出射光束。完成此工作的必要的光电组件的细节在第 5 章中讨论。

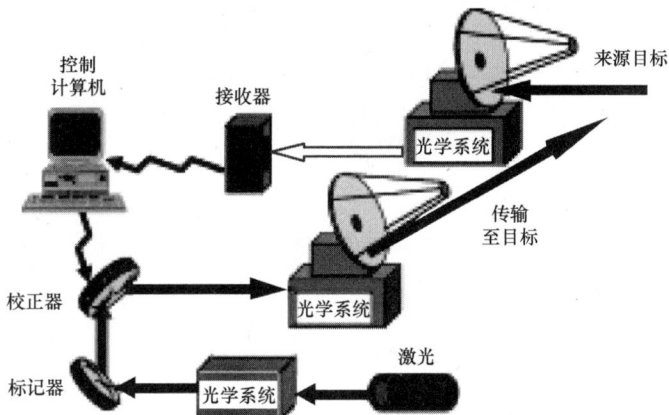

图 4.6　相干光自适应技术

如果在最后一个光学元件之后导致光束变化的像差能够有一定把握性地预测，则自适应光学系统可施加共轭相位而根本无需实际测量波前。这种方法可以使用外部信息，例如使用光学系统温度来预测热畸变，或使用大望远镜指向来预测重力引起的下陷。如果大气湍流太弱以致于可以忽略或者在其他地方已被校正的话，则对目标位置的预测类似于对最低阶像差，即波前倾斜的预测。例如，图 4.7 显示的系统中，面形传感器[21]用来观察校正器的镜面形状。目标位置可用雷达或声波等其他信息源获取，除这个被预测的位置外不需要知道目标的其他信息。如果将面形传感器的信息与其他信息组合，例如测量光束功率以预测热效应或测量目标距离以预测（光）飞行时间和别的必要信息，那么校正器就能给光束施加一个合适的共轭相位。在某些情况下，在重构过程中预测的最优估计子可用于减少伺服时延并增加系统带宽[863]。

对一套自适应光学系统来说还有一些特殊要求。例如，对空间尺度较大的目标——诸如临近的星系、行星表面、月球、某些卫星或恒星的扩展区域——成像，需要有特殊的考虑。因为视场远大于等晕区，所以诸如 WFS 信号本身的解卷积等方法可用于得到图像信息[670]。

该方法衍生出的一个方法是使用多视角来收集足够的数据以层析重构扰动[378]并补偿图像。多层共扼自适应光学系统使用多个 WFS 和变形镜来补偿大气的每一层以代替对单个积分路径的补偿[393]。艾勒不洛伊克（Ellerbroek）[195]提出了一种可能的宽视场设计的分析。

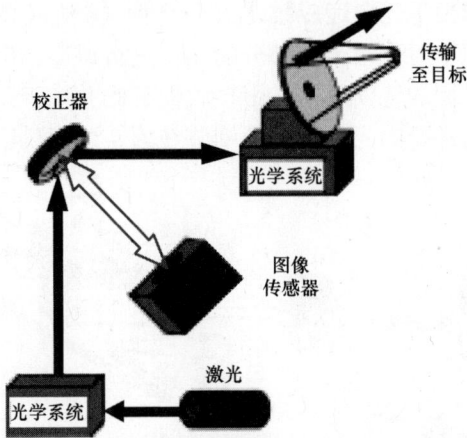

图 4.7　具有面形传感器的预测型自适应光学

被动式相位共轭方法利用角隅棱镜阵列来形成一个传统的相位共轭镜（Phase – Conjugate Mirror，PCM）[61,591]。每一个小角隅棱镜都会将进入它的光束反向。光束会略微偏移（不超过棱镜孔径的尺寸）。如果这些棱镜足够小，那么每个棱镜只将光束的一小部分反射回去（参见图 4.8）。绝对相位并没有在整个孔径上都得到保持，且分辨率也受限于单个角隅棱镜的衍射极限。重新合成的光束将具有一个逼近于入射光束共轭相位的相位。

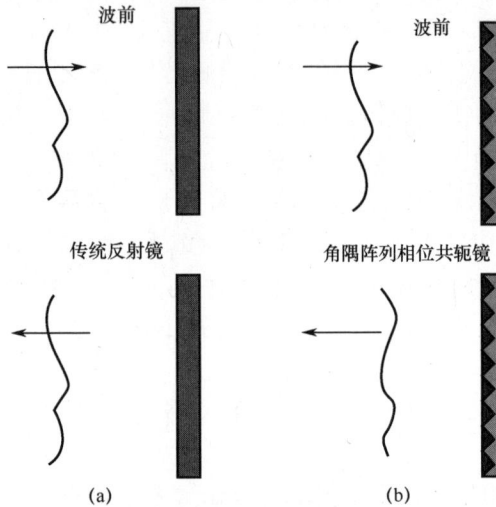

图 4.8　入射波前可用角隅棱镜阵列逼近

（a）传统镜面；（b）角隅棱镜阵列。

除了各种实时系统，对无论用没用自适应光学技术所获取的图像进行后处理也能增强光学系统的成像能力[294]。后处理方法既包括象选帧（抛掉坏图像）[228]这样的基本方法也包括像直接解卷积[469]或盲解卷积[133]这样的复杂方法。罗格曼和威尔士[672] 给出了关于许多后处理方法的一个绝好描述和关于（使用了后处理和实时自适应光学的）复合系统的一个综合论述。

4.2.3　各种方法的优缺点

每一种传统方法都既有优点也有缺点。在天文成像系统中校正大气湍流受限于以足够速率来传感和校正光束的硬件的能力。微弱星光产生的极低信噪比要求长时间积分以获得充分的信号。因此系统的工作带宽被严重限制。

回波相位共轭方法在真空传输或短距大气传输中很有用[436]。例如，光列中的光学器件误差可用远处不可分辨的物体作为波前信息源来进行校正。到达光学系统的波前本质上就是一个平面波。任何由自适应光学系统采集的波前误差都来自光学系统本身并能被校正器共轭。组合方法与回波方法都具有光飞行时间特征所产生的限制。光子从传输到距离为 d 的目标并从目标返回的全程时间为 $t = 2d/c$。对于 100Hz 以上具有明显谱的扰动（如大气湍流和机械振动），距离受限于大约 500km。这就使得采用多振动方法进行地 – 空和卫星 – 卫星发射变得不可行了。

4.2.4　自由空间激光通信系统

近来在自由空间光通信中对自适应光学的需求和使用正在增长。组合本地环路光束净化与回波自适应光学等设计，通过使出射光束的相位与发射光束的相位共轭来补偿大气可明显改善性能。当通信信号光束穿越通过大气湍流时，相位变化导致闪烁，在接收器处引起信号的强弱变化[19,21]。其结果是误码率增加了，并必然导致带宽的降低。通过在发射之前预先补偿湍流，大部分闪烁效应可以减弱[792]。已得到研究的各种调制方案包括通断键控[797]、脉冲位置调制[883] 和光涡编码[270]。地 – 空链[868]、空 – 地链[791]、大气 – 太空链[567]、大气 – 地面链[710] 和地 – 地链[545] 都已得到研究。

有大量分析来量化湍流效应，包括理解退化统计[64] 和根据扰动程度与补偿程度来优化孔径尺寸[75]。早期的研究已经表明：采用部分相干光束可改善穿过大气的激光发射[430,888]。为优化发射而确定合适的相干光程度依赖于站址、湍流程度和距离[125]，但是相干程度可用光纤准直器自适应阵列等设备来调整[836,837]。

一些系统采用了基本的倾斜控制[567,795]，而另一些系统采用了更高阶的控制[797]。AOptix Technologies 公司出售使用高阶自适应光学技术的商业双路系统[25]。Aoptix 系统中的每一个收发器都使用接收到的信号的一部分作为波前信标预校正发射光束。他们报道的一个系统的通信能力为：在 5km 距离上达到了 10Gb/s。

因为自由空间激光通信链路数量将会非常大，所以它们必须要足够廉价。一个建议是在系统中使用低质量的光学器件——或者主镜或者次镜或者两者都是低质量的，然后利用校正湍流的自适应光学系统的校正能力来补偿望远镜中的静态像差[339]。

4.3　非传统自适应光学

每一个被描述为**传统**的概念，都认为光学系统能通过惯性方法来校正光束的波前，也就是说：通过运动来改变波前。但是，有些光学材料具有无需在宏观尺度上以惯性方式改变光束波前的能力。这些材料利用了如下事实：材料的电极化率 χ 随电场而变，且常常是由电场的高次幂（指数大于 1）而定。这些非线性效应引出了在涉及自适应光学时最常用的定义：**非线性光学**（Nonlinear Optics，NLO）是非传统自适应光学而**惯性自适应光学**是传统自适应光学。不幸的是，这个定义并非总是正确的。有些校正方法使用的既不是惯性运动也不是任何材料的非线性光学属性[61]。因为这些方法是独特的、令人感兴趣的，因此它们很可能也应该被称为**非传统的**。其他还有一些方法也用到了材料的非线性属性，例如在别的传统方法中利用了泡克耳斯（Pockels）效应。混淆难以轻易消除。这些特殊系统将会单独予以讨论。

4.3.1　非线性光学

如果随电场变化的电极化率表示为如下的展开式

$$\chi(E) = \chi^{(1)} + \chi^{(2)}E + \chi^{(3)}E^2 + \cdots \tag{4.1}$$

那么极化强度可表示为

$$P(E) = E\chi(E) = \chi^{(1)}E + \chi^{(2)}E^2 + \chi^{(3)}E^3 + \cdots \tag{4.2}$$

式中：$\chi^{(1)}$ 项为诸如折射、吸收、增益和双折射等线性效应；$\chi^{(2)}$ 项导致二次谐波的产生、参量混频和泡克耳斯（Pockels）效应；$\chi^{(3)}$ 项导致诸如三次谐波产生、拉曼（Raman）散射、直流克尔（Kerr）效应[831]、非简并四波混频和布里渊散射等效应。

尽管这些过程中有许多都在自适应光学的不同方面得到了应用，但是其中有四种在相位共轭中更常用。受激拉曼散射（SRS）、受激布里渊（Brillouin）散射（SBS）、增强布里渊四波混频[642]和简并四波混频（DFWM）已广泛应用在了自适应光学中[372,891]。

正如在 4.1 节和 4.2 节中所示，光束共轭是自适应光学许多应用的基础。在 z 方向传输的光束用电场 $U(\boldsymbol{r},t)$ 来表示，即

$$U(\boldsymbol{r},t) = \frac{1}{2}U\exp[-\mathrm{i}(\omega t - kz)] + \mathrm{c.c} \tag{4.3}$$

式中：c.c 为复共轭。存在相位畸变 $\phi(\boldsymbol{r})$ 时，该电场服从下式给出的标量波方程

$$\nabla^2 U + \left[\, \omega^2 \mu \phi(\boldsymbol{r}) - k^2 \,\right] U + 2\mathrm{i}k \left(\frac{\partial U}{\partial z}\right) = 0 \qquad (4.4)$$

该方程的共轭

$$\nabla^2 U^* + \left[\, \omega^2 \mu \phi(\boldsymbol{r}) - k^2 \,\right] U^* - 2\mathrm{i}k \left(\frac{\partial U^*}{\partial z}\right) = 0 \qquad (4.5)$$

的解具有形式

$$U(\boldsymbol{r},t) = \frac{1}{2} U \exp\left[\, -\mathrm{i}(\omega t + kz) \,\right] + \mathrm{c.c} \qquad (4.6)$$

该式表示一个反方向传输的电场。因为后向共轭波服从与前向波相同的波方程，所以像差 $\phi(\boldsymbol{r})$ 的效应正好是相反的。该过程无论对惯性相位共轭镜（图 3.2）还是非线性（非惯性）共轭镜[32]都成立。

4.3.2　弹性光子散射：简并四波混合

如果三个波 U_1、U_2 与 U_3 入射在非线性介质（$\chi^{(3)}$）上，由于介质中的弹性光子散射将产生出第四个波。两个入射波被称为**泵浦光束**。

$$U_1(\boldsymbol{r},t) = \frac{1}{2} U_1(\boldsymbol{r}) \mathrm{e}^{\mathrm{i}(\omega_1 t - k_1 z)} + \mathrm{c.c} \qquad (4.7)$$

$$U_2(\boldsymbol{r},t) = \frac{1}{2} U_2(\boldsymbol{r}) \mathrm{e}^{\mathrm{i}(\omega_2 t - k_2 z)} + \mathrm{c.c} \qquad (4.8)$$

振幅较小的第三个波被称为探测光束，由下式给出

$$U_\mathrm{p}(\boldsymbol{r},t) = \frac{1}{2} U_\mathrm{p}(\boldsymbol{r}) \mathrm{e}^{\mathrm{i}(\omega_\mathrm{p} t - k_\mathrm{p} z)} + \mathrm{c.c} \qquad (4.9)$$

在该介质中将发生极化，极化强度正比于这三个波与三阶非线性光学极化率 $\chi^{(3)}$ 的乘积，由下式给出

$$P_\mathrm{NL} = \frac{1}{2} \chi^{(3)} U_1(\boldsymbol{r}) U_2(\boldsymbol{r}) U_\mathrm{p}^*(\boldsymbol{r}) \mathrm{e}^{\mathrm{i}\left[(\omega_1 + \omega_2 - \omega_\mathrm{p}) - (k_1 + k_2 - k_\mathrm{p}) \cdot \boldsymbol{r}\right]} + \mathrm{c.c} \qquad (4.10)$$

极化辐射出第四个波，其频率 ω_c 与其他波的频率的关系为

$$\omega_\mathrm{c} = \omega_1 + \omega_2 - \omega_\mathrm{p} \qquad (4.11)$$

因为当泵浦频率等于探测频率（$\omega_1 = \omega_2 = \omega_\mathrm{p} = \omega$）时第四个波的传输方向与探测波传输方向相反，因此它被称为**共轭波**。在此简并情况下，共轭波具有与探测波相同的频率 ω。因为泵浦光束是相向传输的（$k_1 = -k_2$），所以共轭波也与探测波相向传输（$k_\mathrm{c} = -k_\mathrm{p}$），也就等价于共轭波的相位与探测波的相位共轭

$$U_\mathrm{c}(\boldsymbol{r},t) = \frac{1}{2} U_\mathrm{c}(\boldsymbol{r}) \mathrm{e}^{\mathrm{i}(\omega t + k_\mathrm{p} z)} + \mathrm{c.c} = U_\mathrm{p}^*(\boldsymbol{r},t) \qquad (4.12)$$

这种相位共轭方法被称为 DFWM。

该过程的另一个应用出现在光束尚未简并但接近简并时[221]。如果泵浦光束具有相同的频率 ω 和相反的传输方向（$k_1 = -k_2$），但是探针光束频率略有偏移，$\omega_\mathrm{p} = \omega + \delta$，那么共轭将会在相反方向上发生偏移，$\omega_\mathrm{c} = \omega + \delta$。

耦合光束可表示为如下形式

$$\frac{dU_p^*}{dz} = i\kappa_p U_c e^{-\Delta kz} \tag{4.13}$$

$$\frac{dU_c}{dz} = i\kappa_c^* U_p^* e^{+\Delta kz} \tag{4.14}$$

式中

$$\kappa_p = \frac{-2\pi\omega_p}{nc}\chi^{(3)} U_1 U_2 \tag{4.15}$$

$$\kappa_c^* = \frac{2\pi\omega_c}{nc}\chi^{(3)} U_1 U_2 \tag{4.16}$$

其导致的相位失配（在高斯单位制中）表示为

$$\Delta k = \frac{2n\pi\Delta\lambda}{\lambda^2} = 2n\frac{\delta}{c} \tag{4.17}$$

表现为因有限频率失调导致的共轭反射率下降。在此方式下，DFWM 差不多都能当作光频滤波器使用。

4.3.3 非弹性光子散射

4.3.3.1 拉曼散射和布里渊散射

DFWM 相位共轭法需要具有强度远高于待共轭探测光束的泵浦光束。如果探测光束中的光子可通过非弹性碰撞从介质中提取能量，那么就不需要另外的一束光了。当光束将其能量（通过极化强度变化）传递给分子振动（光频声子）的时候就产生了**拉曼散射**。该过程发生时，产生了另一束向后散射的光。当光束通过电致伸缩将其能量转换为压力–密度起伏（声频声子）时就发生了**布里渊散射**，产生另一束向后散射的光。瑞利散射也是一种有用的现象，但是它未广泛用于相位共轭。频率下移的后向散射光束被称为**斯托克斯波**。归一化的频率偏移正比于介质声速 c_a

$$\frac{(\omega_1 - \omega_2)}{\omega_1} = \frac{2c_a}{c} \tag{4.18}$$

对于 SRS，频率下移的量级为 $1000 cm^{-1}$，对于 SBS 则为 $1 cm^{-1}$。这些过程的细节及隐藏于其后的物理本质广泛见于文献中。费希尔（Fisher）[221]、沈（Shen）[720]、佩珀（Pepper）[612,611]和泽尔多维奇（Zel'dovich）等人[902]做了非常好的讨论。尽管这两个过程都在相位共轭中有广泛的应用，不过本书只对自适应光学中最常用的 SBS 过程做进一步讨论。

当两个时间周期性电场 U_1 与 U_2 通过电致伸缩在介质中引起密度变化的时候[191,614]就发生了 SBS。实际上，密度变化改变了极化强度，而极化强度又驱动电场发生了振荡运动。对于自适应光学来说该过程特别具有吸引力的地方在于：它不像 DFWM 那样需要泵浦光束，增益可以非常高（将探测光束能量大部分都传递给了共轭斯托克斯波），且 SBS 反射的斯托克斯偏振态与传统镜面的反射一样[901]。最后一个特性允许将采用非线性光学 PCM 来替换光路中的传统光学器件。

如果电场表示为

$$U_1 = U_1 e^{i(k_1 z - \omega_1 t)} \quad\quad\quad (4.19)$$

$$U_2 = U_2 e^{i(k_2 z - \omega_2 t)} \quad\quad\quad (4.20)$$

声波场表示为

$$\rho = A e^{i(k_a z - \omega_a t)} \quad\quad\quad (4.21)$$

那么代表 SBS 过程（对于 $\omega_a = \omega_1 - \omega_2$；$k_a = k_1 - k_2$ 的谐振情况）的耦合波方程变为

$$\left(\frac{\partial}{\partial z} + \frac{\alpha}{2}\right)U_1 = \frac{i\omega_1^2}{2k_1 c^2}\frac{\partial \varepsilon}{\partial \rho}U_2 A \quad\quad\quad (4.22)$$

$$\left(\frac{\partial}{\partial z} + \frac{\alpha}{2}\right)U_2^* = \frac{i\omega_2^2}{2k_1 c^2}\frac{\partial \varepsilon}{\partial \rho}U_1^* A \quad\quad\quad (4.23)$$

$$\left(\frac{\partial}{\partial z} + \frac{\Gamma}{c_a}\right)A = \frac{ik_a \rho_0}{4\pi c_a^2}\frac{\partial \varepsilon}{\partial \rho}U_1 U_2^* \quad\quad\quad (4.24)$$

频率偏移 ω_a 的典型量级为 30GHz；声波衰减系数 Γ（自发布里渊散射的谱线半宽）大约为 0.6GHz。设声波密度变化 ρ 为相对于介质平均密度 ρ_0 的变化，ρ_0（$\partial \varepsilon / \partial \rho$）是电致伸缩系数。

无法对所有声场与光场的配置情况都得到这些方程的解析解。对于材料性质已知时的一种特定情况，可以确定其布里渊增益为

$$g_B = \frac{\omega_1^2 \rho_0}{nc^3 c_a \Gamma'}\left(\frac{\partial \varepsilon}{\partial \rho}\right)^2 \qu\quad\quad (4.25)$$

式中：ω_1 为泵浦频率；c_a 为声速；c 为光速。介质的声学性质含在 Γ' 中，对于液体 SBS 介质

$$\Gamma' = \frac{4\eta k_a^2}{3\rho_0} \qu\quad\quad (4.26)$$

式中：η 为剪切粘度。通过对大量液体的测量，得出该增益因子[207]的范围为：0.005cm/MW（水）~0.13 cm/MW（二硫化碳）。

关于氙气 SBS 池的研究表明：要 SBS 的发生存在一个强度阈值[859]。对于长度为 L 的 SBS 池，阈值 I_t 可通过超越方程计算为

$$g_B L I_t = \ln\left(\frac{I_t}{I_n}\right) \qu\quad\quad (4.27)$$

式中：初始强度 I_n 来自于随机声波噪声，它是气体压力的函数，量级为 1.0μW/cm²。对于 1cm 长的 SBS 池，强度阈值的量级为 109W/cm²。对于 1μs 的脉冲，在 39 个大气压和 500kW 阈值功率下就可以达到这个强度值[860]。

　　NLO 自适应光学系统可呈现为多种结构。其必需的高强度和许多这类材料的击穿机理限制了它们的可用性，使得它们通常不能用作传统输出式单程设计中（如图 4.1 和图 4.6 所示）的校正光学器件。由于反射波是入射波的（几乎）精确共轭，因此出射波必须沿待校正波的路径重新返回以发生"闭环"行为，并使用非传统的系统设计。

　　可以使用 SRS 在高功率激光中传入共轭相位。在图 4.9 中，信标光向后穿过大气一类的像差器。泵浦激光激发拉曼效应，产生后向散射的信标光束（与入射信标光的相位共轭），且大部分能量都从泵浦激光传递给了该共轭光束。这是在高功率光束中传入共轭相位的一个非常有效的方法。如果高功率光束是有畸变的，那么我们可以用它的一部分作为产生拉曼过程的种子光束[872]。图 4.10 显示了一个对有像差的高功率光束进行波前校正的系统。高功率光束的一部分被分离采样出来后经过空间滤波消除了高阶像差，然后作为斯托克斯（Stokes）波被注入到拉曼放大池内。该光束的增益依赖于初始光束中的强度和像差，这是因为初始光束起着泵浦波的作用。在许多情况下，放大后的斯托克斯输出光束接近于衍射极限。

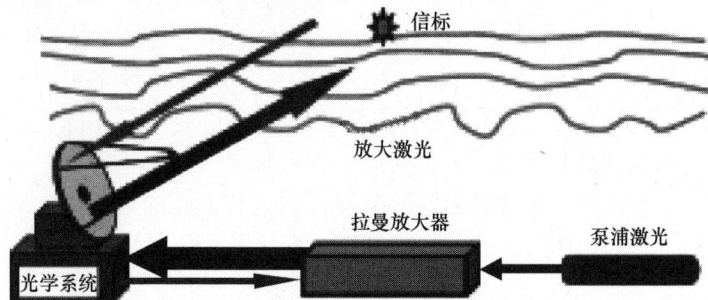

图 4.9　采用受激拉曼散射实现波前共轭

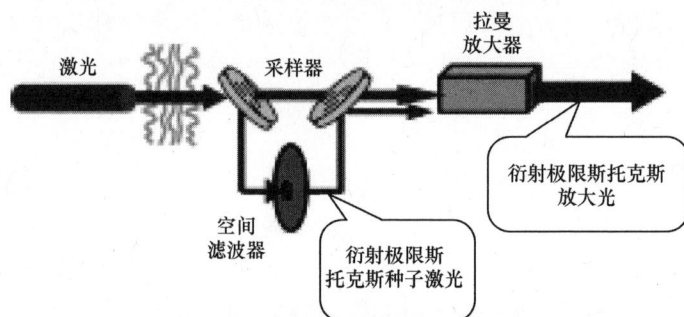

图 4.10　采用受激拉曼散射实现光束净化

　　NLO 的另一种常见用法是直接将 SBS 池用作 PCM。正如 2.3.4 节中描述的，激光放大器中的增益介质会将像差带入光束中。一般地说，放大的越大，源噪声也越大，波前畸变也越严重。大量小光束可以合成起来模拟来自常见放大器的大光束。在图 4.11 中，一个 SBS 池用来合成并放大大量的光束。一束

具有很好质量与适当功率的激光种子被分成大量光束。每一束都穿过一个独立
的放大器。穿过放大器后这些光束就携带了来自增益介质的像差。当它们被
PCM 反射后，共轭波再次沿原路径穿过放大器。最终的输出就是波前质量与
低功率种子波前质量几乎一样好的高功率光束。

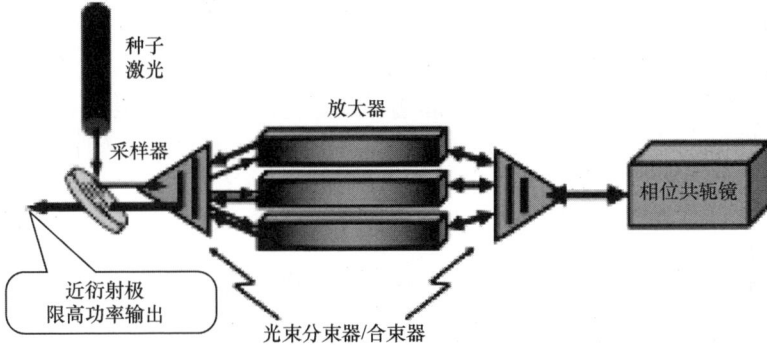

图 4.11 采用受激布里渊散射实现光束合成

类似的情形也发生在传输路径有高度畸变的单光束情况下。SBS 的偏振守
恒性可用于发射一束光穿过畸变介质并使之返回的情况。图 4.12 显示了一个
源光束像差来自于光束路径的系统。从 PCM 反射的光被逐渐传入共轭相位使
得重返穿过介质的光束具有与初始种子一样好的波前。通过在 PCM 前面的光
束中放置一个四分之一波片，光束的偏振态因其两次通过该波片而被改变。输
出耦合器可通过偏振选择而输出光束。

如果图 4.12 中的光源被一个凹面镜替换，且像差介质是激光增益介质的话，
那么该系统就具有了非线性光学谐振器的结构（图 4.13）。当光束在凹面镜与 PCM
之间来回反射时，它交替地携带上介质中存在的像差又通过共轭再消除掉这些像
差。输出光束的波前仅受到光学器件的质量而不是增益介质扰动的限制[62,443,565,896]。

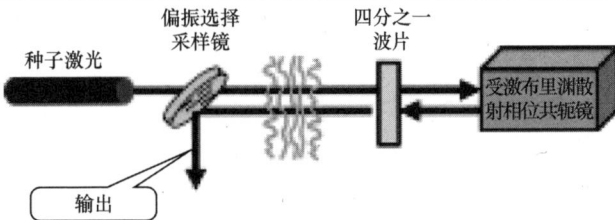

图 4.12 采用受激布里渊散射（SBS）消除像差

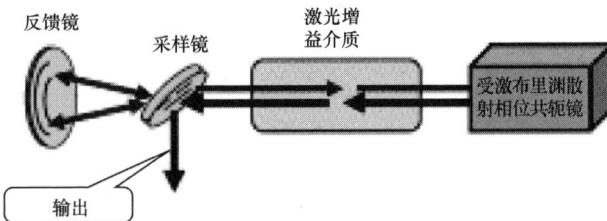

图 4.13 采用受激布里渊散射相位共轭镜（SBS PCM）的非线性光学谐振器

在一套高数值孔径的光学系统的焦点之后测量波前时，高强度激光束将呈现出由光学器件质量和准直度所产生的畸变。可采用在空气–电介质界面处产生的三次谐波信号配合遗传算法来实现自适应校正[621]。

4.4　系统工程

自适应光学系统可采用许多非常有效的系统工程工具来设计、分析。使用线性系统理论将自适应光学系统描述为空间滤波器就是一个例子，诸如功能树、性能树和接口矩阵等其他工具也是很有效的。其他的系统树，如硬件组成树，被用来识别和追踪系统中不同的硬件组件[124,138,805,806]。

功能树方法按照功能和子功能来描述自适应光学系统或任意其他系统，直到识别出最简单的功能。这个工作常常可以做到任意复杂和完备的程度，这是因为**简单功能**的定义是主观的。关于传统自适应光学系统的功能树的一个例子如图4.14所示。系统功能的典型分解方法是将每个功能进一步化简为子功能，以此类推。该图的最高层也可被视为一个更大的系统——如成像系统——的一个功能。功能块可能、也可能不直接对应一个唯一的硬件组件。举例来说，**波前传感器**功能具有**探测**子功能，该子功能很可能将由包含光学器件、光电探测器、预处理及后处理、供电电源和其他电子器件等组成的硬件来完成。类似地，在**重构**功能中的**矩阵相乘**子功能可能由计算机硬件、软件、大容量存储、电源和系统调理组成。这些功能可再细分以包括更多的细节或就停留在这一层，不过，仅仅对理解系统功能体系层次来说是必要的那些才是需要的[167]。

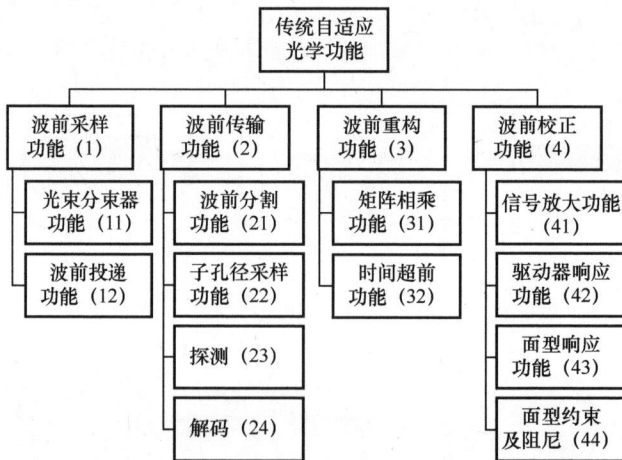

图4.14　传统自适应光学系统的功能树

另一类本质上更定量化的系统树是**系统性能树**[823]。通过定义影响自适应光学系统整体性能的各种量，误差估计或性能分级就可以进行了。这些量常被称为**系统性能参数**或 SPPs。图 4.15 显示了一个简单自适应光学系统性能树的例子。在本例中，该性能树代表一套用于控制光束传递系统波前的自适应光学系统。每个块都代表一个可测量的量或仅仅表示为方程中的一个变量。树的节点代表这些方程，或这些量之间的关系。最高的性能测量值是目标上的**峰值辐照度**。它是亮度除以**目标距离**的平方的结果。这些量的单位通常用最常用的单位来表示，很少采用混合单位。因此，在性能树同一层级上的块可以有不同的单位和相对于上一层级的量而言不同的灵敏度。该例子显示了 1.8×10^{14} W/sr 的亮度和 10km 的距离如何共同作用从而在目标上形成 180W/cm^2 的峰值强度。亮度可根据一个包含了激光功率、系统光学透过率 T、残余抖动、孔径直径 D、波长和最终的 rms 波前误差 $\Delta\phi$ 的方程来计算。将这些量联系起来的节点 1 方程（式（1.60））重写在下面；需要注意的是，在性能树中的单位经常会混合使用

$$\text{Brightness} = \frac{\pi D^2 \text{PTK} \exp\left[-\left(\frac{2\pi\Delta\phi}{\lambda}\right)^2 \right]}{4\lambda^2 \left[1 + \left(\frac{2.22\alpha_{\text{jit}}D}{\lambda}\right)^2 \right]} \tag{4.28}$$

由于光学器件吸收和散射，输出功率不再等于激光功率。在该例子中明确这点是为了强调镜面的吸收效应。对于 m 个完全相同的部分吸收光学器件（吸收系数 α），节点 2 方程为

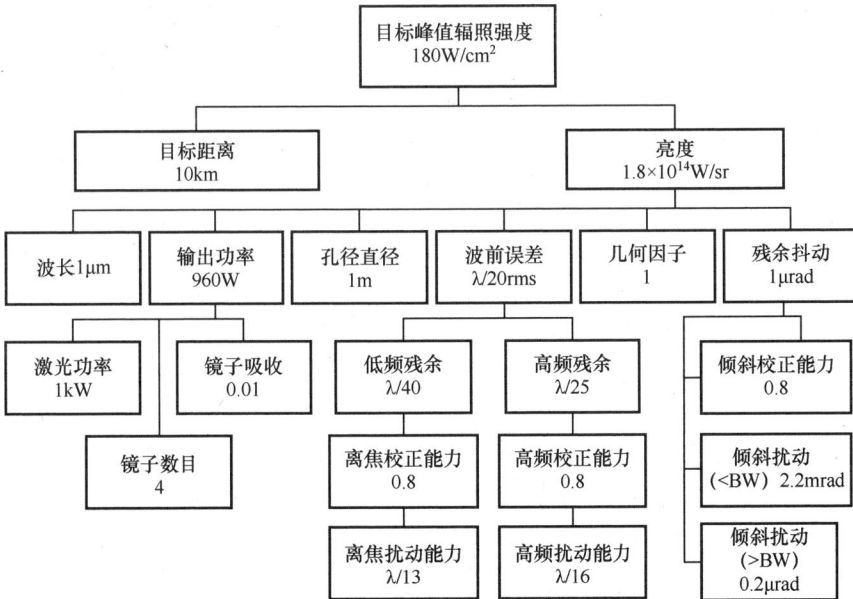

图 4.15　传统自适应光学系统的性能树

$$P_{\text{out}} = P_{\text{las}}(1 - \alpha)^m \qquad\qquad (4.29)$$

自适应光学系统在性能树中用简单的**校正能力**来描述。详细的计算包括积分、带宽考虑和校正系统限制，都被纳入到了这些节点中。正如该性能树例子所表明的，自适应光学系统被分成空间低频成分和高频成分以更好地识别各自对系统性能的贡献大小。求其平方和的根以计算总的残余 rms 波前误差。系统树常被用来快速浏览和识别各成分在整体性能中的灵敏性。它们也能被用于追踪硬件性能并提出对下一级各组件的需求。系统树的效用仅受限于它们的复杂度和为工程规范而开发各性能树的意愿。

系统功能树的一个衍生产品是系统**接口矩阵**。它是功能之间的交互引用，以可视化对设计过程中的通信和可能需要的硬件的需求。对于仅当其他功能被执行时某些特定功能才被执行的情况来说，这一点特别重要。一个功能的输出常常是另一个功能的输入。接口矩阵的一个例子显示在图 4.16 中。不同的接口模态是：E 为**电**；F 为**流体**；I 为**信息**；M 为**机械**；O 为**光**。用户可以加箭头来指示重要的接口方向；也可以选择任何一种模态。例如，**电**可以细分成**数电**、**模电**、**电源**等。该功能层级可被选为功能树的任何一个层级。

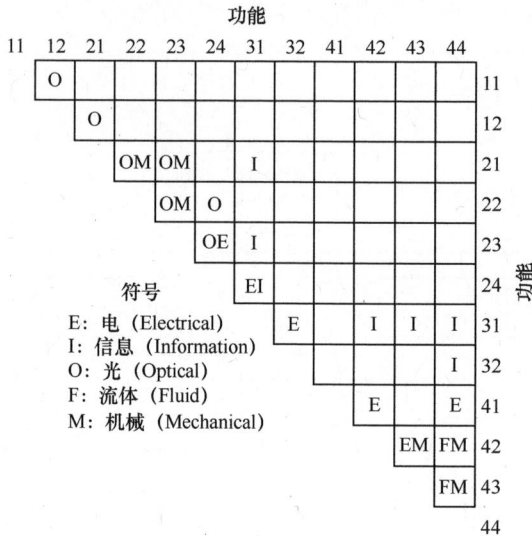

图 4.16 自适应光学系统接口矩阵

这些工具绝不是可用于自适应光学系统设计的所有系统分析工具。还有许多其他形式的工具也在使用。一种方法是采用块来代表功能，但并不是在体系层次中显示它们。更准确地说，该方法将输入和输出数据描述为从水平进出的线；从上面进入的线代表控制或限制，而从下面进入的线代表支持的硬件部分[167]。许多这样的方法都可用计算机来对更复杂的系统进行辅助分析和设计。主要应考虑的是包含在系统分析工具中的信息，而不是对任何特定格式的严格遵循[553,853]。

自适应光学系统通常是一个更大光学系统的组成部分，其目的是增强该光学系统的输出而不降低其性能。系统设计者必须：①确定整体自适应光学系统性能要求；②考虑待设计系统要增强的光束的性质；③集成该系统，使其在所处的光学系统环境中工作良好。

自适应光学系统是多种多样的，它们的复杂程度也区别极大。没有一个简单的"食谱"配方来设计、装配或集成一套自适应光学系统。在预算和性能之间寻求平衡等好的工程原则在设计和安装阶段的所有层级都是必需的。自适应光学系统在过去 40 年的发展已导致能够识别出大量需要在系统设计中加以解决的事项。

4.4.1　系统性能要求

首先要考虑的是自适应光学系统性能要求的量化。绝大部分系统都不能使光束完美共轭或补偿所有像差。必须确定能够容忍的校正能力等级。在建造和集成一套系统之前，计算机模拟和实验室实验对减少设计时间和成本是至关重要的。对具有实际时间延迟特征[671]的大气湍流相位屏的理论模拟和具有可变相干长度[345]、时间频率及等晕效应[503]的实验室波前发生器是避免许多工程失误的有用工具。

在知道了像差源且选定了可容许的残余波前误差之后，我们就能确定自适应光学系统的空间和时间带宽。空间带宽用来确定校正区域或模式的数目（驱动器数目）。时间带宽要求确定电子伺服控制的类型。扰动的幅度也是一个因素。例如，如果倾斜模式扰动的幅度较低，那么就可以仅用一台变形镜来完成校正。然而，如果倾斜扰动幅度较高，那么就需要使用一台独立的倾斜镜或光束定向镜。富盖特（Fugate）[255]建议：无论使用什么样的高阶自适应光学系统，对源或者目标的跟踪精度都必须在衍射光斑的 1/10 之内，或达到 $0.3\lambda/D$ 的基本跟踪要求。

4.4.2　待补偿光束性质

待补偿光束的性质常常推动差对自适应光学系统元器件的考虑。光束的尺寸和形状是需要考虑的重点。如果光束较大，那么将之缩小以进行自适应光学补偿是有利的。另一方面，如果光束较小且具有许多高阶像差模式，那么就可能需要将之放大以进行校正了。如果光束形状特殊或有遮拦，那么可能必须要对其整形后再补偿了，这样就会在系统中增加光学元件，从而在性能和成本上付出代价。

光束功率大小也是一个主要的关心点。对于很低的光功率，比如天文中的那些目标，增加分束器或专门用于采样/校正的光学元件会严重降低整体性能。对于高功率光束传输，自适应光学元件必须能够承受该级别的功率而保持正常工作。杂散光必须被控制以避免破坏或降低波前测量质量。当光束功率在空间和时间上的分布不均匀时，自适应光学系统也必须能工作。大的光强不规则性必须要在自适应光学系统整体设计中加以考虑。举例来说，如果大部分光都集中在光束的一个区域内，那么波前补偿通常就没必要处处进行了。如果该区域在工作过程中到处移动，那么系统可能需要监视其位置。

4.4.3　波前参考光束性质

波前参考光束的物理位置、功率、时间调制和谱特征非常重要。有些 WF-Ss 仅需工作在窄带相干光源情况下。其余的则需要补偿光学元件在宽带环境中起作用。探测器的选择受控于它们的灵敏度和谱带。必须管理进入探测器的光通量以使到达探测器的功率在其工作范围之内。高功率激光的采样必须大大地衰减以避免饱和或破坏，但来自天体的光又必须在到达探测器时衰减最小。所以光束的偏振态很重要，这是因为像分束器和光栅等采样光学元件及带衍射光栅的 WFSs 对偏振比较敏感。

功率的时间分布很重要。许多 WFSs 对脉冲光束或连续光束具有不同的工作特性。如果光束被调制或斩波，或如果它有特殊的脉冲形状，那么探测技术必须要考虑。

4.4.4　光学系统集成

在大多数情况下，研究目标、图像采集设备或光学镀膜推动了对自适应光学系统工作波长的需求。当这些约束中的一个或多个被消除时，我们就能够按照限制大气畸变效应的原则来优化选择波长[778]。采用对可见光测量波前和采用红外成像的选择，就是由于可见光 CCD 相机具有低成本和低噪声特性，以及成像波长越长补偿效果越好。

自适应光学元件相对于其他光学元件的放置位置对系统性能很重要。被测量的波前应该与被补偿的波前一致。第5章中描述的光束采样元件和将采样传递给 WFS 的光学元件必须不对波前造成畸变。造成波前扰动的元件和环境与校正光学元件共光路非常重要。不在校正光路上（即不共光路）的光学元件在波前中引入的畸变应该尽可能小。

在使用 WFS 和变形校正镜或分块校正镜的自适应光学系统中，WFS 探测器阵列必须位于校正镜的共轭瞳面上。常常希望的是两者都位于望远镜主镜的共轭瞳面上。因为波前在镜面之间传播时会发生变化，二次成像确保了校正能施加在探测到的同一个波前上。当瞄准线的变化未被光束定向镜移除时，就需要对校正瞳面二次成像。

　　为了避免控制通道之间的串扰以及为了增强控制系统的稳定性，WFS 子孔径应该与校正器上的驱动器对准。绝大多数控制系统与波前重构器利用了驱动器和子孔径的绝对位置及它们之间的关系。因为绝大多数系统在不同的几何结构下具有不同数目的子孔径和驱动器，所以一对一的对准既不可能也不必要。然而，为了使系统工作最优化，这些位置应该被表征清楚并使之保持不变。

第 5 章　波前传感

为了施加实时校正，惯性自适应光学系统必须采用某种方式以足够高的空间分辨率和速度来探测波前[275]。**直接法**是一步就显性地确定出波相位或光程差（OPD）。在波前被重构后，其信息作为反馈以用于校正不想要的相位分量。**间接法**不是将信息化简为波前的显式表示；而是将与相位有关的信息转换成用于补偿波前的信号。例如，在 4.2 节中提到的多抖动系统就是一个惯性间接系统。

在自适应光学中对波前传感的要求，在很多方面不同在光学检测中对确定相位或面形的要求[320]。在光学检测中，相位可以以很慢的速度来测量和重构（几分钟、几小时甚至几天）。而自适应光学系统中的波前传感器用于实时工作。因为许多扰动的频率可达数百赫兹量级，所以这些传感器必须工作得更快。在某些情况下，必须实时测量 $2\mu s$ 这样短的单脉冲的波前[641,867]。对自适应光学波前传感器的空间分辨率的要求通常非常高。分辨率要达到孔径直径的 1/100 的要求并不罕见，而且对于这样高的分辨率还要求多个通道并行测量。

在许多情况下，由于已通过前期的检查对待检测光学元件的特性搞得很清楚了，因此光学检测的参数范围可以很窄。举例来说，某些高阶像差分量对应用不重要，因此对于批量生产的光学元件每次仅需检测少数像差。相反，自适应光学经常要求处理像大气湍流这样的随机性大的波前。这种随机性对自由度的要求很高。自适应光学波前传感需要的动态范围大（多波长量级），是由于关注的瞳面上 OPD 很大。

对自适应光学波前传感最后也是最基本的要求是能够不受光强变化的影响而确定 OPD。对很多应用来说，例如透过大气成像来分辨穿过大气的目标时，自适应光学系统会探测到很强的光强变化。由于自适应光学系统通常仅能够测量孔径上变化的 OPD，因此必须在振幅变化不会导致混淆的情况下来确定 OPD，此处振幅变化用光强的非均匀性来衡量。当绝对 OPD 值不能用单波长光确定时需要采用宽带（白）光。

5.1　直接测量相位

相位对光传输的影响可通过 1.3 节中所讨论的惠更斯 – 菲涅尔积分来计算

$$U(x,y) = \frac{-iA}{\lambda R}e^{-ikR}\iint\limits_{\text{Surf}}\frac{e^{ik(\Phi+s)}}{s}dS \qquad (5.1)$$

式中：$U(x, y)$ 为 $\frac{A}{R}e^{ik(\Phi-R)}$ 所表示的入射球面波传输至与孔径表面 S 上一点相距 s 处的复振幅。

投影的光强图样为 $I(x, y) = |U(x, y)|^2$。光强在大多数自适应光学应用场合都是比较重要的物理量，其值由光波在光瞳或入射平面处的振幅和相位来确定。光强图样是可分辨物的图像，而对不可分辨物来说，它代表着光学系统的点扩展函数（PSF）。

不幸的是，没有办法可以直接测量单光子的相位。虽然在直接测量电场方面有些进展，但是尚不足以用于自适应光学[851]。光束会与其自身或另一束光相互作用。已在 1.3.4 节中简要描述了干涉的原理。这些原理再加上衍射原理是光的相位与强度分布的联系桥梁。传统自适应光学只能采用这些相互作用来推定光束相位并施加校正。

许多研究者已研究过这个问题。有些方法利用夫琅禾费衍射图样的直接计算结果[297]。还有些作者则通过计算该衍射图样的矩来复原相位[758]。其他人则采用多次强度测量值来提取波前信息[224,296,656,738]。多强度值测量方法是大多数自适应光学波前传感器的基础。

5.1.1　衍射图样的不唯一性

如果由形式为

$$U(x,y) = |U(x,y)| \exp[-i\Phi(x,y)] \qquad (5.2)$$

的波所产生的光束衍射图样是唯一的，则逆方程的解是场 $U(x, y)$ 和其振幅的函数，即

$$\Phi(x,y) = f[U(x,y), |U(x,y)|] \qquad (5.3)$$

类似的，若函数 $u(\xi, v)$ 是入射场 $U(x, y)$ 的傅里叶变换（光瞳的夫琅和费衍射图样），则存在形式为

$$\Phi(x,y) = f[|u(\xi,v)|^2] \qquad (5.4)$$

的解。该方程的解将使得波前测量问题变得很容易。人们可以仅仅测量衍射图样的光强分布并对其进行处理来确定相位 $\Phi(x, y)$ 的闭式解或迭代解。从实现角度来考虑，该问题仅受限于光电设备的速度和要求的自由度。

已经证明[224,296,656,657,758]：根据 PSF 的单次测量复原相位，一般情况下不

存在唯一解。考虑下面基于斯特列尔比推导的简单例子[86]，PSF 中心处的光强与衍射极限光斑中心处的光强之比是像差系数（即泽尼克系数）的和，即

$$\mathrm{SR} = 1 - \left(\frac{2\pi}{\lambda}\right)^2 \sum_{n=1}^{\infty} \sum_{m=0}^{n} \frac{A_{nm}^2 + B_{nm}^2}{2(n+1)} \tag{5.5}$$

显然，对于 SR < 1 的情况，有无数的系数 A_{nm} 和 B_{nm} 可以满足该方程。这就意味着对任意特定波前，峰值光强不唯一，光强图样的其余部分很可能也不唯一。该关系（式（5.5））仅对小像差成立，其量级为 1/10 个波或更小。然而，正是这个量级的像差在自适应光学领域最重要。不过，对此问题的求解还有一些方法在实际中也有些用处，例如小相位扰动法[461]。

5.1.2 根据光强确定相位信息

相位复原问题的解可通过对瞳平面光强与像平面（夫琅和费衍射）光强的多次测量得到。法爱纳普（Fienup）[216]对许多相位复原技术进行了评估与对比。冈萨维斯（Gonsalves）[296]演示了两次测量是如何能够得出相位解的，条件是根据像平面光强大小导出的场是"解析的"，即所有导数必须是有限的[587]。弗利（Foley）和阿卜杜勒·贾利勒（Abdul Jalil）[224]展示了：通过合理应用孔径光阑，四重简并（他们称为"不唯一性"）能被降低为二重简并。郑等人[381]通过对比光强分布的逆傅里叶变换与参考电场重构出了焦平面上的相位。

罗宾逊（Robinson）[656]解释了光强对称分布导致的二重简并。像许多作者在其他方法中所做的一样，对于大小对称问题他导出了两个解。他指出这两个相位解仅仅是正负号不同。他的分析结果是：在物理条件下，该问题总存在解。然而，对于空间尺度与空间带宽乘积较大的情况，解并不是唯一的。这个结果并不奇怪，因为空间大尺度（大孔径）与空间大带宽（孔径上有多个像差模式或周期）的乘积在衍射积分中有非常多的交叉项以致唯一性几乎必定被破坏了。在极严格条件下，罗宾逊推导了一种根据单次像平面光强测量来确定相位的方法。他指出相位 $\Phi(x)$ 与像平面场 $U(x)$ 的绝对值通过希尔伯特变换（HT）相联系

$$\Phi(x) = -\mathrm{HT}[\ln |U(x)|] \tag{5.6}$$

不幸的是，该简单解仅对**最小相位场**这类特定情况有效。这类光场，例如当功率集中于孔径边缘时，在实际中几乎很少发生。

被称为相位差法的一种通用技术采用了像平面测量，而不需要使用瞳平面探测器进行测量[85,93,174,895]。另一种采用多次测量像平面上光强的方法，利用了对波前的最大似然迭代计算[738]。该计算等价于最小化评价函数

$$\frac{1}{2} \sum_i \frac{[I_{\mathrm{meas}} - I_i]^2}{\sigma^2} \tag{5.7}$$

式中 I_i 为各种波前误差项所产生的光强值。这种最小化方法假定振幅已知，然后通过非线性方法来求解。波前的确定通过基于各像差对应的光强图样的二维基函数来实现。通过选择一组可能的像差作为迭代过程的初始条件，然后计算式（5.7）。通过求评价函数关于相位参数的导数来实现收敛。采用最大似然算法，巴雷特（Bawett）等人对该技术在噪声情况下的细节进行了详细分析[60]。

伊万诺夫（Ivomov）等人[375]描述的迭代算法采用了杰契伯格—萨克斯顿（Gerchberg–Saxton）算法[279]。他们指出使用瞳平面和像平面光强分布来恢复相位比仅使用像平面光强分布来恢复相位的收敛情况要有所改善。罗迪尔和罗迪尔[658]利用两幅离焦像来恢复相位，他们的方法是**曲率传感**技术的基础，将在 5.3 节中介绍。

哈维（Harvey）等人[336]提出了一种令人感兴趣的相位恢复方法，该方法用到了圆屏后轴上的阿拉戈（Arago）点。边缘衍射 PSF 能表征像差。对于没有辅助光束采样器件的环形光束，该方法对环形光束特别有用，因为它不需要额外的光束采样品件。目前，它还未应用于自适应光学波前传感系统。

蒂格（Teague）[758]也提出了一种相位恢复方法，该方法需要测量像平面光强分布的辐照度矩，如下所示

$$M_{pq}(z) = \iint I(x,y) x^p y^q \mathrm{d}x \mathrm{d}y \tag{5.8}$$

对多（N）个未知像差，做同样多（N）次的测量，然后采用矩阵乘法形式计算。根据定义

$$\Phi(x,y) = \sum_{n=1}^{\infty} \sum_{m=0}^{n} a_{n-m,m} x^{n-m} y^m \tag{5.9}$$

系数 a 可从乘积 $[\Phi] = [U][M]$ 中求得，式中 $[\Phi]$ 和 $[M]$ 为 N 元行矢量；$[U]$ 为 $N \times N$ 矩阵，通过与光瞳形状有关的基函数来确定。虽然计算看起来简单，但这不过是因为采用了简写标记而已。像平面上的矩计算、$[U]$ 元素的确定、噪声效应和有限尺寸像平面的限制等使得该问题非常复杂，从而在高速光学系统中的实现很困难。

为了诊断哈勃太空望远镜（HST）[432]，需要根据光强分布恢复相位。由于望远镜位于太空轨道上，因此只有各种图像上的光强分布是已知的。因为 HST 是多元光学系统，且像差源未知，所以采用了"类菲涅尔"变换的迭代方法。法爱纳普（Fienup）[217]描述了这种相位恢复方法，该方法包括了对光学元件吸收和探测器像素坏点的考虑。类似于蒂格的工作，这些迭代方法还不能用于实时自适应光学，但是随着计算能力的增强它们可用作有限迭代过程的基础。

由于得到一个波前的解常常需要大量的迭代，因此迭代技术用于实时波前传感时受到限制。波前的解必须在扰动变化之前就得到，而扰动的变化时间在

数十毫秒（天文）和数百微秒（对地球低轨卫星成像）之间。

已验证过的算法[502]包括遗传算法[292,621,757,894]、模拟退火算法[539,905]、单纯形算法[416]、迭代傅里叶变换法[295]和迭代投影法[623]。一个很有希望的方法是沃伦索夫（Vorontsov）通过引入随机分量而改进的梯度下降算法[832,833,839,893]。

5.1.3　模式和区域传感

从测量数据得到的波前信息将用于闭环相位校正。依据该数据进行的真正相位重构将在第 7 章讨论。信息的格式常常推动着以最优方式使用信息能力的进步。有两种基本类型的波前信息被用到。当以一小块空间面积或区域上的 OPD 来表示波前时，该波前被称为是**区域型的**。当以全孔径上的多项式展开的模式系数来表示波前时，该波前被称为是**模式型的**。每种表示方法都有其优缺点。某些重构方案限制了波前表示方法选择的灵活性。而某些波前传感方案也只适合于这种或那种表示方法。由于模式和区域这两种方法都表示的是同一个波前，因此它们可以互易；但是，转换的复杂性在实际使用中常会限制其实用性。

区域法在考虑孔径上的波前时很容易理解。只要不在实物光阑所在的平面上，那么波前通常都是连续的。如果波前被分到 N 个子孔径内，且每个子孔径上的相位用一个数字来表示，那么整个波前就是 N 个数字的特征组合。如果 N 趋近无穷大，就可以精确地表示波前了。如果 N 是有限大的，那么子孔径也可以用多个数字来表示；例如，活塞和局部倾斜。在此例中，每个区域是用其基本模式来表示的。

有时候采用 $2N$ 个数字来表示就足够了，这就是在每个子孔径内仅用倾斜模式来表示的情况。如果波前传感器输出的是区域信息而光学校正器件需要的是全孔径的相位或 OPD，那么就需要将每个区域中的这些倾斜量 $d\Phi/dx$ 和 $d\Phi/dy$ 组合起来以确定全孔径上的模式[499]。对于大气湍流校正这种特定情况，将区域和模式测量组合起来就很有用[172]。

有些波前传感方案可直接根据区域信息得到模式信息[111]。在半径为 R 的孔径的边缘处测量大气湍流引起的波前畸变 $\Phi(r, \theta')$，将该测量值作为基准通过内推可得到孔径内其他部分的波前 $\Phi(r, \theta)$

$$\Phi(r,\theta) = \frac{R^2 - r^2}{2\pi} \int_0^{2\pi} \frac{\Phi(R,\theta')\mathrm{d}\theta'}{R^2 + r^2 - 2Rr\cos(\theta - \theta')} \tag{5.10}$$

选择模式方案或区域方案或两者的组合方案来测量波前，通常由应用需求决定。如果低阶模式（倾斜、离焦）占主要地位，则应该使用模式分析和校正。如果存在高阶像差，则应该使用区域方式。对于大气湍流补偿，区域传感和模式传感都曾使用过。采用式（3.10）来拟合误差，则斯特列尔比为

$$S = \exp\left[- \kappa \left(\frac{r_s}{r_0} \right)^{5/3} \right] \qquad (5.11)$$

根据被校正的模式的数目 N 表达的斯特列尔比具有类似的形式[570]，即

$$S = \exp(- \sigma_N^2) \qquad (5.12)$$

当 $N \leqslant 21$ 时

$$\sigma_1^2 = 1.0299 \, (D/r_0)^{5/3} \quad \sigma_{12}^2 = 0.0352 \, (D/r_0)^{5/3}$$

$$\sigma_2^2 = 0.582 \, (D/r_0)^{5/3} \quad \sigma_{13}^2 = 0.0328 \, (D/r_0)^{5/3}$$

$$\sigma_3^2 = 0.134 \, (D/r_0)^{5/3} \quad \sigma_{14}^2 = 0.0304 \, (D/r_0)^{5/3}$$

$$\sigma_4^2 = 0.111 \, (D/r_0)^{5/3} \quad \sigma_{15}^2 = 0.0279 \, (D/r_0)^{5/3}$$

$$\sigma_5^2 = 0.0880 \, (D/r_0)^{5/3} \quad \sigma_{16}^2 = 0.0267 \, (D/r_0)^{5/3}$$

$$\sigma_6^2 = 0.0648 \, (D/r_0)^{5/3} \quad \sigma_{17}^2 = 0.0255 \, (D/r_0)^{5/3}$$

$$\sigma_7^2 = 0.0587 \, (D/r_0)^{5/3} \quad \sigma_{18}^2 = 0.0243 \, (D/r_0)^{5/3}$$

$$\sigma_8^2 = 0.0525 \, (D/r_0)^{5/3} \quad \sigma_{19}^2 = 0.0232 \, (D/r_0)^{5/3}$$

$$\sigma_9^2 = 0.0463 \, (D/r_0)^{5/3} \quad \sigma_{20}^2 = 0.0220 \, (D/r_0)^{5/3}$$

$$\sigma_{10}^2 = 0.0401 \, (D/r_0)^{5/3} \quad \sigma_{21}^2 = 0.0208 \, (D/r_0)^{5/3}$$

$$\sigma_{11}^2 = 0.0377 \, (D/r_0)^{5/3}$$

当 $N > 21$ 时

$$S_{N>21} = \exp\left[- 0.2944 N^{-(\sqrt{3}/2)} \left(\frac{D}{r_0} \right)^{5/3} \right] \qquad (5.13)$$

这些值以图形方式显示在了图 5.1 中。

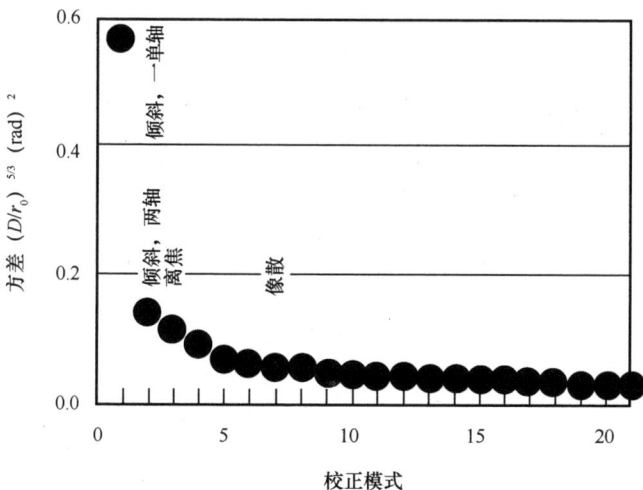

图 5.1　模式校正到不同程度下的波前方差

令 $\kappa = 0.32$，对于完全相同的自适应光学校正，即式（5.11）与式（5.13）相等，我们发现模式数 N 由下式给出

$$N = 0.92 \left(\frac{D}{r_s} \right)^{1.93} \tag{5.14}$$

该值大致上等于区域数

$$Z = 0.78 \left(\frac{D}{r_s} \right)^{2.00} \tag{5.15}$$

这两个表达式都代表了系统自由度的个数。总之，对于在自适应光学应用中感兴趣的领域，到底选择区域校正还是模式校正跟理论分析无关，而是应该依硬件能力和要校正的程度来定。

5.1.3.1 倾斜与波前的测量动态范围

（从太空）穿过大气后的全孔径倾斜在倾斜传感器上所显示的最大值为

$$\alpha_{\text{tilt}} = 2.2 \left(\frac{D}{r_0} \right)^{5/6} \frac{\lambda}{D} M_{\text{tele}} \tag{5.16}$$

式中：D 为望远镜全孔径直径；M_{tele} 为望远镜的放大倍数。跟踪系统测量的最小倾斜量应该达到跟踪精度要求的一半；其测量精度至少应该是

$$\text{Accuracy} = 0.05 \frac{\lambda}{D} M_{\text{tele}} \tag{5.17}$$

波前测量精度应该达到 $\lambda/10$ 至 $\lambda/20$，子孔径内的波前误差最大动态范围（DR）为

$$\text{DR} = 5 \left(\frac{r_s}{r_0} \right)^{5/6} \tag{5.18}$$

式中：子孔径尺寸为 r_s。

5.2 直接波前传感——模式法

5.2.1 波前倾斜的重要性

波前倾斜常被称为扭曲[89]，是区域传感方式中的一个基本模式。正如 5.1.3 节中所提到的，如果波前可以进行空间分割，且各个子孔径上的倾斜（波前斜率）都可确定，则整个孔径上的波前就可确定。用平面拟合全孔径相位得到第一阶泽尼克项，倾斜项；因此，该项也被称为泽尼克倾斜或 **Z - 倾斜**。对多个子孔径上的倾斜求平均得到波前的平均梯度，这种类型的倾斜被称为梯度倾斜或 **G - 倾斜**。尽管某些传感器测量得到的倾斜更接近于 G - 倾斜而另一些测量得到的倾斜则接近于 Z - 倾斜，但是在计算斯特列尔比时两者的差别小于 10%。

在任何自适应光学系统中光束倾斜的控制都很重要。1956 年，巴布科克等人[48]指出仅补偿倾斜就能明显改善图像质量。现代自适应光学系统通过倾斜控制来稳定图像或传输光束，及改善用于低阶模式补偿的信号。奥利维尔（Olivier）和加韦尔（Gavel）[580]的计算表明：在 10m 凯克望远镜上利用自然导星进行倾斜校正是可能的。

有两种方法用来确定波前倾斜。两束光干涉会产生一个正比于这两束光相位差的强度分布。如果那些发生干涉的光束是同一束光中小的毗邻部分，那么该区域上的微分相位和倾斜就能够被确定。干涉方法将在 5.3.1.1 节中讨论。

另一种方法利用了如下特性：波前倾斜使得一幅会聚图像在倾斜方向发生了移位且位移正比于倾斜大小[194]。例如，回忆一下式（1.1）所给出的衍射焦斑上光轴附近的光强表达式

$$I = \left(\frac{Aa^2}{\lambda R^2}\right)^2 \left| \int_0^1 \int_0^{2\pi} \exp\left[i\left(k\Phi - \frac{ka}{R}r\rho\cos(\theta-\psi) - \frac{1}{2}kz\left(\frac{a}{R}\right)^2\rho^2 \right) \right]\rho d\rho d\theta \right|^2$$

(5.19)

如果像差由 x 方向的倾斜（$K\rho\sin\theta$）加高阶项 Φ' 组成，那么积分中的指数[89]可以写成①

$$i\left[k\Phi' - \frac{ka}{R}r'\rho\cos(\theta-\psi') - \frac{1}{2}kz\left(\frac{a}{R}\right)^2\rho^2 \right]$$

(5.20)

它与式（5.19）中的指数具有相同的形式。图像强度分布与含有相同高阶像差贡献的未平移图像的强度分布相同。焦距没有变化（$z=z'$），但是像平面的原点沿垂直于传输方向的平面平移了（R/a）K。平移正比于倾斜项大小 K，是测量波前倾斜的基础。该原理是非干涉波前分割法和许多全孔径光束跟踪问题的基础。实际执行中靠测量图像位置平移来推算出波前 G–倾斜。

一幅简单的几何图解释了该关系。如图 5.2 所示，倾斜为 K 的光束进入半径为 a 的孔中，在光束方向（垂直于波前）和孔平面之间形成的小夹角为 K/a。在传输一段距离 R 到达像面后的偏移量为（R/a）K。

确定图像的平移有很多种方法。对于传输通过圆孔的无像差（除了倾斜）光束，图像的质心在光强最大值处，即

$$I \propto \frac{J_1^2(v)}{v^2}$$

(5.21)

式中：$v=kar/R$。

峰值强度位置对倾斜很敏感，其绝对位置是所有像差的函数。不过，光强

---

① 在像面上对指数 $k\Phi' + kK\rho\sin\theta - (ka/R) r\sin\psi\sin\theta - (ka/R) r\rho\cos\theta\cos\psi - (1/2) kz (a/R)^2\rho^2$ 作线性坐标位移变换。令 $x'=x-(R/a) K$、$y'=y$ 和 $z'=z$，其等价于 $r'\sin\psi'=r\sin\psi-(R/a) K$ 和 $r'\cos\psi'=r\cos\psi$。

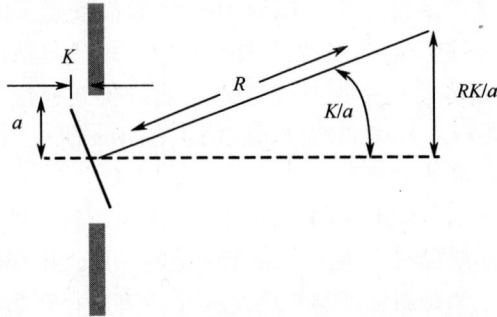

图5.2 大小为 K 的波前倾斜引起光束中心的位移

分布的质心等于像面平移后的原点，其偏移量正比于倾斜量。

质心定义为光强图样的一阶矩，由下式给出

$$\bar{x} = \iint I(x,y)x\mathrm{d}x\mathrm{d}y \Big/ \iint I(x,y)\mathrm{d}x\mathrm{d}y \tag{5.22}$$

$$\bar{y} = \iint I(x,y)y\mathrm{d}x\mathrm{d}y \Big/ \iint I(x,y)\mathrm{d}x\mathrm{d}y \tag{5.23}$$

积分限为 $-\infty \sim +\infty$。举例解释下此过程，假定一幅高斯分布图像，其偏移量用 x_0 与 y_0 表示。根据式（5.22）和式（5.23），计算出的图像质心如下，即

$$\bar{x} = \iint x\mathrm{e}^{-[(x-x_0)^2+(y-y_0)^2]}\mathrm{d}x\mathrm{d}y \tag{5.24}$$

$$\bar{y} = \iint y\mathrm{e}^{-[(x-x_0)^2+(y-y_0)^2]}\mathrm{d}x\mathrm{d}y \tag{5.25}$$

$$\bar{x} = x_0, \bar{y} = y_0$$

证明完毕。质心位置等于偏移量，这正是根据强度分布确定波前倾斜时所需要的。

总结：倾斜使光强质心在焦平面内发生了平移，其他像差改变了光强图样的形状和最大值的位置，但是没有使质心平移；轴对称像差改变了光强图样形状，但是没有改变最大值或质心的位置。

作为质心对像差不敏感的一个例子，考虑一个仅受彗差支配的光强图样的质心。光强图样在彗差方向发生偏斜。像面上的场为[89]

$$U(u,v,\psi) = C[U_0 + i\alpha_{\mathrm{lnm}}U_1 + (i\alpha_{\mathrm{lnm}})^2 U_2 + (i\alpha_{\mathrm{lnm}})^3 U_3 + \cdots] \tag{5.26}$$

$$= C\sum_{s=0}^{\infty} (i\alpha_{\mathrm{lnm}})^s U_s \tag{5.27}$$

有贡献的场 U_n 为

$$U_0 = 2\frac{\mathrm{J}_1(v)}{v} \tag{5.28}$$

$$U_1 = i\cos\psi 2\frac{\mathrm{J}_4(v)}{v} \tag{5.29}$$

$$U_2 = \frac{1}{2v}\left\{\frac{1}{4}J_1(v) - \frac{1}{20}J_3(v) + \frac{1}{4}J_5(v) - \frac{9}{20}J_7(v) - \cos2\psi\left[\frac{2}{5}J_3(v) + \frac{3}{5}J_7(v)\right]\right\}$$

式中：$v = kar/R$；α_{lnm}正比于泽尼克系数。

最终的光强图样由贝塞尔函数的乘积组成

$$
\begin{aligned}
I(v,\psi) = \frac{c^2}{v^2}\Bigg\{ & \left(4 - \frac{\alpha^2}{2}\right)J_1^2 + \left(\frac{\alpha^2 b_1^2}{4}\right)J_3^2 - (4\alpha^2\cos^2\psi)J_4^2 \\
& + \left(\frac{\alpha^2}{64}\right)J_5^2 + \left(\frac{\alpha^2 b_2^2}{4}\right)J_7^2 + \left(\frac{15}{8}\alpha^2 b_1\right)J_1J_3 - \left(\frac{3}{8}\alpha^2\right)J_1J_5 \\
& + \left(\frac{15}{8}\alpha^2 b_2\right)J_1J_7 - \left(\frac{\alpha^2 b_1}{8}\right)J_3J_5 - \left(\frac{\alpha^2 b_2}{8}\right)J_5J_7 + \left(\frac{\alpha^2 b_1 b_2}{2}\right)J_3J_7\Bigg\}
\end{aligned}
\tag{5.30}
$$

式中：α 的下标是 031（彗差），所有贝塞尔函数的自变量为 v，且

$$b_1 = \frac{1}{20} + \frac{2}{5}\cos2\psi \tag{5.31}$$

$$b_2 = \frac{9}{20} + 35\cos2\psi \tag{5.32}$$

无需显式地进行质心计算，式（5.22）中的积分取如下形式

$$\bar{x} = \int xI(v,\psi)vdvd\psi \tag{5.33}$$

$$\bar{x} = \int_0^\infty\int_0^{2\pi} v\cos\psi\sum_{s=0}^\infty C_s\left[\frac{\cos^2\psi}{v^2}\right]J_n(v)J_m(v)vdvd\psi = 0 \tag{5.34}$$

当逐项计算时，上式对方位角的积分为零，从而验证了质心对像差不敏感。

5.2.2 倾斜测量

实际上质心的物理测量方法很多。将一个探测器放在一条狭缝后，令狭缝扫过光强图样将产生一个信号，该信号正比于扫描方向上小区间内垂直于该扫描方向积分后的光强（图 5.3）。另一个在图像跟踪系统及波前传感器中常用的方法是采用四象限探测器。该装置具有四个如图 5.4 所示紧密排列的探测器。光强图样会聚在这些探测器上。采用图 5.4 中的标记，差信号

$$\bar{x} = \frac{\int_1 IdS + \int_4 IdS - \int_2 IdS - \int_3 IdS}{\sum_i \int_i IdS} \tag{5.35}$$

$$\bar{y} = \frac{\int_1 IdS + \int_2 IdS - \int_3 IdS - \int_4 IdS}{\sum_i \int_i IdS} \tag{5.36}$$

正比于质心的位置。这一点可以通过采用高斯积分法求解二象限积分问题来证明。某些特定的积分可以采用在如下两点处的值来逼近[629]

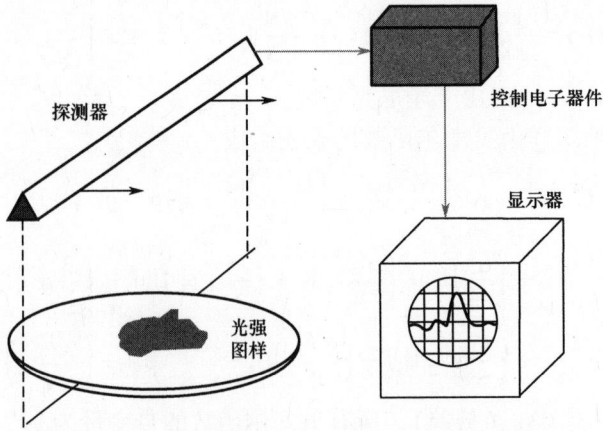

图 5.3　光强图样时域扫描图解及最终的信号轨迹

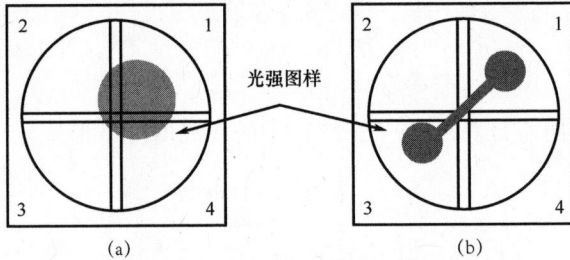

图 5.4　四象限探测器的几何结构

(a) 每个象限的标记；(b) 哑铃形图像的局限。

$$\int_{-a}^{a} x f(x)\, \mathrm{d}x = a\left[\frac{-a}{\sqrt{3}} f\left(\frac{-a}{\sqrt{3}}\right) + \frac{a}{\sqrt{3}} f\left(\frac{a}{\sqrt{3}}\right)\right] \tag{5.37}$$

$$\int_{-a}^{a} f(x)\, \mathrm{d}x = a\left[f\left(\frac{-a}{\sqrt{3}}\right) + f\left(\frac{a}{\sqrt{3}}\right)\right] \tag{5.38}$$

采用该方法，四象限探测器可通过积分来确定光束质心

$$\bar{x} = \frac{\displaystyle\int_{-\infty}^{\infty} x I(x)\, \mathrm{d}x}{\displaystyle\int_{-\infty}^{\infty} I(x)\, \mathrm{d}x} \tag{5.39}$$

$$= \frac{a}{\sqrt{3}} \left\{ \frac{\left[I\left(\frac{a}{\sqrt{3}}\right) - I\left(\frac{-a}{\sqrt{3}}\right)\right]}{\left[I\left(\frac{a}{\sqrt{3}}\right) + I\left(\frac{-a}{\sqrt{3}}\right)\right]} \right\} \tag{5.40}$$

式中：$I\left(a/\sqrt{3}\right)$ 为点 $\left(a/\sqrt{3}\right)$ 处的光强值。尽管四象限探测器实际上是对每个象限上的能量积分，但它的输出却是用一个单点值来表示的。

四象限探测器的角跟踪误差 σ_{TE} 与电压信噪比 $(SNR)_v$ 有关

$$\sigma = 0.6\frac{\lambda/D}{SNR_v} \tag{5.41}$$

式中：SNR 为信号电子数 N_S、每单元背景电子数 n_B、每单元暗电流电子数 n_D 和每单元读噪声电子数 n_e 的函数，即

$$SNR_v = \frac{N_S}{\sqrt{N_S + 4(n_B + n_D + n_e^2)}} \tag{5.42}$$

目前最好的探测器几乎没有背景电流或暗电流，其读出噪声可以低达每单元仅有 3 个电子。使用这些参数[255]，每单元 14 个电子情况下可以达到的最小信噪比为 2。为了使跟踪达到 400Hz，需要一个 4kHz 的信号。假设量子效率 80%，光透过率 20%，则在望远镜上需要大约 3.5×10^5 个光子。第 1 章的天文亮度公式和望远镜口径尺寸可用来计算满足跟踪所需要的最小亮度目标。

四象限探测器积分法只限于那些在所有四个象限都至少沉积有一些能量、且在像面上有近似均匀分布的图像。鉴于其几何结构，四象限探测器有其局限。例如，四象限探测器上的"哑铃形"分布（图 5.4 (b)）将会造成质心指示错误。

如果由目标形状和 SNR 所引起的误差可忽略时，那么可分辨图像也可用四象限探测器来确定波前倾斜。对四象限探测器上的圆形目标，倾斜角测量误差由下式给出[786]

$$\sigma_{qc} = \frac{\pi\left[\left(\frac{3}{16}\right)^2 + \left(\frac{n}{8}\right)^2\right]^{1/2}\frac{\lambda}{2a}}{SNR_v} \tag{5.43}$$

式中：$n = (2ba)/(R\lambda)$；b 为目标直径；R 为物距；a 为口径半径，SNR_v 为电压 SNR。当目标不可分辨时，即：b 很小，R 很大时，则 $n=0$，质心测量误差为

$$\sigma_{qc} = \frac{\pi b}{8R(SNR_v)} \tag{5.44}$$

当目标很大时，对应另一个极端情况 $(b\lambda/Ra) \gg 3/16$，那么误差正比于目标尺寸 b，即

$$\sigma_{qc} = \frac{\pi b(\lambda/a)^2}{32R(SNR_v)} \tag{5.45}$$

另一种确定光强图样质心的方法仅需使用三个探测器[13]。实质上用于实时执行一阶积分的蒙板覆盖在每一个探测器上，蒙板具有连续可变的透过率，类似于市售的滤光片，或像图 5.5 中显示的光刻透过型图样一样。这些蒙板可以具有任意图样形状，不过要求其透过率函数正比于光轴上的测量值。当两个正交方向上的蒙板被置于分立的两个探测器上，且在第三个探测器上什么也不放置（"空蒙板"）时，则正交方向上的质心可根据如下公式确定，即

$$\bar{x} = \frac{I_{xdet}}{I_{tot}} \tag{5.46}$$

$$\bar{y} = \frac{I_{ydet}}{I_{tot}} \qquad (5.47)$$

随着许多小探测器组成的阵列的出现，按照式（5.22）直接计算质心也变得可能了。有些研究者采用三点或五点曲线拟合来确定光强最大值。格罗斯曼（Grossman）和埃蒙斯（Emmons）研究了与这些测量和算法相关的误差[311]，得出了一个与探测器几何结构、算法、SNR 和阵列不均匀性有关的误差函数表达式。达恩（Down）[176]指出该误差依赖于噪声和探测元–光斑尺寸比。

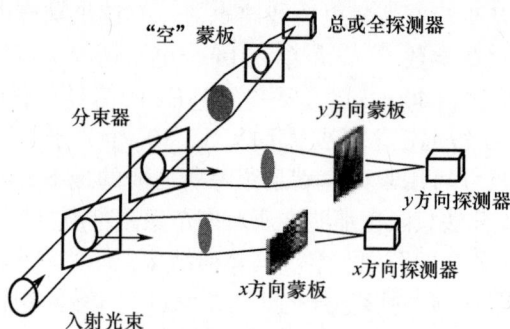

图 5.5   不透明蒙板在质心计算中的应用

针对粗糙和光滑扩展目标的质心误差，埃尔鲍姆（Elbaum）和迪亚曼特（Diament）[193]导出了类似的表达式。他们发现这些误差的方差是相干度、目标尺寸、光学分辨率和传感器积分时间的函数。他们所给出的标准偏差的形式为

$$\sigma_{error} = P \left[B^2 + \frac{A^2}{(SNR)^2} + D^2 \delta^2 \right] \qquad (5.48)$$

式中：P 为探测器间的距离；B 为算法误差；A 为传感器结构误差；D 为算法不均匀性误差；δ 为 rms 不均匀性。

四象限探测器在电子弱信号的模拟处理上特别容易。一些方法采用阵列使四个或多个相邻的单元组成四象限探测器。艾伦等人[12]则利用了数字信息处理的优势。这些技术的特定应用将在描述各种波前传感器 5.3.2 节中进行详细研究。

5.2.3   聚焦度传感

测量光束的聚焦度是任意模式的自适应光学工作的直接基础。聚焦度（或离焦）可根据孔径上的区域测量来重构，这一点将在第 7 章中做严格论述。聚焦"像差"是引起图像模糊的权重最高的像差。离焦可以直接测量得到。点目标的离焦图像（PSF）会使光扩散至超出衍射极限 PSF 范围的空间。有限区域上的总光强可作为离焦的某种度量。① 广泛应用于天文学的像清晰化

---

① 因能量守恒，位于无限区域内的总光强是常数。

原理就采用了这种测量方法。

　　两种令人感兴趣的聚焦度测量方法已在实验系统中得到应用。傅科刀口检验法已实现了自动化[419,420]，而利用相干光束散斑特征的聚焦度测量法也已得到了验证[516]。克歇尔（Kocher）[419]已经演示了：遮挡掉焦点附近的半边光束（图 5.6（a））将会如何影响一对相邻排列的双单元探测器上的积分强度。通过计算双单元探测器的各单元上的光强

$$X^+ = \frac{1}{2} \int\!\!\int_{x>0} I(x,y)\,\mathrm{d}x\mathrm{d}y - \int\!\!\int_{x>0} I(x,y)\,\frac{\partial \phi}{\partial x}\mathrm{d}x\mathrm{d}y$$

$$X^- = \frac{1}{2} \int\!\!\int_{x<0} I(x,y)\,\mathrm{d}x\mathrm{d}y - \int\!\!\int_{x<0} I(x,y)\,\frac{\partial \phi}{\partial x}\mathrm{d}x\mathrm{d}y \tag{5.49}$$

可得到其差值

$$X^+ - X^- = -\int\!\!\int_{x>0} I(x,y)\,\frac{\partial \phi}{\partial x}\mathrm{d}x\mathrm{d}y + \int\!\!\int_{x<0} I(x,y)\,\frac{\partial \phi}{\partial x}\mathrm{d}x\mathrm{d}y \tag{5.50}$$

与刀口和焦面之间的距离直接相关。克歇尔（Kocher）描述了一套静态刀口被一个旋转斩波轮代替的仪器。在垂直方向也加了一个相应的斩波轮用于产生 Y^+ 和 Y^- 信号。在双单元探测器每个单元上的强度被转换成正弦交流信号。X^+ 与 X^- 信号之间的相位差正比于聚焦度的大小（图 5.6（b）和图 5.6（c））。

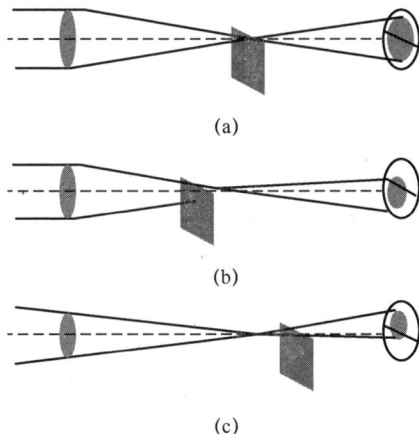

(a)

(b)

(c)

图 5.6　傅科刀口聚焦度检验法

（a）刀口位于焦点处：双单元探测器上：信号等大；（b）刀口位于焦点前：
信号不等大；（c）刀口位于焦点后：信号不等大，方向相反。

　　麦克劳林（MCLaughlin）[516]方法利用了激光散斑（相干光波各部分之间的局部干涉）的运动与像面或源的运动方向相关的原理。如果观察者、探测器或胶片等记录介质在焦点内运动，则从观察者看来散斑将会在相反方向上运动。如果观察者在焦点之外，则散斑的运动方向与观察者运动方向一致（图 5.7）。将焦距变量 Δr、观察平面至散斑的间距 s、散斑速度 v_s 及焦面附近观察者速度 v_f

联系起来的线性表达式为

$$\Delta r = \frac{s\upsilon_f K}{\upsilon_s} \tag{5.51}$$

式中：K 为比例常数，取值为 $K = 1.28$。当计算该表达式时，运动方向由 υ_f 和 υ_s 的不同正负号所指示。麦克劳林指出该方法的焦面位置测量精度在瑞利极限值的 0.02 倍之内。

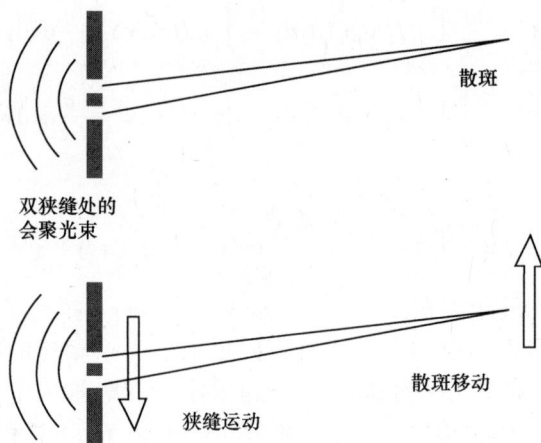

图 5.7　散斑观察

5.2.4　高阶像差的模式传感

以模式传感方式来测量高阶像差模式通常是不可行的。高阶衍射现象的复杂性使得分离出象像散或彗差等像差之间的贡献很困难。然而，近年来干涉法研究的进展显示其已可以计算出多达21阶的泽尼克模式[448]。本章的余下部分将讨论采用小空间上的光场进行波前传感的原理，称为**子孔径分割法**。这些方法可适用于所有像差阶数。

5.3　直接波前传感——区域法

根据较小区域内的波前倾斜测量值重构整个光场的波前是有可能的。波前分割有各种各样的名字；子孔径分割和哈特曼检验是最常用的。通过把局部的倾斜平面拟合成一个连续曲面，就产生了一个二维表面。局部平面的倾斜使用 5.2.2 节中的方法来测量。最常用的表面拟合方法将在 7.4 节中描述。

5.3.1　波前传感的干涉测量法

历史上光学干涉原理曾被用来证明光具有波的属性。自适应光学系统则将该原理用在更实际的应用场合[424]。干涉测量法可用于生成波前轮廓，也可用于测量局部波前倾斜。对基本干涉测量法、诸如外差法等电子信号处理方法的描述及对在波前传感中使用最广泛的干涉仪的详细描述都遵循对干涉过程的数学描述。

当两束或多束光叠加时产生干涉。干涉原理已在 1.3.4 节中介绍过了。如果两个线性偏振的横场叠加，则这两个光场之和的强度变成

$$I = I_1 + I_2 + 2\sqrt{I_1 I_2}\cos\delta \tag{5.52}$$

对于 $I_1 = I_2$ 的情况，叠加光束的强度是

$$I = 4I_1\cos^2\left(\frac{\delta}{2}\right) \tag{5.53}$$

最大光强值 $I_{max} = 4I_1$，最小光强值 $I_{min} = 0$。尽管用于单个相位值测量时该方法很直接，但是在 δ 上叠加 2π 弧度的整数倍将导致测量产生"2π 歧义性"，本质上相当于把相位又缠绕回到自身去了。在大气强湍流中，这个歧义性展现了出来，所以必须对其进行解缠以避免相位不连续性[819]。

5.3.1.1 干涉法

有两种方法可使相干光束发生干涉。**波前分割**方法利用了光束的空间相干性，使得同一束光的两个或多个在空间上分离的部分发生干涉。**振幅分割**方法是指光束的振幅被分割为两部分后彼此之间发生干涉。

波前分割法是通过对波前分区产生干涉。这个方法是 1803 年杨氏在验证光的波本质时所采用的。取一个无限远处的点源所产生的平面波，这个波穿过不透明屏上间距为 d 的两个狭缝（图 5.8）。我们希望在离狭缝平面距离为 a 的屏上观察各点处光的强度。狭缝 1 到观察点之间的距离为 $\sqrt{a^2 + y^2 + (x - d/2)^2}$，狭缝 2 到观察点之间的距离为 $\sqrt{a^2 + y^2 + (x + d/2)^2}$。其路径差为

$$\Delta s = s_2 - s_1 \approx \frac{2xd}{s_2 + s_1} \tag{5.54}$$

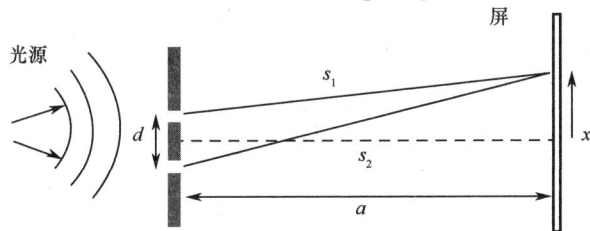

图 5.8 杨氏双缝实验

对于像可见光波长一样的短波长，且 $d \ll a$，则

$$\Delta s = \frac{xd}{a} \tag{5.55}$$

在折射率为 n 的介质中该系统的 OPD 为

$$OPD = n\Delta s = \frac{nxd}{a} \tag{5.56}$$

相位差为

$$\delta = \frac{2\pi}{\lambda}\frac{nxd}{a} \tag{5.57}$$

当相位差是波长的整数倍时出现光强最大值，即

$$\cos^2\left(\frac{\delta}{2}\right) = 1 \tag{5.58}$$

或

$$x = \frac{ma\lambda}{nd}, m = 0,1,2,\cdots$$

因此，屏（干涉平面）上出现光强最大值的位置是

$$\frac{a\lambda}{nd}, \frac{2a\lambda}{nd}, \frac{3a\lambda}{nd}, \cdots \tag{5.59}$$

而光强最小值发生的位置是

$$\frac{a\lambda}{2nd}, \frac{3a\lambda}{2nd}, \frac{5a\lambda}{2nd}, \cdots \tag{5.60}$$

对自适应光学应用来说，我们需要测量光束的一部分（狭缝 1）与另一部分（狭缝 2）之间的相位差。通过观察最大值，我们可以发现相位差是

$$\delta = \frac{2\pi}{\lambda}m\frac{nxd}{a} \tag{5.61}$$

通过计量从中央条纹起算的阶数 m 并测量距离 x，我们可以确定 OPD。

如果条纹不是由纯单色光产生的，则光强图样的强度是组成复色光的各单色光的光强图样的强度之和。最大值在空间上扩展了

$$\Delta x = \frac{ma}{nd}\Delta\lambda \tag{5.62}$$

式中：波长的变化量是 $\Delta\lambda$。

这种干涉法的一个衍生作用是通过观察条纹可见度来确定相干度。可见度 V，或条纹对比度，由下式给出，即

$$V = \frac{I_{max} - I_{min}}{I_{max} + I_{min}} \tag{5.63}$$

对于纯单色相干光束，将式（5.53）的结果代入式（5.63），得到的可见度等于 1。当条纹因多色性而扩展时，最小值达不到零，可见度将总是小于 1。对于完全非相干光，条纹根本不存在，可见度为 0。条纹可见度可用来确定远处光源的间距。通过在测量条纹可见度时同步改变孔径间距 d，迈克耳逊（Michelson）恒星干涉仪可用来得到两个光源的角间距 θ。条纹可见度达到最小值所对应的最小间距值由下式给出

$$d = \frac{A\lambda}{\theta} \tag{5.64}$$

式中：对于点源 $A = 0.5$，对于单个均匀亮度的圆盘状光源 $A = 1.22$。

在改进的杨氏双缝实验中，波前分割方法被用于自适应光学系统。冯·沃尔克姆（von Workum）等人[809]用一块带两个小孔径（双缝）的不透明屏横向扫过一束光（图 5.9）。干涉项是来自无限小狭缝的光强（式（5.53））与孔径衍射图样的卷积。对于直径为 D 的孔径，冯·沃尔克姆等人给出该函数为

$$I(x) = I_0 \left[\frac{2J_1(\alpha)^2}{\alpha} \right] \cos^2 \left(\frac{\pi dx}{\lambda f} \right) \tag{5.65}$$

此处贝塞尔函数项是孔径的函数（艾里图样），$\alpha = \pi D / \lambda f$，而余弦平方项（干涉作用）包含孔径间距和焦距。在孔径扫描波前时，狭缝将在探测器上产生条纹图。中央条纹的横向位置正比于倾斜（图 5.10）。为了确定中央最大值的位置，将斩波器置于焦平面上。解码斩波器方形图样上条纹的相对位置以确定条纹图的实际位置，然后再确定光束的相对倾斜。通过快速扫描孔径（每单元 $10\mu s$）并快速对条纹图斩波（1MHz），一个高带宽高精度（可测到 $\pm 0.5\%$ 的聚焦度变化）的波前传感器就形成了。

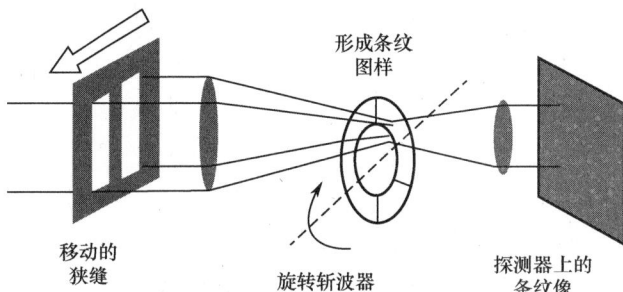

图 5.9　基于杨氏实验的波前传感器

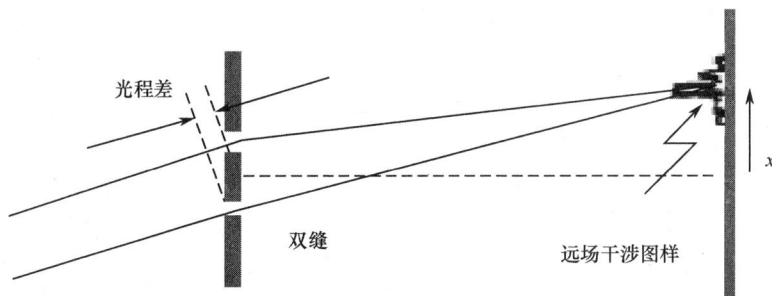

图 5.10　条纹位置正比于波前倾斜

在振幅分割中，光束被分为两部分，一部分穿过一条路径，另一部分穿过另一条路径；当这两束光叠加时，其程差将产生干涉条纹。在迈克耳逊干涉仪

中使用的一种简单的振幅分割方式是用透过型光束分束器来实现的。

在迈克耳逊干涉仪中，如图 5.11 所示，来自左边光源的光被光束分束器的后表面部分反射。这部分光（光束 1）行进至镜面 1 并反射回来，其中一部分透过光束分束器到达干涉平面上。透过光束分束器的那部分光（光束 2）被镜面 2 反射，并回到光束分束器被其表面反射到干涉平面上。补偿板置于光束 2 中以使每条光束穿过透射器件的次数一样多。干涉图中任意一点上的强度都由干涉方程式（5.52）表示

$$I = I_1 + I_2 + 2\sqrt{I_1 I_2}\cos\delta \tag{5.66}$$

使用该干涉仪的原因在该方程中得到清楚体现。如果相位 δ 被以任意方式延迟，如元件的倾斜或者插入一个像差介质，则条纹强度是对该变化的直接响应。在迈克耳逊干涉仪中使用准直光源就构成了泰曼 – 格林（Twyman – Green）干涉仪[774]的基础。图 5.12 显示了泰曼 – 格林干涉仪的两种结构。图 5.12（a）显示了用于测量不平整反射表面所引起像差的方法。图 5.12（b）显示了用于测量透过型介质像差的泰曼 – 格林干涉仪。

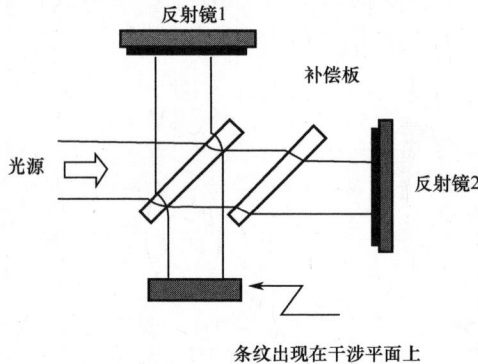

图 5.11　迈克耳逊干涉仪

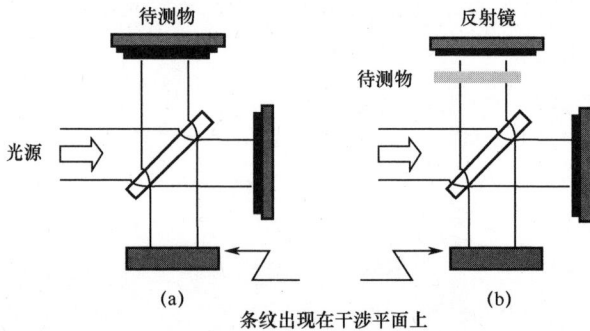

图 5.12　泰曼 – 格林干涉仪

（a）用于测量不平整反射表面所引起像差的方法；

（b）用于测量透过型介质像差的泰曼 – 格林干涉仪。

从图 5.12（b）中可以看出泰曼－格林干涉仪用于透过型待测物时的缺点。测试光束必须两次穿过待测物，因此使得准直和数据处理变得复杂。对该问题的一个解决方法是使用马赫－曾德尔（Mach－Zehnder）干涉仪[492,896]，它允许两条光路之间被拉开较大的距离（图 5.13）。图 5.14 显示了一套带透过型待测物的马赫－曾德尔干涉仪。注意到在此干涉仪中光束仅仅穿过待测物一次。像在其他干涉仪中一样，亮条纹将发生在相长干涉点处，即：在干涉平面上两条光束之间的 OPD 是波长整数倍（$OPD = m\lambda$，$m = 0$，1，2，…）。

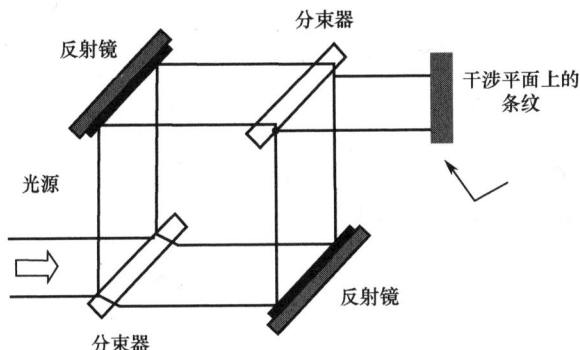

图 5.13 马赫－曾德尔干涉仪

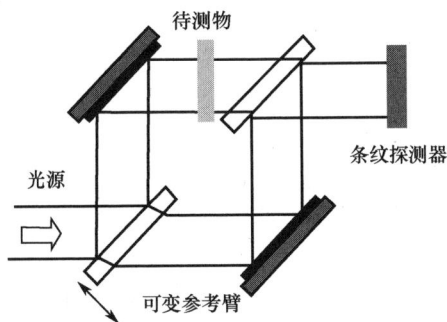

图 5.14 采用马赫－曾德尔结构的实时传感器

马赫－曾德尔干涉仪已在光学检测中使用很多年了。在实时使用时，它包括一套系统，用已知不同相位延迟的马赫－曾德尔的参考臂来完成大量的独立光强测量。这个"相移"装置[230]在图 5.14 中显示为可变参考臂。穿过待测物的信号光束的光场为

$$G(x,y) = |G(x,y)|\exp[i\theta(x,y)] \qquad (5.67)$$

而穿过延迟板的参考光束的光场为

$$H(x,y) = K\exp[i(\phi_0 + \phi)] \qquad (5.68)$$

式中：ϕ_0 为不同路径产生的 OPD；ϕ 为延迟板产生的 OPD。光强是这两个光场之和的强度，由下式给出

$$I(\phi) = |G|^2 + K^2 + 2K|G|\cos(\theta - \phi_0 - \phi) \tag{5.69}$$

如果用相移分别为 0，π，$\pi/2$ 的延迟板进行三次独立的测量（"三元"法），则这三个光强将为

$$I(0) = |G|^2 + K^2 + 2K|G|\cos(\theta - \phi_0)$$
$$I(\pi) = |G|^2 + K^2 - 2K|G|\cos(\theta - \phi_0) \tag{5.70}$$
$$I(\pi/2) = |G|^2 + K^2 + 2K|G|\sin(\theta - \phi_0)$$

组合求解方程（5.70）中的表达式，信号光束的相位可从下式得到

$$\theta - \phi_0 = \arctan\left[2\frac{I\left(\frac{\pi}{2}\right) - \frac{1}{2}I(0) - \frac{1}{2}I(\pi)}{I(0) - I(\pi)}\right] \tag{5.71}$$

幅度为

$$K|G| = \left\{\frac{1}{16}\left[I(0) - I(\pi)\right]^2 + \frac{1}{4}\left[I\left(\frac{\pi}{2}\right) - \frac{1}{2}I(0) - \frac{1}{2}I(\pi)\right]^2\right\}^{1/2} \tag{5.72}$$

相位所在的象限由 $K|G|\exp[-(\theta - \phi_0)]$ 的实部与虚部的正负号确定。

如果按上述过程执行，则需要做三次不同的测量，并在期间替换相位延迟板。对该方法改进后可以实时工作，它在两条光路中都用了快门，并在参考光束中用了一个单独的 $\lambda/2$ 延迟板。

像以前一样，具有适当延迟的光束的强度为

$$I(0) = |G|^2 + K^2 + 2K|G|\cos(\theta - \phi_0) \tag{5.73}$$
$$I(\pi/2) = |G|^2 + K^2 + 2K|G|\sin(\theta - \phi_0) \tag{5.74}$$

通过遮挡掉参考光束，即 $K = 0$，探测器上的光强为

$$I_D = |G|^2 \tag{5.75}$$

类似的，通过遮挡掉信号光束，即 $G = 0$，参考强度为

$$I_R = K^2 \tag{5.76}$$

通过组合来自于这四种条件下的探测器信号，相位可从下式得到

$$\theta - \phi_0 = \arctan\left[\frac{I(\pi/2) - I_D - I_R}{I(0) - I_D - I_R}\right] \tag{5.77}$$

信号光束的幅度为 $|G|$。如果信号光束和参考光束不同轴，那么偏振技术可用于消除不共光路误差[554]。

弗朗兹（Frantz）等人[233]描述的干涉仪系统不能用于断续性光束，因为它依赖于对光束的时间斩波。可用于脉冲光束的系统改良自马赫－曾德尔干涉仪，它进行了两次分束而非一次[56]。如图 5.15 所示，该干涉仪在光束中各点处的光强信号由下式给出

$$I_A = I_1 - I_2\cos\delta$$
$$I_B = I_1 + I_2\sin\delta \tag{5.78}$$
$$I_C = I_1 + I_2\cos\delta$$

采用四分之一波片延迟板，相位可根据强度测量值按如下公式实时重构

$$\delta = \frac{I_A - I_B}{I_C - I_B} \qquad (5.79)$$

其精度仅仅受限于光探测器的时间和空间响应。对非正弦波形的补偿已用迭代算法做了验证[596]。

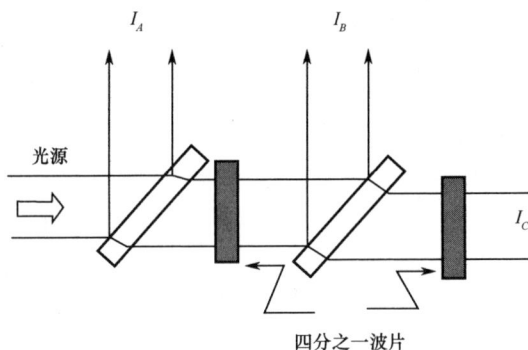

图 5.15　两次分束马赫－曾德尔干涉仪

在泰曼－格林或马赫－曾德尔干涉仪中，已假定提供了平面波参考光束且待测物可置于一路光束中。在某些波前传感情况下，光束本身就是待测的，且不存在参考光。自参考干涉仪，例如斯玛特（Smartt）点衍射干涉仪[573,730]，采用物光束本身的空间滤波采样作为参考。空间滤波，或采用透射式针孔（图 5.16（a））或采用反射式针孔（图 5.16（b）），生成了一条本质上无像差的参考光束。该参考光束与物光束干涉从而产生用于分析的干涉图样[49,803,55]。

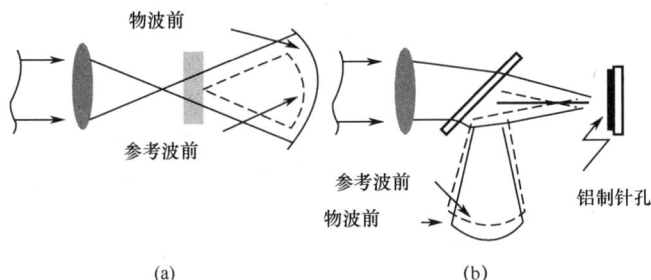

图 5.16　斯玛特点衍射干涉仪
（a）透射式针孔空间滤波；（b）反射式针孔空间滤波。

5.3.1.2　剪切干涉仪原理

巴蒂斯（Bates）介绍了对马赫－曾德尔干涉仪的一种根本性改进方法[66]。通过使马赫－曾德尔干涉仪的反射镜关于其光轴倾斜一个小的角度，则形成干涉条纹的两束光就不会完全重合，如图 5.17 所示。它们的中心分开一段距离 s，称为剪切距离。条纹图出现在重叠区域，如图 5.18 所示。条纹的阶数偏移一个正比于剪切的量 Δm，它可用来测量光束中任意点处的微分 OPD，由下式给出

$$\Delta m \approx \frac{s}{\lambda} \frac{\mathrm{d}}{\mathrm{d}x} [\, OPD(x) \,] \tag{5.80}$$

简单的一维分析表明剪切干涉仪是如何产生正比于波前斜率的干涉图样的。首先，考虑图 5.19（a）中波前 Φ（x）和一个平面波（Φ'（x）=0）的干涉图样。最终的干涉图样正比于相位差，由下式给出

$$I = \Phi(x) - \Phi'(x) = \Phi(x) \tag{5.81}$$

如果波前在 x 方向移位（被剪切），则两个波前 Φ（x）和 Φ（$x-s$）发生干涉（图 5.19（b）），其最终的干涉图样是波前差，由下式给出

$$I = \Phi(x-s) - \Phi(x) \tag{5.82}$$

如果干涉图样用剪切距离 s 来归一化，则干涉图样可表示为

$$I = \frac{[\, \Phi(x-s) - \Phi(x) \,]}{s} \tag{5.83}$$

如果减小剪切距离，如图 5.19（c）所示，则干涉图样非常接近于波前的斜率 $\mathrm{d}\Phi(x)/\mathrm{d}x$。当 $s \to 0$ 时取式（5.83）的极限（图 5.19（d）），我们就有了"函数导数"的严格定义，即 $\mathrm{d}\Phi/\mathrm{d}x$。这样，剪切干涉仪的干涉图样就是小剪切距离极限下的精确波前斜率。

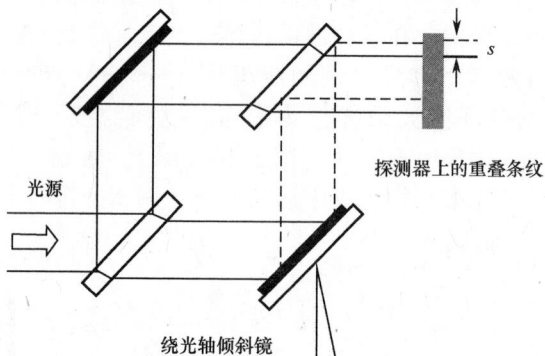

图 5.17　剪切干涉仪的例子

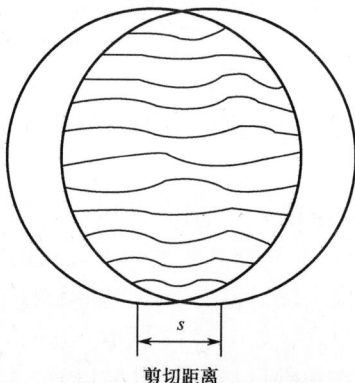

图 5.18　剪切干涉仪中的重叠条纹

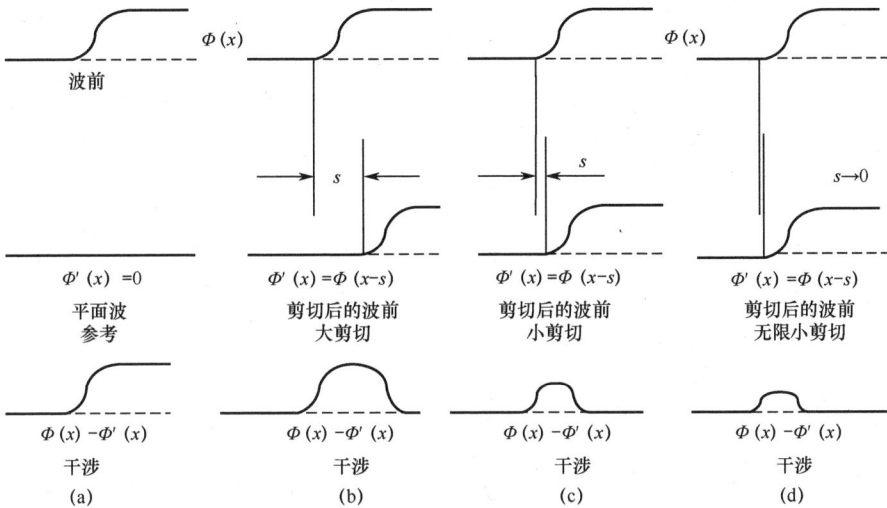

图 5.19　波前剪切原理的一维解释

（a）与平面波的干涉；（b）两个波前的大剪切干涉；

（c）两个波前的小剪切干涉；（d）剪切接近于 0 时两个波前的干涉。

5.3.1.3　剪切干涉仪的实际操作

剪切波前利用了自参考原理，也就是说，干涉图样无需另外的参考平面波就可产生。两个剪切波前的最终干涉图变成了波前的等斜率区域图[355,396,689]。与此情况形成对比的是，一个波前与平面波之间形成的干涉图是该波前而非该波前斜率的等值线图。这种测量形式的好处将在第 7 章波前重构的讨论中详细指出。除了自参考，剪切的好处还在于能够区分出波前中的"峰"和"洞"。斜率的正负号是波前"极性"的直接体现[439]。

如果空间频率为 ν 的光栅用于剪切波前，则波前斜率可从干涉平面中的正弦条纹图中提取。当每条正弦条纹上有四个探测器（单元），且各单元中的强度依次为 I_1，I_2，I_3，I_4 时，相位角 ϕ 由四元法复原，即

$$\tan\phi = \frac{I_1 - I_3}{I_2 - I_4} \qquad (5.84)$$

波前斜率为 $\mathrm{d}\phi/\mathrm{d}x = \phi/s$，剪切距离为 $s = 2\lambda z \nu$。光栅与像面之间的位移为 z。

5.3.1.4　横向剪切干涉仪

产生剪切的过程是许多工程论文的主题。依产生剪切的方法和调制类型对横向剪切干涉仪进行了分类。① 双频光栅剪切干涉仪采用了一个伦奇（Ronchi）

---

① 在所有横向剪切干涉仪例子中，在垂直方向上都存在一个相同的剪切以获得该方向上的波前信息。为简明起见，这里给出的描述仅限于 x 方向剪切；y 方向剪切在数学上通过把 x 替换为 y 就可简单复制。

（方波）光栅来使得聚焦于光栅上的入射光发生衍射。而多级衍射光可以产生干涉。通过采用双频光栅[885]，高阶谐波产生的衍射级位于视场外，仅有两个低衍射级的光可被使用。参考图 5.20，包含未知波前的光束聚焦于一个光栅上，该光栅在空间频率 v_1 和 v_2 处有不同的线间距 d_1 和 d_2。必须被满足的唯一条件是空间低频 v_1 必须为

$$v_1 = \frac{1}{d_1} > \frac{1}{\lambda(F_{\text{number}})} \tag{5.85}$$

一级衍射光束服从光栅方程

$$\sin\theta = \frac{\lambda}{d} \tag{5.86}$$

两光束之间的剪切为

$$\Delta\theta = \lambda(v_2 - v_1) \tag{5.87}$$

为了探测干涉图样，一个探测器阵列被置于干涉平面上。此处使用了交流外差法，沿光轴以速度 v 平移该光栅引发多普勒频移，从而对相位进行调制。多普勒频移的频率为

$$\omega = 2\pi v(v_2 - v_1) \tag{5.88}$$

它使每个探测器上的信号呈现出正比于

$$\sin[\omega t + \phi(x,y)] \tag{5.89}$$

的正弦图样。信号过零点时的时间 t' 可通过电子技术探测。将式（5.88）代入式（5.89），可以得到条纹图的相位如下所示

$$\phi(x,y) = \pi - \omega t' \tag{5.90}$$

正如之前提到的，该相位正比于 (x, y) 处的波前斜率。

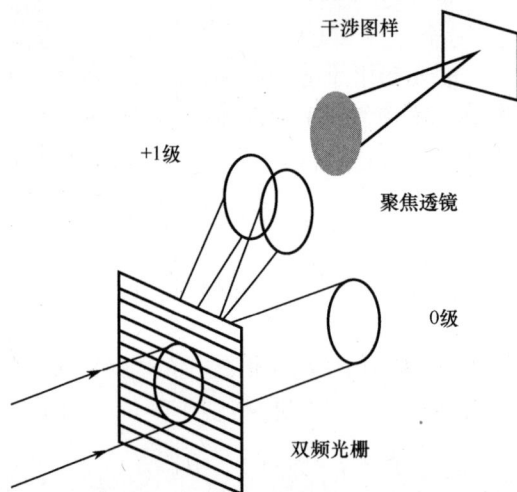

图 5.20　双频光栅剪切干涉仪

由于干涉仅发生于相干光束之间，因此早前描述的剪切干涉仪仅限于单波长。由于许多波前是多波长的，因此这些波长的光所产生的条纹图样将因互相覆盖而冲掉。德恩特（Dente）[170]等人描述了与横向剪切干涉仪相关的误差。非相干光束或扩展光源影响干涉图样的对比度（式（5.102））。怀恩特（Wyant）[882]提出了一种改进的双频剪切干涉仪，可以在白光下使用。根据式（5.87），两束光之间的剪切正比于波长，相位正比于 $2\pi/\lambda$；因此，条纹间距与波长无关。为了使条纹绝对位置也与波长无关，在第一个双频光栅与干涉平面之间再放置一个光栅。如果到达第一个光栅的入射角是 θ，则离开双频光栅的入射角是 $\theta_1 - \theta = \lambda v_1$ 和 $\theta_2 - \theta = \lambda v_2$。

如果增加的这个光栅的空间频率为 $(v_1 + v_2)/2$，则与第二个光栅相关的角度为

$$\theta_1 - \theta_3 = \frac{\lambda(v_1 + v_2)}{2} \tag{5.91}$$

$$\theta_2 - \theta_4 = \frac{\lambda(v_1 + v_2)}{2} \tag{5.92}$$

入射光束与最后的光束之间的角度偏差为

$$\Delta_1 = \frac{\lambda(v_2 - v_1)}{2} \tag{5.93}$$

和

$$\Delta_2 = \frac{\lambda(v_1 - v_2)}{2} = -\Delta_1 \tag{5.94}$$

对于长度为 f 的焦距，干涉平面上这两束光的相位将变为 $\phi_1(x - f\Delta, y)$ 和 $\phi_2(x + f\Delta, y)$。当这两束光干涉时，亮条纹将发生于 $\phi_1 - \phi_2 = m\lambda$。展开这些相位项，亮条纹图样的最终表达式为

$$m\lambda = 2f\Delta\left[\frac{\partial\phi}{\partial x} + \frac{f^2\Delta^2}{3!}\frac{\partial^3\phi}{\partial x} + \frac{f^4\Delta^4}{5!}\frac{\partial^5\phi}{\partial x}\right] \tag{5.95}$$

它是白光下波前斜率等值点的位置。

并非所有的横向剪切干涉仪都是像前述的使一级衍射的两束光产生干涉[40]。还有一种方法是仅使用一个单频光栅来使光束产生衍射，两个相反的 ±1 级衍射光发生干涉。尽管结果是相同的，但是对该光学过程的描述可以解释剪切干涉仪的一般原理。光束可根据偏振性来分离，一块双折射棱镜会分离出两束正交偏振的光束。然后通过一个 45° 检偏器来产生干涉[326]。

图 5.21 显示了一个带旋转光栅的横向交流剪切干涉仪。在外差调制过程中采用 6 ~ 10 倍于控制带宽的斩波频率以避免对探测器的校准。聚焦透镜被置于合适的位置上，则进入系统的光的波前 $\Phi(x, y)$ 在光栅平面处被傅里叶变换为 $\widetilde{W}(v, \eta)$。光栅透射函数 $G(x, y)$ 乘以光栅平面处的光场，然后由第二

个透镜执行傅里叶逆变换。最终探测器平面上的光场是波前与光栅函数傅里叶变换的卷积，即

$$U = \Phi(x,y) * \tilde{G}(\nu,\eta) \tag{5.96}$$

周期为 d 的周期性光栅以速度 ν 旋转。在一维方向上，该光栅函数的变换为

$$\tilde{G}(x_0) = \int_{-\infty}^{\infty} (x_f - \nu t)\exp\left(-i\frac{k}{f}x_0 x_f\right)dx_f \tag{5.97}$$

式中：f 为透镜焦距；x_0 位于入射平面；x_f 位于焦平面。对于周期性光栅，该式简化为

$$\tilde{G}(x_0) = \exp\left(-i\frac{k}{f}x_0\nu t\right)\sum_{n=-\infty}^{\infty} G_n\delta\left(\frac{x_0}{\lambda f} - \frac{n}{d}\right) \tag{5.98}$$

此处傅里叶系数由下式给出

$$G_n = \frac{1}{d}\int_{-d/2}^{d/2} \tilde{G}(\xi)\exp\left[-i\frac{2\pi}{d}n\xi\right]d\xi \tag{5.99}$$

对于正弦光栅，傅里叶系数为

$$G = \begin{cases} 1, & n = 0 \\ \pm\frac{1}{2}i, & n = 1 \\ 0, & \text{其他} \end{cases} \tag{5.100}$$

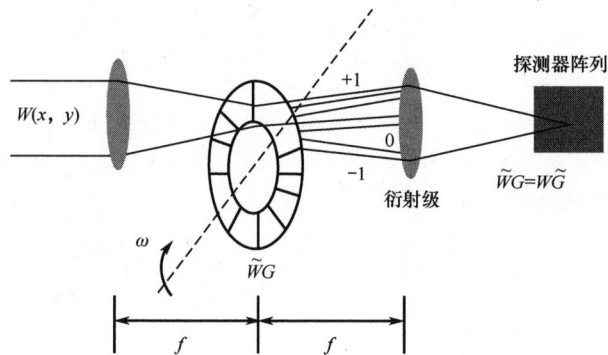

图 5.21　旋转光栅剪切干涉仪

剪切距离是 $s = \lambda f/d$，进入干涉仪的波前是

$$\Phi(x) = (YI_t)^{1/2}e^{i\phi(x)} \tag{5.101}$$

此处 Y 是相干度（对于点光源，$Y=1$）。根据范西特－泽尼克定理[86]，对于目标和口径远小于传输距离 z 的情况，相干度是

$$Y(s_x,s_y) = \frac{\left|\iint I_t(\xi,\eta)\exp\left[-i\frac{k}{z}(\xi s_x + \eta s_y)\right]d\xi d\eta\right|}{\left|\iint I_t(\xi,\eta)d\xi d\eta\right|} \tag{5.102}$$

式中：s_x 和 s_y 是 x 方向和 y 方向的剪切。通过调整光栅周期，使得半周期等于目标尺寸，则横向剪切干涉仪可使用扩展目标作为光源。

式（5.102）在特定情况下有解：对于边长为 $2a$ 的正方形目标，张角 $L = (2a)/z$，有

$$Y_{sq} = \left| \frac{\sin(2\pi Ls/\lambda)}{(2\pi Ls/\lambda)} \right| \qquad (5.103)$$

或对于张角为 $L =$ 直径$/z$ 的圆形物，相干度为

$$Y_{circ} = \left| \frac{2J_1(2\pi Ls/\lambda)}{(2\pi Ls/\lambda)} \right| \qquad (5.104)$$

传感器上的信号是如下式所示的卷积

$$U = \Phi * \tilde{G} \qquad (5.105)$$

$$U = (YI_t)^{1/2} e^{i*} \left[G_{-1}\delta(x+s)e^{i\omega t} + G_0\delta(x) + G_{+1}\delta(x-s)e^{-i\omega t} \right] \qquad (5.106)$$

或

$$U = (YI_t)^{1/2} \left[G_{-1}e^{i[\phi(x+s)+\omega t]} + G_0 e^{i\phi(x)} + G_{+1}e^{i[\phi(x-s)-\omega t]} \right] \qquad (5.107)$$

探测器上的强度是光场大小的平方，由下式给出

$$I(x,y) = |U|^2 \qquad (5.108)$$

至此，存在两种选择。将式（5.108）应用于光场方程式（5.106）得到包含直流（不依赖于时间）、$1\omega t$ 或 $2\omega t$ 的项。如果信号在频率 1ω 处进行带通滤波，则零阶和一阶项被处理，结果是

$$I(x,y) = 4G_0 G_1 YI_t \cos\left[\frac{\phi(x+s) - \phi(x-s)}{2} + \omega t \right] \qquad (5.109)$$

如果带通滤波器设置在 $2\omega t$，则两个相反的一阶项发生干涉，最后的强度是

$$I(x,y) = 2G_1^2 YI_t \cos[\phi(x+s) - \phi(x-s) + 2\omega t] \qquad (5.110)$$

无论哪种情况，光强都是波前斜率

$$\phi(x+s) - \phi(x-s) \qquad (5.111)$$

的正弦函数，且斜率可被确定。干涉仪的每一个通道都有四个探测器；在时间或频率复用情况下，每通道也可以只用一个探测器来工作。霍维茨（Horwitz）[355]总结了剪切干涉仪中的复用技术和信号处理技术。由于剪切正比于波长，因此该干涉仪可用于宽带光源。鉴于时间调制的需要，交流剪切干涉仪在使用时最好采用连续光源[326]。

5.3.1.5 旋转和径向剪切干涉仪

剪切干涉仪不仅限于横向剪切。**旋转波前剪切**在 1965 年由阿米蒂奇（Armitage）和罗曼（Lohmann）引入[31]。通过将光束旋转 180° 来测量径向剪切（切向分量）的垂直分量。旋转剪切干涉仪已被开发[95,658]用于测量湍流降质的波前。

最常用的一种剪切干涉仪是**径向剪切干涉仪**[439]。在这种类型的波前传感器中，光束被分割并放大至不同倍数。当这些光束共轴叠加时，干涉发生在重

叠区中直径较小光束的范围内。当波前仅包含球差等径向像差时，径向剪切是非常有用的。另一种剪切干涉仪仅使用波前的较小的中央部分并将其放大到全孔径，它产生了一个定常的参考相位。干涉图样代表的是相位而非斜率。由于仅使用波前的一小部分（类似于点衍射干涉仪）所造成的较大衰减，因此它不太适合于低光照应用。

图 5.22 展示了一套系统，它采用了径向剪切和另一种**多干涉仪复用**的相位复原方法，权（Kwon）称之为"三步相移干涉测量法"[439]。该方法不象外差法一样需要使用调制；而是比较多个代表相同波前斜率的干涉图样，类似于直接波前复原方法中所描述的技术。

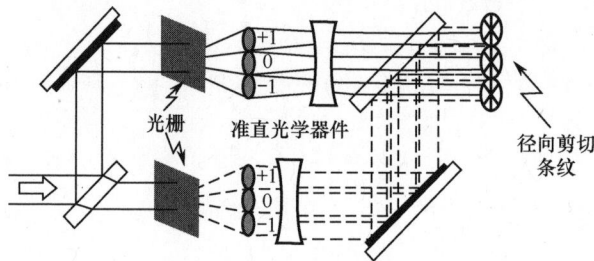

图 5.22 径向剪切干涉仪

在此干涉仪中，三个衍射级（−1，0，+1）的光被分离开来。±1 级衍射光相移 ±90°。这六束光集中后形成三个剪切对。径向剪切距离 s 是光束直径之比（放大率）

$$0 < [s = f_r/f_R] < 1 \tag{5.112}$$

为了满足光栅方程 $\sin\theta = \nu\lambda$，非共焦望远镜的焦距与光栅频率通过下式相联系

$$\nu_R f_R = \upsilon_r f_r \tag{5.113}$$

相位斜率通过采用式（5.70）而从这三组信号中恢复。

5.3.2 夏克－哈特曼波前传感器

用于检验透镜或反射镜的一种方法是将带孔的不透明蒙板置于待检验光学元件之后。每个孔都起着孔径光阑的作用，由于穿过透镜的光是会聚的，因此产生的图像是光斑阵列。经过适当的校准，这些光斑的位置直接指示了在每个孔上的局部波前倾斜，因此是对透镜质量的描述。这种检验称为**哈特曼检验**[332,333]。

对该技术的改进，特别是用于实时波前测量的技术改进，在自适应光学波前传感器中得到了应用。夏克将透镜放在小孔内，从而增强了蒙板的聚光效率，且由于光斑被聚焦而减弱了小孔所带来的令人烦恼的衍射效应。用于此目的的透镜阵列于 1971 年首次被制造了出来[711]。天文界的人员在 1970 年代后期开始用该传感器来检验大型望远镜的光学器件。一些天文学家使用哈特曼－

夏克（或夏克 – 哈特曼）波前传感器这一术语来称呼它，但是许多人将其简称为**哈特曼传感器**。对倾斜的测量及其如何与聚焦光斑的位置发生联系在5.2.2 节中已做了论述。关于一些实时技术的描述将指出这些非干涉测量方法的多样性、优点及局限性。

　　哈特曼波前传感器如图 5.23 所示。像在经典检验中一样，波前被一块蒙板、一个光栅阵列或透镜阵列分割。子孔径中的每束光都聚焦于一个探测器上。为了探测该光斑的位置，采用了各种各样的调制形式、探测器几何结构和光电处理方法。对于大气湍流补偿，局部波前倾斜必须在尺寸为 r_0 的子孔径中被精确测量。为做到这一点，子孔径必须足够大以能够分辨等晕区。在强湍流情况下，r_0 很小，非等晕性削弱了该过程。哈迪[318] 详细讨论了在不同光学和大气参数下子孔径的这种大小平衡关系。

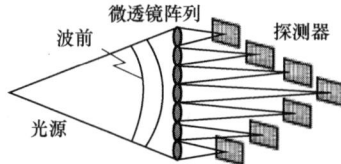

图 5.23　哈特曼波前传感技术

　　哈特曼传感器由用于波前分割的透镜阵列和用于光斑位置（波前倾斜）测定的多像元 CCD 阵列组成。透镜阵列的物理制造属于先进的工程开发的主要领域。要求高光学质量的同时，阵列的准直度也必须达到高精度。这些工序中很多属于制造商所独有，但有些技术已在关于此主题的公开文献中进行了描述[34,42,310,626]。用于设计和制造透镜阵列的技术进展迅速[160]，市场上定制或型号化的透镜阵列来源很多[90,380,528,586,771]。

　　许多研究者已验证了一些改进措施以克服哈特曼传感器的缺陷[678]。完成这些改进的同时还保持了哈特曼技术的优势，即宽动态范围[624]、高光学效率、白光兼容能力、无 2π 模糊性[906]、能够使用连续或脉冲光源，以及探测相位奇异性[129]。

　　如果不存在预料的通道间关联误差，而是仅存在类似平台振动所导致的一个整体失配，那么就可以选定一个通道作为参考，其他所有通道都能相对于该通道中光斑的位置完成测量。

　　消除配准误差的一种方法是引入参考光束。该光束应该是个平面波。因为不需要或不要求干涉，所以该光束不必与未知波前的光束具有同样的波长。如图 5.24 和图 5.25 所示，参考光束必须是明显不同的，以便探测器处理电路能够识别信号光束和参考光束。

　　已有许多其他方法用于增强哈特曼传感器在某些特别方面的性能[91,483,585]。图像增强器[875] 的光聚合[63] 和光放大，或相对于方形子孔径旋转方形四象限探测器，这样的措施避免了光强图样中的零点落在探测单元之间的缝隙上从而引入误差的情况。每个传感器都必须提供足够多的子孔径来分辨高频像差。对于湍流补偿来说，子孔径不能太小，因为每个子孔径必须能够分辨等晕区。然而，如果子孔径太大，又可能辨析出波前源。可调节的瞳采样技术已得到了验证[51]。如果光源是扩展物，那么物的形状与子孔径衍射图样就会在四象限探测器上发生卷积效应。强度变化会严重降低质心测量精度。为了消除扩展物被子孔径分辨的效应，可以使用光学相关法。冯·德·卢荷[829]（von der Luhe）建议使用寻址光学蒙板，其透过率取自参考场景的像。哈特曼探测器阵列记录了每个子孔径中蒙板与场景的互相关。即使物是不可分辨的，与子孔径高阶像差相关的问题也会扭曲四象限探测器上的图样并降低倾斜测量的精度。已有结论指出[83]：子孔径尺寸应该小于 $0.16\lambda/s$，此处 s 是产生未知波前的物的张角。

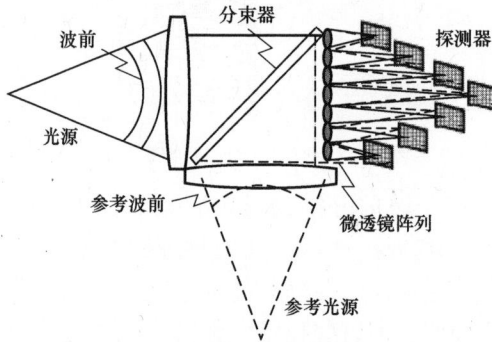

图 5.24　带参考光的哈特曼传感器

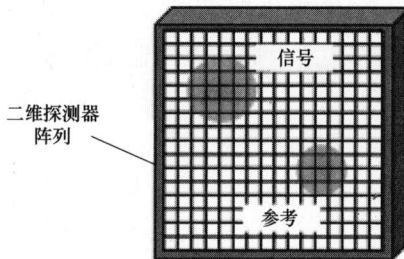

图 5.25　探测器阵列的 5×5 像素区域上的哈特曼光斑

对于背景辐射较大的日间天文观测，可以使用视场平移夏克-哈特曼波前传感器[458]。在太阳成像应用中，每个子孔径看到的都是扩展光源（太阳）的图像。互相关算法（5.3.6 节）用来确定波前倾斜，而非质心[652,653,721,880]。二维探测器阵列和微处理器的提速已促进了对这些优秀器件的应用[702]。

有建议提出将微透镜阵列嵌入传感器阵列[807]或将液晶显示器件同时作为微透镜阵列和校正器使用[30]。对于可见光波段内的应用，硅横向效应光电二极管则用于探测光斑位置。这些设备的电流输出正比于探测器平面上光斑的横向位置，但是非常不稳定。

5.3.3　曲率传感

罗迪尔等人[660,664]展示了一种将 5.2.3 节中描述的聚焦度传感方法和哈特曼子孔径分割过程结合在一起的方法。该方法被称为**曲率传感**，测量的是每个子孔径中的局部波前曲率（二阶导数）[201]。通过对比子孔径焦平面两侧等间距点上两个近似同时刻的辐照度分布，可以得到局部曲率[213]。如图 5.26 所示，测量出焦平面两侧距焦点距离 s 处的两个辐照度分布 $I_1(r)$ 和 $I_2(r)$，辐照度与相位之间的关系由下式给出

$$\frac{I_1(r) - I_2(-r)}{I_1(r) + I_2(-r)} = \frac{f(f-s)}{s}\left[\nabla^2 \Phi\left(\frac{f}{s}r\right) - \frac{\partial}{\partial n}\Phi\left(\frac{f}{s}r\right)\delta_c\right] = \frac{2f^2 c_w}{s} \qquad (5.114)$$

式中：c_w 为 r 处的局部曲率，表达式为 $c_w = 1/r_w$，r_w 是局部曲率半径。狄拉克符号 δ_c 代表信号边缘处向外为正的法向导数。为了根据已知的局部曲率和边缘导数重构波前，可以按迭代步骤[666]来解泊松方程[663]，或计算泽尼克（Zernike）导数[318]。希克森（Hickson）[341]描述了用一颗恒星的单幅离焦图像来重构波前的条件，即 $D/r_0 \leq (r_0^2/\lambda z)^{6/5}$。为了使用必要的近似来得到式（5.114）的右边，距离 s 应该为

$$s \geq \frac{\lambda f^2}{\lambda f + r_0^2} \qquad (5.115)$$

在光波段，该条件可以简化为 $s \geq \frac{\lambda f^2}{r_0^2}$。单次曲率测量的标准偏差是 $\sigma_c = \frac{\lambda}{r_0^2 N_p^{1/2}}$，此处 N_p 是光子数[660]。

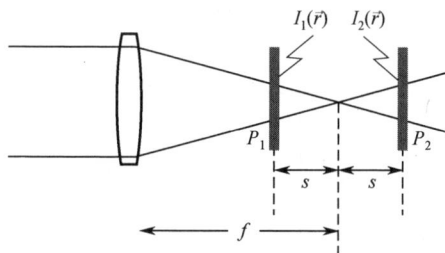

图 5.26　波前曲率传感器几何布局

该过程的一个吸引人的特点是无需波前重构这一中间步骤而施加校正的可能性。由于某些校正设备，特别是薄膜镜[312]和双压电镜[226]，可以局部变形为近似球面的形状，因此它们可直接由测量局部波前曲率的单个子孔径的输出来驱动[890]。在考虑了反射镜增益且波前传感器子孔径和校正器驱动器被准直后，就产生了一个非常高效的波前控制的过程[305]。曲率传感可用于探测大气

层[289,395]，以便基于曲率来层析重构大气畸变[578]。

5.3.4　金字塔波前传感器

另一种瞳平面波前传感器使用像面上的金字塔棱镜来产生四束子光束，然后将它们光学中继到一个探测器上（图 5.27）[637]。探测器平面上每束子光束中位置 r (x, y) 上的强度（$I_{0,0} > I_{0,1} > I_{1,0} > I_{1,1}$）用来得到 r (x, y) 处 x 和 y 方向上的波前斜率

$$S_x(r) = \frac{I_{0,0}(r) - I_{1,0}(r) + I_{0,1}(r) - I_{1,1}(r)}{I_t} \tag{5.116}$$

$$S_y(r) = \frac{I_{0,0}(r) + I_{1,0}(r) - I_{0,1}(r) - I_{1,1}(r)}{I_t} \tag{5.117}$$

式中：I_t 为探测器平面上的平均强度。金字塔技术相比于夏克－哈特曼传感器的一个优势在于该传感器的空间分辨率是探测器像元尺寸而夏克－哈特曼传感器的空间分辨率是较大的微透镜子孔径尺寸[820,821]。对基本金字塔传感器和重构器的各种不同的改进在文献中都做了记载[203,427,428,619,820,884]。

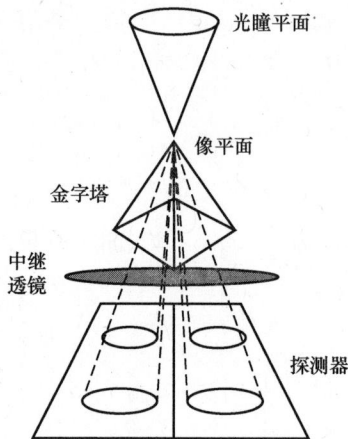

图 5.27　金字塔波前传感器

5.3.5　方法选择

本节描述的各种各样的直接波前测量技术都是用于探测相位信息。根据系统的其他部分来考虑对波前传感器的特定要求是非常重要的[275]。子孔径几何结构[654]与校正驱动器位置之间的关系会把系统设计引向这样或那样的方法[197]。在某些情况下，波前传感器直接用于探测相干的后向散射[369]或卫星图像[370]。如果波前传感器用于在光学检验中确定泽尼克系数[850]或其他像差测量值[703]，那么速度和空间分辨率要求可能不同于实时自适应光学补偿。在

某些情况下，例如对太阳表面成像，光源是扩展的，那么就必须采用互相关技术，而非测量子孔径倾斜来正确地探测大气畸变[650]。

对哈特曼传感器和剪切干涉仪之间的直接比较[610]，以及在波前传感器和系统设计中采用的不同模型的比较都已有报道[876]。威尔士等人[857]的报告指出这两种类型的传感器在好的视宁度条件和小信标情况下性能差不多，然而，对于较差的视宁度和扩展信标，哈特曼传感器的误差较小。哈特曼传感器与曲率传感器之间类似的理论比较[173,323]揭示出了视宁度条件效应和像元读出噪声效应。在大多数视宁度条件下，哈特曼传感器都因较低的噪声而工作得更好。

5.3.6　相关跟踪器

当波前的光源是扩展物时，象在夏克 – 哈特曼传感器中那样测量质心是无意义的。每个子孔径都包含整个物的一个小图像，只是随子孔径倾斜，图像发生了平移。为了克服该问题，选择一幅图像 $I_R(x)$ 作为参考。每幅图像 I 之间的互协方差根据下式计算

$$CC(\delta) = \iint dx I(x) I_R(x - \delta) = \Im^+ \{\Im^- [I(x)] \times \Im^{-*}[I_R(x + \delta)]\} \quad (5.118)$$

式中：x 为二维空间坐标；δ 为二维图像位移；$\Im^+$ 和 $\Im^-$ 为傅里叶变换和逆傅里叶变换；$*$ 为复共轭。该方法已在太阳望远镜中得到了应用，在该应用情况中光子数很丰富，但是物尺寸很大。

5.4　间接波前传感方法

许多自适应光学系统，包括人眼，并不遵行直接测量波前、计算校正量然后施加校正的这一过程。避免直接计算波前的方法称为间接法。间接法非常类似于试错法。无论信号是图像还是被传输的光束，如果一套光学系统有办法改变该信号的相位，且有办法确定相位改变后的最终结果，那么该系统就是闭环的，因此也属于自适应光学系统。

校正系统与间接波前传感系统的耦合通常使二者难以区分。为了解释这一点，考虑图 5.28 中的一套简单系统，图中的传输系统具有两条通道，其中一条通道的相位滞后于另一条通道的相位。聚焦这两束光于一个探测器上，然后观察和处理该光强图样。对于双光束系统，强度分布将是杨氏实验所描述的干涉图样，即

$$I = 4I_0 \cos^2\left(\frac{\delta_1}{2}\right) \quad (5.119)$$

式中：δ_1 为其中一束光的未知相位延迟。

正如 5.3.1 节所描述的，波前中的相位延迟可通过峰值强度测量值来计

算。这样，我们可在另一束光中施加一个等大的延迟相位从而在探测器平面上产生一个最大强度。这就需要一个方法来实时计算下面的方程

$$\delta_1 = 2\cos^{-1}\sqrt{\frac{I}{4I_0}} \qquad\qquad (5.120)$$

间接法并不计算和施加特定的校正。如果修改图5.28中的系统使光强探测器连接到主动相位延迟设备上，则可以使用试错法来寻找使光强最大化的相位（图5.29）。

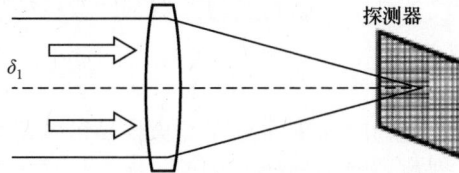

图5.28　双光束简单自适应光学系统

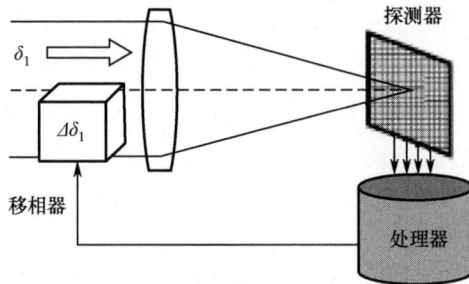

图5.29　使强度最大化的间接方法

　　如果活动的相位延迟在一个波长上被连续改变，则光强将按式（5.119）被调制。探测到的光强以闭环形式被耦合到相位延迟的运动中。当相位延迟在使强度降低的方向上运动时，则使延迟反向。这个简单的反馈系统是间接波前传感方法的基础。由于系统根本无法精确知道相位延迟是多少；它只知道相位延迟的还不够，像爬山一样只有到达山顶才是终点，因此称这种方法是间接的。故使用**爬山法**这一术语来称呼它。

5.4.1　多抖动自适应光学

　　如果未知的相位延迟随时间变化，那么为保持稳定控制，搜索过程必须非常快。如果以一个远高于扰动频率的频率来快速改变用于校正的相位延迟（抖动），那么就可以维持一个稳定的系统。光强将在高频处被调制，而随时间变化的未知扰动则在低频处调制该光强。通过同步探测，即滤除掉高频抖动调制，那么相位校正单元就可跟随随时间变化的未知相位而保持光强最大。有许多自适应光学系统采用了模式或区域抖动法。

　　这样的一个区域系统是多抖动自适应光学系统，称为**相干光学自适应技术**（COAT）。1970 年代为大气湍流校正而开发[96,582] 的 COAT 系统之所以比直接系统具有优势，就在于波前传感和重构计算中出现了较长的时间延迟。不幸的是，COAT 和所有的多抖动系统都不能扩展到通道较多的情形。它们受到抖动镜在有限带宽内可执行的有限通道数的限制。COAT 的其他缺点，如电子噪声、散斑噪声和用于长传输路径时的带宽限制，使得 COAT 系统没得到普及。然而这个过程很值得讨论，因为它所用的这些方法仍然适用于许多自适应光学问题。

　　从根本上说，多抖动过程就是前述双光束过程为满足空间分辨率需要的多通道复制品。对于类似于图 5.30 中所示的系统，光束的各个部分是通过相移单元抖动相位来进行标记的。目标上的光场是所有这些独立光场之和，即

$$U_{\text{tot}} = U_0 \sum_{n=1}^{N} A_n e^{i\Phi_n} p_0(x, y) \tag{5.121}$$

式中：$\Phi_n = \phi + \psi_0 \sin(\omega_n t)$；$\phi$ 为通道的平均相位；p_0 为孔径。

　　目标上的光强是合成之后光场的平方，即

$$I = U_0^2 p_0^2 \left[\sum_{n=1}^{N} A_n^2 + \sum_{\substack{k,m=1 \\ k \neq m}}^{N} A_k A_m \cos(\Phi_k - \Phi_m) \right] \tag{5.122}$$

此处各独立光束的相位

$$\Phi_n = \phi + \psi_0 \sin(\omega_n t) \tag{5.123}$$

以振幅 ψ_0 和特有的频率 ω_n 抖动。式（5.122）解释了相位抖动是如何转换为目标上的光强调制的。

　　将非相干探测器置于合作目标的聚焦平面上，就可探测调制后的光强了。对于非合作目标，探测器可放置在发射器附近，如图 5.30 所示。来自于目标上一个亮斑（称为**闪烁斑**）的能量被反射进探测器中。来自于闪烁斑的光与目标上的光具有相同的强度调制。当传输时间延迟被消除后，闭环控制可使信号在各自的抖动频率上带通滤过，然后使通过的部分与抖动形成拍。最后的信号包含用于伺服的信息，以驱动通道中的平均相位使光强最大[316]。

　　系统中的每个单元试图驱动自身及所有其他单元的加权和达到最大光强值。当每个通道中的幅度和平均相位误差都一致时，峰值光强为[582]

$$I_{\text{pk}} \propto A_n^2 \left[N + (N^2 - N) J_0^2(\psi_0) \right] \tag{5.124}$$

式中：N 为通道数；ψ_0 为抖动幅度。对于利用了这个概念的系统，必须进行综合权衡分析。探测器中的 SNR 正比于调制强度，但是太大的调制会造成峰值光强处于较低水平，这是因为该调制（式（5.124）中的抖动幅度）将使系统在所有时刻都或多或少超出相位范围。式（5.124）中由贝塞尔函数项所引起的光强减小表明了这一点。基于量子效率和带宽等探测器参数，以及用于调节反射进探测器内的功率的光学设计参数，欧米拉[582] 计算出了最优抖动幅度的理论值。

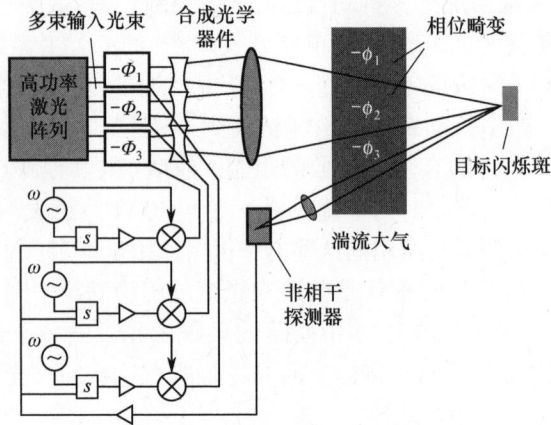

图5.30　多抖动COAT系统

其他的COAT参数受到抖动信息解码方法的制约。最大抖动频率[602]应该为

$$f_{\max} = [10 + 1.6(N - 1)]f_{OL} \qquad (5.125)$$

式中：N为通道数；f_{OL}为开环单位增益伺服带宽。抖动频率的范围[601]为

$$f_{\max} - f_{\min} = 3.2(N - 1)f_{CL} \qquad (5.126)$$

式中：f_{CL}为期望的闭环控制带宽。这些值都是理论极限。考虑到实际传感器噪声和传输时间延迟，最小抖动频率至少应该10倍于控制带宽。如果每一对抖动的相位正好相差90°，即一个以正弦函数抖动另一个以余弦函数抖动，则抖动频率的数目可减少一半。由于这两个信号之间的相位总是正好差四分之一周期，因此这些频率上的信号可以采用带通滤波。即使采用该**转象差**法来避免混淆，抖动频率的间隔也不应该小于控制带宽的四倍。带通滤波器宽度必须稍大于控制带宽才能保留扰动信息[484]。

一个完美的COAT系统对于任意数目的通道来说都是稳定的[583]；然而，大多数实验室或外场系统都远不完美。这些缺陷可以通过工程方法部分解决，但是COAT系统的整体效用会降低。当没有闪烁光斑时就会发生对COAT来说最严重的问题。这是因为回波能量，即反馈，是多抖动工作原理所必需的。如果闪烁光斑虽然存在但是很弱、或存在多个闪烁光斑或由于目标条件的改变闪烁光斑看起来游移不定（闪烁光斑跳跃），那么也会引发与此类似的一些问题。这些条件中任意一个都会降低系统识别抖动所引起的光强变化的能力。

已经证实：相位抖动单元之间的相互耦合可能由连续表面反射镜的机械耦合引起，这种耦合将可能使光强达到局部极大而非全局极大[584]。用于大气湍流校正时，在高控制带宽[418]和整体大相移情况下对多通道的需求使得COAT难以拓展到大口径。对于大气湍流校正来说，当传输距离为z、孔径直径为D、大气结构常数为C_n^2、波长为λ时，使斯特列尔比达到S所需的通道数为[605]

$$N = \left(\frac{2.01 C_n^2 z D^{5/3}}{\lambda^2 \ln(1/S)} \right)^{6/5} \tag{5.127}$$

大气湍流校正系统的带宽必须为

$$f_c \simeq 0.65 \upsilon \left[\left(\frac{2\pi}{\lambda} \right)^2 C_n^2 z \right]^{3/5} \tag{5.128}$$

式中：υ 为驱动湍流横向穿过光束的风速。任意通道的总相移大小是

$$\Delta\phi = \frac{3.58}{\lambda} (C_n^2 z D^{5/3})^{1/2} \tag{5.129}$$

式中：直径是湍流外尺度的约二分之一。

对于很长的传输距离，到达探测器的信号延迟限制了控制带宽。即使采用超前滞后控制补偿法，控制信号相位延迟也必然在 30° 或 40° 以下。采用正比于传输距离 R 的相位延迟，有

$$\phi_{\text{delay}} = \left(\frac{2R}{c} \right) 2\pi f \tag{5.130}$$

可以看出距离 – 带宽积（fR）必然维持在 2×10^7 以下。这就排除了从地面到空间（1000km）的大气传输采用 COAT 的可能性，因为其可达到的带宽为 20Hz，低于所要求的大约 100Hz 的校正带宽。

根据定义，由于 COAT 使用了相干光，因此必须考虑散斑现象[240]。任何粗糙的目标（所有目标都是粗糙的），都将使得接收器上的信号呈现散斑状。反射自粗糙表面的光束的不同部分之间的互相干涉将使得光束到达接收器时呈现为散斑点。一个平移或旋转的目标将引起这些光点在接收器上横向移动。那么，探测器上的光强将在频率 $f = \upsilon_s / \lambda$ 处被调制，此处 υ_s 为散斑横跨接收器的移动速度。当调制频率处于或接近抖动频率时会出现问题[422]。信号的电子干扰引起系统整体性能的下降。抖动频率处的调制强度 I_D 导致 COAT 的收敛度下降

$$I_D = C \frac{P_D}{P_S} I_M \tag{5.131}$$

式中：C 为抖动频率附近的交流调制功率占比；P_D 为探测到的抖动信号功率；P_S 为探测到的散斑信号功率；I_M 为无散斑收敛度。收敛度大致等于系统达到的斯特列尔比，即

$$I_M = \frac{1}{N} + J_0^2(\psi_0) \left(1 - \frac{1}{N} \right) \frac{2}{\alpha^2} (1 - \cos\alpha) \tag{5.132}$$

式中：α 为所有通道的相位随机分布。

柯克罗斯基（Kokorowski）等人介绍了一种自动消除散斑效应的方法[420]。图 5.31 中所示的系统被设计为：出射光束的一部分被分离出来并单独被引入相位（活塞式）抖动。这个抖动的频率高于其他的抖动频率。这就提供了一个所有抖动信号都受到约束的包络。这个参考光束随后用来去除掉目标的运动。自动散斑消除技术（ASPCT）所达到的斯特列尔比为

$$S = \eta_1^2 \left[\frac{1}{N} + J_0^2(\phi_0) \left(1 - \frac{1}{N} \right) \right] + 2\eta_1 \eta_2 J_0(\phi_0) J_0(\phi_A) + \eta_2^2 \quad (5.133)$$

式中：ψ_A 为探测光振幅；η_1 为主光束所占能量比；η_2 为探测光束所占能量比，$\eta_1 + \eta_2 = 1$。对于一个无散斑系统，$\eta_2 = 0$，式（5.133）简化为式（5.132）。

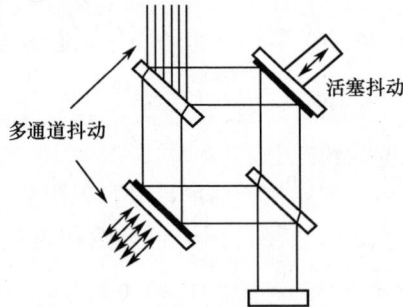

图 5.31　散斑自动消除技术

多抖动技术是间接自适应光学方法中发展最成熟的。已进行过实验验证和外场验证，并对电子技术[316]和控制算法[37]进行了广泛分析。不过，它并不是唯一使用过的间接方法。多年前天文界还研究过一种常用的方法 – 像清晰化，该原理在许多事例中都显示出了应用潜力。

5.4.2　像清晰化

像清晰化原理可通过考察图 5.32 中一个一般的自适应光学成像系统来阐明。焦平面上的光强必须是被某种扰动降质但能被恢复的图像。该技术要求一边观察图像的某种函数一边来操作相位校正元件。其在历史上的用途是校正需要清晰成像但却被大气降质的天文图像；这是术语**像清晰化**的由来。在人们试图定量地定义"清晰"这个词时就出现了一个问题。虽然已经探讨过大量的定义[547]，在快速发展的图像处理学里已经发明了很多关于"好图"的描述；但是，这些后来的描述更适合于在图像事后处理而不是在实时成像中应用，因此它们在自适应光学领域中未受到考虑。

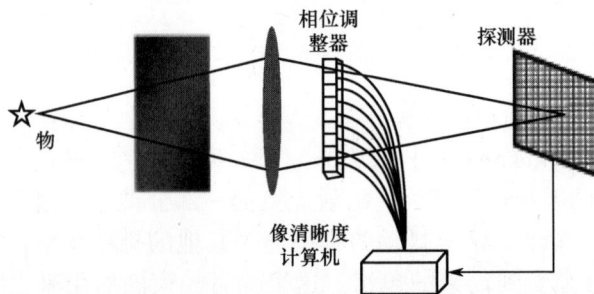

图 5.32　像清晰化自适应光学系统

　　该技术要求被定义为清晰度 S 的函数实现最大化。最容易通过改变成像系统各部分的相位。来实现最大化的量是某点（最可能的是图像中心）的光强。在观察某点光强的同时，逐个使相位调整器动作，这样的像清晰化方式（$S = I(x_0, y_0)$）比较简单。然后使这些相位调整器至少穿行一个波长并将它们停留在使光强达到最大值处的点上。这样做当然有缺陷；能提供的大部分信息都没有用上。因此仅对明亮的点目标工作得较好。这些点目标必须足够明亮以在观察点处产生足够的光子，且它们必须是点目标以确保图像的中心在光轴附近。

　　最常用的可最大化的图像清晰度是图像强度分布的平方[547]，即

$$S = \int I(x,y)^2 \mathrm{d}x\mathrm{d}y \tag{5.134}$$

即使在目标辐射亮度分布不规则的情况下，只要波前误差为零，这样定义的清晰度就会最大。这种对振幅的不灵敏性使得该方法可适用于较大的扩展目标。其他的像清晰化函数，例如亮度分布的高阶矩，与图像傅里叶变换相关的表达式[841]，或由式（5.135）给出的熵最小化函数

$$S = -\int I(x,y)\ln[I(x,y)]\mathrm{d}x\mathrm{d}y \tag{5.135}$$

都已经过试验，并被证明与小误差波前相关。使像清晰化系统工作所需要的机电技术类似于多抖动中所采用的技术。只是，在此例中，目标是图像平面而已。每个单元都通过试错法来独立调节。系统性能受限于自由度（通道）的数目和需要的带宽[547]，因为这两者不能同时增加。对于地基天文观测应用来说，只要孔径在同一个等晕区内且每个通道内光能足够，则像清晰化传感器方法就可以并且也已经得到了成功应用。对于非等晕情况，波前来自于多个平面，但像清晰化方法仍在非线性优化技术[774]或优化靶上的激光光斑[620]方面得到成功应用。

5.5　波前采样

　　波前采样子系统用于将部分入射光束导入波前传感器中，但是它却常被称呼为许多与其功能关联不强的名字，如**分束器**或**光栅**，这是因为该子系统通常是光路中常见的一个单一组件。在任何情况下，波前传感器获得待校正波前的高保真度采样都是非常重要的。如果波前传感器是在纯诊断模式下使用，则不需要采样器。只要有光束进入传感器，数据就可以被记录下来。在闭环模式下使用传统自适应光学系统的场合，光束被传输到目标或图像传感器上，同时有一个代表性的采样被发送到波前传感器中。采样代表沿系统余下部分传输的波前，这点非常重要。

许多光束控制系统，如图4.1所示，都会用一个光束分束器来体现光束采样功能。这些光束分束器可能是通常称为分束器的实际镀膜玻璃元件，也可能代表将继续前行的光束与采样光束分离开来的任何器件。自适应光学系统的细节和工作要求常常决定了需要的元件类型。

5.5.1　光束分束器

透射型光束分束器具有多种结构，一般被分成平板型、立方体型或薄膜型。当必须将不同波长的光束分开时，如某些回波自适应光学中所需要的，一般采用二色光束分离器。商售的**平板分束器**通常是面平整度在几毫弧度的薄玻璃板。光束入射表面通常被称为前表面，镀了对感兴趣的波长具有部分反射性的薄膜（图5.33（a））。光束透射部分从镀有宽带抗反射（AR）膜的后表面出射。反射–透射比由入射角，有时还包括其偏振态（如T/R50：50 ± 5%；45°）来决定。现货供应平板分束器的表面平整度的典型值是整个表面上达几个波长。对于在自适应光学中的大多数应用来说，这么大的畸变如果被反射光束传到波前传感器上则会被校正，从而将使该畸变会被带入到透射光束中去。

另一个光束畸变源发生于分束器的装配过程中。夹持引起玻璃中的应力会使平面表面扭曲。不过，只要这种畸变在透射和反射光束中都有出现且在自适应光学系统的允许范围之内，则该自适应光学系统就是成功的。只有被采样的光束与透射光束呈现出不同的畸变时才会出现问题。这时，采样不再是高保真度的采样。自适应光学系统将试图校正与光束实际具有的畸变不同的畸变。这类似于大气不等晕问题，但是，幸运的是保真度问题正常来说会在光学工程师的控制范围内。采样光束与透射光束之间的差异在考虑自适应光学系统布局和元件选择时非常重要。

立方体型分束器比平板型分束器具有一些优势。**立方体型分束器**是一对匹配的直角棱镜（图5.33（b））。这种类型的分束器在装配时比平板型分束器受应力变形较小。在黏合在一起之前两块棱镜之间的界面上镀部分反射膜。由于镀膜被密封，因此减小了随时间增加而降质的问题。立方体型分束器的技术要求类似于平板型分束器。

分束器也可在非准直光束部分使用，不过要在光路中再插入一个补偿分束器，其以相反方向倾斜，用于补偿第一个分束器引入的像差。分束器的有限厚度在透射光束中引入球差、色散和像散等像差，从而降低了反射光束采样的保真度。这些像差的大小非常重要。由于它们未被引入到反射光束中，因此自适应光学系统的性能会下降。

避免低保真度这一问题的一个可能方法是采用**薄膜分束器**（图5.33（c））。这类器件包含一层被张紧在一个框架上的薄膜。由于这层薄膜的厚度大约为5μm，因此透射光束的色散和球差可以被忽略。这样，在不容易找到准直部分的发散光束中进行波前采样也具有可能性了。例如，在光子数少的天文应用中，增加额外的光学器件来准直光束会吸收掉很多光子，因此薄膜型分束器成为一个可能的解决方案。薄膜分束器的特性也可能是个缺点。较薄的厚度使得它很容易被装配压力和声波振动扭曲。由于它是镀膜的且受不到保护，因此它的波长范围很窄且非常容易碎裂。

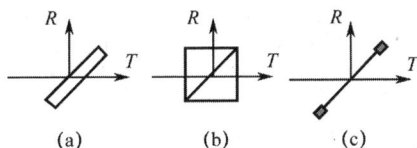

图 5.33　分束器

(a) 平板型；(b) 立方体型；(c) 薄膜型

R: 反射光束　T: 透射光束

对于根据波长将采样光束从透射光束中分离出来的自适应光学波前采样器，可以使用二色分束器。这些色散器件具有与中性分束器相同的结构，但是它们的镀膜方式使其在某个波长上透射而在另一个波长上反射。根据在每个特定波长上的透光率对其进行分类，例如：T(94%)550nm/R(98%)1.06μm/平板，45°是指一块 45°角入射的分束器，在可见光波段内透过率至少为 94%、反射率至少为 98%。当然，其他要求，例如形状、空间尺度、平整度和平行性在应用中也应该予以明确说明和考虑。

5.5.2　孔栅

在不能使用透射性光学器件或其畸变太大时，获得光束的高保真度采样的一个简单方法是采用**孔栅**。孔栅是一块具有规则性钻孔图样的平面镜。取决于孔的尺寸，大部分光束能量从前表面被反射，而小部分光（典型的为 1~10%）会穿过去。采样的保真度不取决于反射镜表面。反射表面的畸变不会传递到采样中。虽然这种采样代表不了整个波前，但是，如第 6 章所述，如果相比于像差的空间频率这些孔排列地足够紧密，那么该采样对于重构整个波前来说就是充分的。

尽管该方法看起来简单，但实际上它有一些缺点。孔的有限尺寸降低了采样的保真度。由于衍射，保真度受到采样光束自身空间频率成分的影响[704]。对于许多系统所需要的精度来说，这个误差可在采样重构过程中被消除[335]。光束的零级采样对光束的谱成分不敏感。仅使零级采样通过孔径板（图 5.34），即可观察到输入光束的远场衍射图样经极大衰减（10^{-5}）后的副本[344,504]。再次成像后，该采样可传到波前传感器上。

5.5.3　分时复用

当像差变化缓慢时，不需要连续采样，仅在部分时间内对光束采样是个很

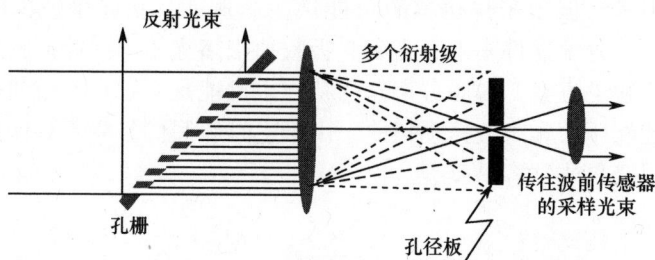

图5.34 孔栅的用法。来自光栅的多级衍射光被孔径板消除

有用的替代方法。图5.35显示了两种采样设想。一种想法是利用声光调制器作为光束开关器[371]。该调制器由换能器驱动，在调制器内建立了一个衍射光栅。当光栅出现时光束被转向；当光栅消失时光束直接穿透过去。通过交替地建立和消除光栅，这个开关器可以将光束指向不同的光路（图5.35（a））。在低功率应用中调制器不存在畸变问题，因此该方法是可行的。对于正入射光波，一级拉曼-纳特（Nath）衍射波的偏转角 θ_D 为

$$\sin\theta_D = \frac{\lambda}{\lambda_a} \qquad (5.136)$$

式中：λ 为光波长；λ_a 为声波长。由于换能器能以很高的速率（很容易达到兆赫级）开和关，因此光束采样能够代表受扰动波前的很高频率的成分。这种方法的主要困难来自于可用的光束相对较细以及因 λ/λ_a 比值较小而将光束分开所需要的距离较长。

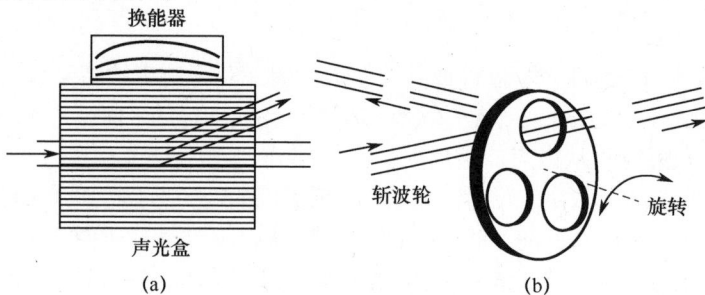

图5.35 分时复用设想
（a）声光调制器；（b）机械斩波器。

当光束功率较高甚或达到高功率时，可以使用机械斩波器。图5.35（b）展示了这样一种装置的概念结构。光束被斩波器交替地反射和透射。斩波器可以具有不同的占空因数，例如：一个具有与光束直径同样大小的孔的旋转平板每转一周就会透过一个采样。如果平板足够大可以容纳四个孔，则采样速率是RPM/15Hz。对于象热畸变这样变化较慢的像差，直径达五个光束直径大小的斩波器（考虑45°入射角）可以以200Hz的频率采样一束光。考虑到控制系统的延时，该系统可以很容易达到一个20Hz的校正带宽。

一种采用精密排列刀片的替代设计方法也能达到相同的性能参数。无论哪种情况，对保真度的考虑都与分束器或孔栅类似，即：反射光束中的畸变必须尽可能小，以使采样能反映无损透过的波前。对于震颤、支撑和表面冷却、光路环境控制以及长期稳定性等问题的工程考虑，必须针对具体情况加以研究。

5.5.4　反射光楔

当需要在光谱上将两束光分开时，可以使用一种简单的**光楔**方法。光楔是色散器件，其功能相当于棱镜。如果采样光束与主光束波长不同，那么可以利用材料的折射率差异特性。图 5.36 所示为采样光楔的两个可能结构。图 5.36（a）中在入射表面上镀有抗反射膜而在后表面上镀有反射膜。波长分别为 λ_1 和 λ_2 的两束重叠光束以角度 θ_i 入射，对于光楔角 θ_w，被前表面反射光束的反射角度为

$$\sin\theta_R = n\sin2\theta_w\cos\theta_i + \cos2\omega_w\sin\theta_i \qquad (5.137)$$

两束光的方向不同是因为对于这两个波长折射率略微不同。例如，对于光楔角为 5°、入射角为 10°的情况，采用 SF11 玻璃可将一束可见光（$\lambda = 500\text{nm}$）与一束红外光（$\lambda = 1500\text{nm}$）分开 1/2°。使用的折射率[519]为 $n_{500\text{nm}} = 1.80205$ 和 $n_{1500\text{nm}} = 1.74525$。

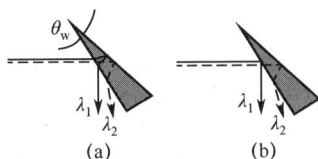

图 5.36　反射光楔

（a）色散方法；（b）反射方法。

如果想得到更大的分离角，光楔的前表面可镀以其中一个波长的反射膜。根据前一例子，如果红外光束从前表面反射，则它以 10°的角度反射。可见光束在材料中折射后以 28.63°的角度反射。对采样光束来说，这一角间距的优势在于需要的传输距离短得多。由于折射光束穿过材料，可能会受到材料的体畸变影响，而反射光束仅受表面畸变影响，因此这种光楔会受到保真度问题的困扰。

尽管反射光楔看起来简单，但是其仍受到许多与分束器同样缺陷的影响。平整度偏差是主要关心的问题。保持光楔角不变的难度与保持平板平行性的难度一样。由于反射光楔作为自适应光学采样器工作时依赖于专门的反射和抗反射膜，因此镀膜工序的质量，必须不差于系统中其他光学器件镀膜工序的质量。

5.5.5　衍射光栅

衍射光栅是表面被规则沟槽或狭缝图样调制的光学元件。它们在自适应光

学中主要用来将两束光分离开。其中一束光通过反射或透射被导向波前传感器，它应该保有另一束光的波前特征。衍射的细节已有很多作者讨论过了[368,714,747]。

现代的光刻胶技术和激光技术使得高效地生产光栅成为可能。两束光的干涉会产生排列很紧密的直线条纹图样。当干涉图样对光刻胶曝光时，非常精细的图样就可以被刻在光学衬底上。这种**全息光栅**优于机械刻的光栅。当干涉图样不是用准直光学器件生成时，全息光栅还可用于会聚光束。由于沟槽是由光而非机械控制的，因此可使间距不相等来操纵衍射光束。这种类型的会聚光栅在成像和自适应光学界使用很普遍。

经典光学导出的数学表达式可用来分析大多数类型的光栅。对机刻光栅与全息光栅的行为可用衍射理论进行解释。反射或透射光栅的不同衍射级遵循基本的光栅方程

$$d(\sin\theta_m - \sin\theta_i) = m\lambda \tag{5.138}$$

式中：d 为沟槽间距；θ_i 为从法线量起的入射角；θ_m 为第 m 级衍射角。入射平面垂直于沟槽。当不满足该严格条件时，光栅工作时的保真度会下降（5.5.7节）。对于会聚光栅，式（5.138）中的 d 依赖于入射角，该表达式失去了其线性性。

在自适应光学中使用的大部分光栅或者为闪耀光栅或者为正弦光栅。**闪耀光栅**的沟槽为三角形，其深度由**闪耀角** θ_B 决定。低闪耀角（~2°）对偏振不敏感，并在 $\lambda/d = 2\sin\theta_B$ 处具有明确的峰值效率，低闪耀角光栅在该衍射级上展现出几乎 100% 的效率[478]。高闪耀角光栅在高衍射级上显示出较高的效率，但是对偏振也变得较为敏感。S 偏振态（光垂直于沟槽偏振）通常显示出比 P 偏振态（光平行于沟槽偏振）更高的效率。闪耀角大于 20°时，光栅效应会发生异常，因此每个光栅都应该根据波长和待用的衍射级单独予以考虑[368]。

正弦沟槽光栅用光刻胶工艺可以很容易地制作。调制率 h/d（此处 h 是沟槽的峰–峰高度）决定了效率。低调制光栅（$h/d < 0.05$）在 $\lambda = 3.4h$ 处显示出最高效率，对高衍射级则效率很低。当调制率增加时，光栅的高衍射级效率会增加。尽管光栅效率是沟槽轮廓、波长、入射角、表面材料光学常数的函数，但是也可以近似计算。对于沟槽深度比波长短的完美正弦沟槽表面，标量理论预言其效率 E 为

$$E = J_n^2\left(\frac{2\pi h}{\lambda}\right) \tag{5.139}$$

式中：J_n 为衍射级 n 的贝塞尔函数。总而言之，衍射光栅是已被验证可用于单色光波前采样的方法，且具有广泛的应用。对光栅准直的敏感性和偏振效应在 5.5.7 节中进行讨论。

5.5.6 复合采样器

许多自适应光学系统不能单使用一个简单的光栅或分束器进行光束采样。透射型分束器就常常不能在处理高功率通量时而不引起明显畸变或破坏。已提出了很多复合采样的概念来克服单器件采样的缺陷。对 5.5.4 节中讨论的光楔进行改良后的器件是**埋入镜**。光楔是利用前后两表面反射光束方向不同来工作的，而埋入镜的构造是使得后表面反射的光束被聚焦，从而不同于前表面反射的光束。图 5.37 解释了该设计的两种方案。图 5.37（a）中系统的出射光束为环形，与入射的信标光束重合。出射光束被该光学器件的前表面反射。埋入镜通过镀膜将信标光透射至凹形衬底，然后会聚光束的采样再通过一个小孔被送到邻近的镜面上。如果出射光束不是环形的，则可使凹面具有一个不平行于入射光束的轴。该采样随后被聚焦于远离出射光束或入射光束的一个空间点上（图 5.37（b））。这些设计中前表面不是仅限于平面。埋入镜的前反射面可以是任何形状，并在光具组中担负其他的功能。

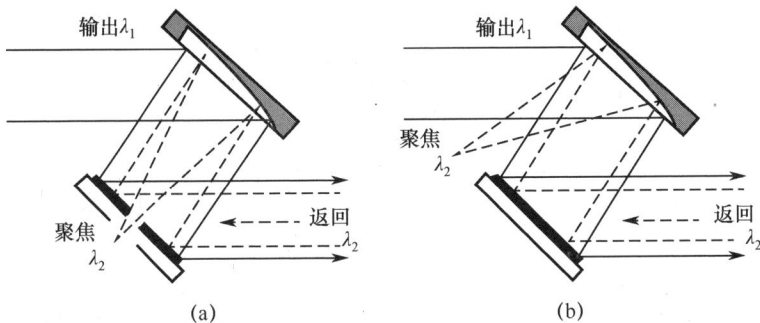

图 5.37 埋入镜设计

（a）环形出射光束与入射信标光束重合；（b）采样被聚焦于远离出射光束或入射光束的某空间点上

如果光栅被用来分离两束具有不同波长的光，则角间距由光栅方程式（5.138）控制。为了使采样光束准直，采用了一个**菱面光栅**。图 5.38 绘出了菱面结构中主光栅和其补偿光栅的朝向。补偿光栅是主光栅的精确复制，这一点很重要。如果它们存在差异，则采样光束就不再准直，且会包含主光束中不存在的畸变。由于主光栅对主光束——可能是高功率光束——的反射是镜面反射，因此通过膜系选择来控制吸收就非常重要。古哈（Guha）和普拉斯[314]（Plascyk）详细讨论了克服高功率光栅镀膜困难的一些技术。有些情况下，两束不同波长的光必须被采样并重合在一起。完成这一任务的复合设计是**光栅光束合成器**[707]。图 5.39 中所示的这种设计是用一个光栅使两束不同波长的采样光束在同一个方向上衍射。

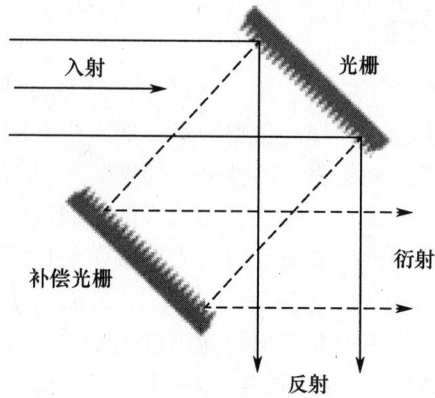

图 5.38　菱面光栅

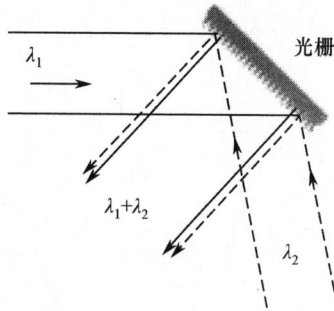

图 5.39　光栅光束合成器

将光栅效应和埋入光楔组合在一起就产生了**埋入光栅**的设计[131]。当给光栅镀上一种对一个波长反射而对另一个波长透射的材料的膜时，埋入光栅就可用做一种光束采样器（图 5.40）。如果光栅的线间距在波长量级上时，则被称为埋入式短周期光栅（BSPG 图 5.40（a））。其作用相当于一个衍射光栅，因为采样光束是作为光栅的高阶衍射出射的。当光栅的线间距在毫米量级上时，则被称为埋入式长周期光栅（BLPG），其功能更象一种埋入镜（图 5.40（b））。类似于后表面反射的埋入光楔，透射光束到达光栅表面后在每一个小平面上发生镜面反射。由于 BLPG 不是以衍射方式工作，而是以镜面反射方式工作，因此它对偏振不敏感。它的光谱色散（仅发生在透射层中）较低，而且受到垂直镜面准直技术的准直。尽管已生产了很多产品，但是大尺度埋入镜器件仍然很昂贵且难以制造。为使小平面或沟槽表面与透射层之间保持表面接触所做的努力常常会导致连结断裂。

还有其他许多令人感兴趣的设计被建议用来将低功率光束采样从高功率光束中分离出来。**组合交错光栅**将两个不同周期的光栅组合在一个表面上[131]。每个波

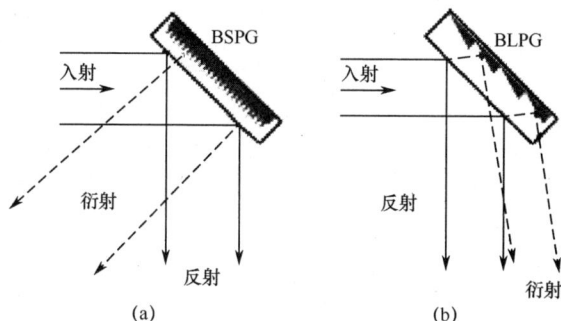

图 5.40 埋入光栅

(a) 短周期；(b) 长周期。

长同时对两个光栅响应。如果两个波长离得足够远（如一个是可见光另一个是长波红外），则光栅间距可能差异很大。对于两个间距正好是正数倍的情况，这类光栅可用标准方法来制造。只有记住那些约束条件，则埋入式组合光栅也可使用。

5.5.7 采样器灵敏度

当前的许多波前采样器设计都利用了对波长敏感的透射性材料，或对偏振或错位敏感的衍射光栅。其中有一些设计只是用来消除某些敏感性的（如菱面光栅）。其他的一些设计则是在外部准直以补偿采样器中的各种异常。

不同衍射级上衍射光栅的效率与被衍射光束的偏振紧密相关。当一束光被衍射时，其平行分量和垂直分量之间相移的绝对值由下式给出[685]

$$\cos 2\phi = 1 - \frac{2[I(I_{\parallel} + I_{\perp} - I)]}{I_{\parallel} I_{\perp}} \qquad (5.140)$$

式中：I 为最小或最大强度；$I_{\parallel}$ 为与光栅沟槽平行分量的强度；$I_{\perp}$ 为与沟槽垂直分量的强度。角度 ϕ 被设定在第一象限或第二象限。这个简单的表达式可用来计算光栅在不同朝向上的衍射效率。

如果入射平面不精确垂直于光栅的沟槽，则入射光束中本来没有的像差可能会出现在衍射采样光中，如图 5.41 所示。如果入射光束的波前是 $\Phi_i(x', y')$，此处坐标 y' 近似平行于沟槽而差一个小角度 δ，第 m 阶衍射光束的波前是 $\Phi_m(x, y)$。西蒙（Simon）和吉尔（Gil）[283,725] 给出了采样波前作为入射波前与几何结构的函数的关系式。入射角 θ_i 与第 m 级衍射角 θ_m 通过光栅方程（5.138）发生联系。衍射波前形式为

$$\Phi_m(x, y) = \Phi_i\left(x \frac{\cos\theta_i}{\theta_m}, y\right) + \delta y$$

$$- \frac{1}{2}\left(\frac{\partial \Phi_i}{\partial x'}\right)^2 \frac{\cos^2\theta_m \sin\theta_i + \cos^2\theta_i \sin\theta_m}{\cos^3\theta_m} x \qquad (5.141)$$

$$- \left[\delta\left(\frac{\partial \Phi_i}{\partial y'}\right) + \frac{\delta^2}{2} + \frac{1}{2}\left(\frac{\partial \Phi_i}{\partial y'}\right)^2\right]\frac{\sin\theta_m + \sin\theta_i}{\cos\theta_m} x$$

对该公式的分析表明：角度偏差会在衍射波前中引入畸变。如果入射波是平面波（$\partial \Phi/\partial x' = \partial \Phi/\partial y' = 0$），则镜面反射（$\theta_i = \theta_m$）波前为

$$\Phi_m = \Phi_i(x', y') + \delta y - \delta^2 x \tan\theta_i \qquad (5.142)$$

该式表明在衍射光束中存在 x 和 y 方向倾斜。显然，如果 $\delta \to 0$，该式简化为 $\Phi_m = \Phi_i$，这就是希望的、自适应光学所需的高保真度采样。

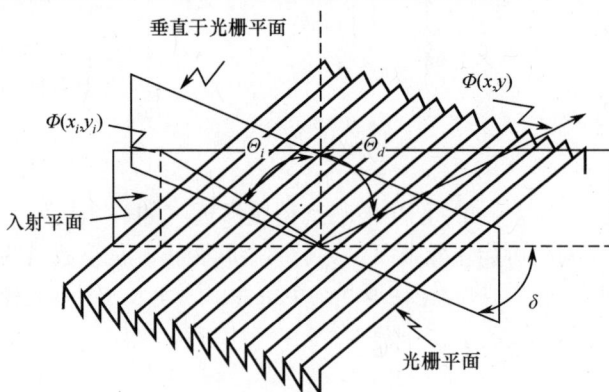

图 5.41　未准直光栅的几何图示

5.6　探测器和噪声

探测光的强度对任何波前传感器技术来说都至关重要。任何探测方法，无论是使用干涉仪技术、哈特曼检测技术或间接方法，都要求有一个正比于光强度的电子信号输出。光电探测器具有这种功能。

关于可见光、紫外和红外能量探测器的制造和使用的文献卷帙浩繁[417,529,640]。对每种类型探测器涉及的物理过程或与相关的电子电路的所有问题进行讨论超出了本书的范围。这里只总结了探测器的基本类型、用于波前传感器时的重要特征以及使用情况。

对于可见光，硅（Si）光电二极管是最常用的探测器。它可用于所有类型的波前传感器，以测量一个小区域中的光强。根据光电效应，硅探测器将入射光转化成电流。它们可在 350nm（UV）到 1050nm（IR）波段中使用。

探测器通常由几个基本参数来表征。响应率（R）是对每单位入射光所产生电流大小的度量。响应率与波长有关，单位通常为安培/瓦（A/W）。对于硅探测器，峰值响应率大约为 $0.5 \sim 0.7\mathrm{A/W}$。上升时间是探测器对光响应所需时间的长短。在硅探测器中，上升时间是电荷累积过程、等效电路 RC 时间常数和电子在介质中扩散时间的函数。硅探测器的上升时间范围在 1 纳秒到几微妙之间。散粒噪声和热（约翰逊）噪声同时存在，但占主要地位的噪声源与光强度有关。探测器的量子效率正比于响应率、反比于波长。硅探测器的量

子效率范围在 50% ~ 90% 之间。

波前传感对噪声非常敏感[242]，这是由于许多波前传感器不得不工作在光子比较少的情况下。对于暗弱光源，当接收口径较小且距离较远时，探测器的噪声参数非常重要。噪声等效功率（NEP）是对探测器"噪声性"的度量，其单位是功率与带宽平方根之比（$W/\sqrt{Hz}$）。硅材料做成的光电二极管的 NEP 值范围在 $10^{-15} \sim 10^{-12} W/\sqrt{Hz}$ 之间。探测率（D^*）与该参数有关，是用探测器尺寸对 NEP 归一化后的值，表达式为 $D^* = $ 面积$^{1/2}$/NEP。对于硅探测器，D^* 的取值范围是 $10^{11} \sim 10^{13} cm\sqrt{Hz}/W$。

波前传感器的许多应用都在红外谱段。大气在 $3 \sim 5\mu m$ 和 $8 \sim 12\mu m$ 区间具有透射带，但是其他谱带也很常用，特别是对于非大气的校正来说。红外探测器本质上探测的是由红外入射光所引起的轻微温度变化。为了防止散射光造成的探测器模糊，经常将该设备置入称为杜瓦瓶的隔热容器中。尽管存在工作于室温的红外探测器，但是在应用于红外波前传感器之前搞清楚低温探测器的封装和工作极限也是有必要的。红外探测器通常归类为热探测器和固态探测器，前者如热电堆和热释电体，后者如锑化铟（InSb 或 "inz – bee"）和碲镉汞（HgCdTe，或 "mercads"）。

热探测器产生的电压正比于光强度。热释电体工作于 $8 \sim 14\mu m$ 谱段，其响应率范围为 $10 \sim 50000 V/W$，其上升时间从 $2ns \sim 150ms$。热电堆工作于 $0.1 \sim 50\mu m$ 谱段，响应率最高可达 $100 V/W$，响应速度通常慢于热释电体，其上升时间范围在数毫秒至数秒之间。

固态探测器的响应率范围在 $1 \sim 5 A/W$ 之间，D^* 范围在 $10^9 \sim 10^{12} cm\sqrt{Hz}/W$ 之间。锑化铟探测器工作于 $1 \sim 7\mu m$ 谱段，上升时间大约为 $500ns$。碲镉汞探测器工作于 $1 \sim 20\mu m$ 谱段，但是最常用的是 $5 \sim 12\mu m$ 谱段，上升时间为 $1 \sim 500s$。锗探测器工作于 $0.5 \sim 2\mu m$ 的短波谱带，上升时间较快，为 $0.1 \sim 50ns$。硫化铅红外探测器工作于 $1 \sim 5.5\mu m$ 谱带，上升时间在 $200ns$ 量级。砷化镓（GaAs，或 "gas"）探测器工作于近红外谱段（$0.7 \sim 0.9\mu m$），上升时间极短（$0.03ns$）。这些探测器和许多其他类型的探测器都是商业上可购的。最新的行业杂志或制造商数据表在评估某个特定探测器的使用上是最有用的。

红外和可见光探测器可做成线阵或二维面阵。阵列探测器进一步分类为凝视型（连续观察光并同步输出信息）或扫描型（信息或能量的沉积是动态的）。既可串行扫描也可并行扫描，有时两者还组合使用。四象限探测器，例如高量子效率雪崩光电二极管[80]，用于倾斜探测、目标跟踪或多通道波前传感器的子孔径中。四象限探测器常由独立的探测器在物理上连接而成。由于 2×2 阵列很容易制造，或者较大阵列分成 2×2 部分可用做伪四象限探测器，因此该阵列型探测器在波前传感器的开发中担负着重要角色。

侧效应硅光电二极管是单元探测器，其输出电流正比于光斑在探测器上的横向位置。这些非常灵敏的器件用于全孔径倾斜的传感或哈特曼传感器每通道中子孔径倾斜的传感。已经验证过：在探测器的整个有效面积内其位置测量精度最高达 0.1%[804]。

波前传感应用中最常用的阵列是**电耦合器件（CCD）阵列**[501]。在室温下的硅阵列中，当光撞击在材料上被称为一个像元或**像素**的区域上时，会产生一阱电荷。红外阵列通常是需要致冷的，但是其工作原理相同。电荷的数量正比于积分时间和光强度。这些电荷在被称为**储存单元**的一个小区域中产生。这些储存单元周边电极对的交替变化可使电荷沿一个方向连续流出；即每个时钟周期内，这些阱中的电荷可分别转移至其他阱中。当所有阱中的电荷都被同步时钟输出后，阵列才能够开始下一个循环。与计算机中移位寄存器的工作一样，CCD 时钟同步过程损耗非常低。对波前传感来说噪声小、效率高非常重要[66,456]。噪声常用电子数/像元表示，低噪 CCD 的典型噪声值低至 4 个电子/像元。电路系统能够处理该信息从而确定与波前灵敏度有关的问题，如峰值的位置或大小、质心、或临近单元之间的差异。

CCD 可工作在 GHz 频率范围，适合用于高速自适应光学波前传感器[272,273]。电荷转移速度通常受限于基底材料中的电子速度。在有成千上万个像元的情况下，该过程必须要能够处理高速时钟同步的信息。一帧阵列中所有单元被同步输出所用的时间是帧时间。某些标称的帧时间还包括信号调理时间，如自动增益控制或阈值设置的时间。对于波前传感应用来说必须要问的重要问题是：总的帧时间加上相位测定算法的执行时间是否足够快到可以跟上波前的动态变化[400]。特别适合处理这些类型信号的一种流程是 N 元合并相位探测算法[155]。该算法是一种离散四象限探测形式，其中 N 是在无线电数字等效混频器中所用的离散采样数[517]。

在极低光照条件下，需要非常灵敏的探测器。**光倍增管**（PMT）是一种灵敏的探测器，光子落在阴极上产生表面光电子。电子倍增器（倍增极）链将光电子流放大后在阳极产生电流。其输出应该线性正比于光强度，但是，饱和时探测器响应可能为非线性的[214,491]，且常常在一个很亮的脉冲之后响应会持续数毫秒[146]。阴极灵敏度（mA/W 或 A/lumen）、放大倍数（$10^3 \sim 10^8$）、谱响应率和暗噪声（$0.01 \sim 10\text{nA}$）是选择器件时应该考虑的参数。彼得罗夫（Petroff）等人[618]描述了一个固态光子倍增器，其量子效率接近 50%。该器件在 $0.5 \sim 28\mu\text{m}$ 的工作谱段内具有单光子计数能力。**微通道板**是具有紧密排布电极的快速响应 PMT。克莱宾（Clampin）[141]描述了一种基于微通道板的图像增强器，用于天文观测中的哈特曼传感器。雪崩光电二极管和其他图像增强器在自适应光学中的应用也有报道[142,494,676]。

探测器噪声特性非常重要[615]，其与波前传感误差之间的关系已有人研究过[887]。对于剪切干涉仪的单个通道，信号电流 $i(t)$ 为

$$i(t) = i_s[1 + \gamma\sin(\omega t + \phi)] \tag{5.143}$$

式中：ω 为调制频率；γ 为条纹可见度；ϕ 为未知相位。相位是通过确定信号过零时间与过参考信号时间来测量的[508]。这种时间测量误差决定了相位估计的误差[729]。相位误差反比于 SNR。

对于低光照光子计数剪切干涉仪，怀恩特[887]指出相位估计方差为

$$\sigma^2 = \left[\frac{0.9d_s}{s\gamma\sqrt{n}}\right]^2 \tag{5.144}$$

式中：d_s 为波前测量点之间的距离；s 为剪切距离；n 为一个周期内的光子数

$$n = \frac{N\Omega TA\tau R}{\mathrm{e}^-} \tag{5.145}$$

式中：N 为光源辐射亮度；Ω 为光学立体角；T 为光学透过率；A 为孔径面积；τ 为积分时间；R 为探测器响应率；e^- 为电荷数。也可参见式（3.20）和第 3 章中的讨论。

其他研究者[115,192]已经分析了波前传感器的噪声特性以研究小孔径与大孔径之间必要的平衡关系，前者对应的分辨率高，而后者对应的 SNR 大。对波前传感器边界上误差进行度量的是克拉默（Cramer）－饶（Rao）参数[811]，它是赛德奎斯特（Cederquist）等人[119]针对剪切干涉仪导出的。

在某些大气传输情况下，利用一个波长测量波前而在另一个波长上对传输施加校正是非常有用的。例如，人们可能想把二氧化碳激光（10.6μm）穿过大气向上传输，但是用更容易获得的探测器测量可见光信标（0.5μm）的像差。这就会导致第 3 章中所提到的色差非等晕性。对于均匀介质，相位共轭原理预言：仅需一个标量因子就可表示这两个波长之间的折射率差。然而，在这样的一个系统中，光束的衍射会引起干涉效应和振幅调制（闪烁）。测量到的波前与待传输相位共轭波的波前之差是天顶角和波长差的函数[348]。如图 5.42 所示为传输光束在 0.5μm 处被测量时相位差的方差。对于短波长发射，自适应光学探测波长必须接近于发射波长。对于较长波长的发射，波前差则不那么重要。

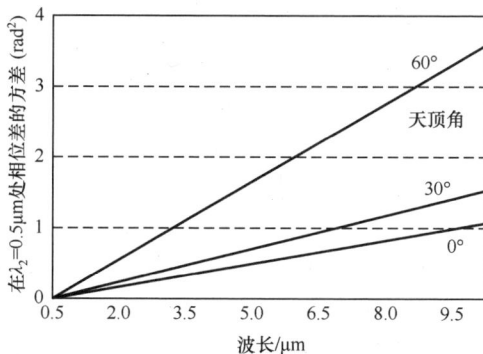

图 5.42　在激光发射器波长为 0.5μm 而传感器采用另一波长情况下的相位差

第 6 章 波前校正

可用许多与引起波前畸变的机理相同的机制来校正波前。由畸变镜面所产生的图像可通过使另一面反射镜产生适当的畸变形状来补偿波前变化。折射率的局部变化是引起像差的主要原因，可通过原路返回或共轭来进行校正。用于眼睛的校正镜就是利用了该原理，通过在进入眼睛的光线光路上另外放置一块透镜可消除眼睛中畸形或损伤的晶状体所产生的像差。眼镜的这种校正方法是模式化的和静态的，通常，仅仅校正了离焦（场曲）和像散两种模式，不具备主动能力，在技术层面上不属于**自适应光学**；然而，对大多数自适应光学系统来说，其波前校正也都是基于在光束中加入校正器件的原理。若校正是主动的，也就是说通过移动校正单元来实现的，则称之为"惯性的"，同时要求校正量线性正比于激励量。

除第 4 章描述的系统所采用的非线性光学校正方法之外，象波前传感一样，波前校正也存在模式和区域两种方式。具有更高空间分辨率、更大行程和更高工作带宽的系统需求，促进了驱动器、面板材料及相关分析技术的发展，这些技术也可用于许多其他工程领域。

尽管可以采用主动透镜进行补偿[327]，但是最常用的器件还是主动反射镜。1974 年，几位研究者报道了用于实时波前校正的一些器件[96,211,324,547]。这些器件主要用于验证等比放大到补偿大气湍流大型系统所需的闭环技术。在变形镜（DM）发展之前，扫描镜或倾斜镜已广泛用于校正光束方向。将这些器件归类为模式自适应光学校正器还是归类为图像或光束跟踪镜只是学术上的定义问题。事实上在自适应光学作为一门工程学科发端之前这些校正器件就已经出现了。

图 6.1 给出了校正器件的典型频率响应范围。以很快速度运动的倾斜镜仅限于一种模式，因此空间频率容量有限。与之相反的是大型主动主镜，它可以校正空间高频（许多区域）分量，但是时间频率响应有限。望远镜上的主动次镜（SM）可用于校正离焦像差，但是因为要保持严格的准直性，所以它的时间带宽也有限。具有多个驱动器的 DM 能以高速度校正多个空间区域，是通用器件。

图 6.1 中没有显示器件的动态范围或行程，但该指标是选择特定形式器件时的一个主要限制因素。有人也许会认为 DM 是最能满足大多数时间谱和空间

谱需求的器件，但不幸的是，情况并非总是这样。对于倾斜抖动这种低阶模式的校正就常常需要大行程的运动，DM 在校正光束倾斜时其驱动器行程已达至极限，而无力再校正空间高频像差。例如：极限行程为 ±10μm 的一块 20cm 口径的 DM，仅能校正 1.0mrad 的倾斜像差，而许多造成倾斜的因素会在系统中引入数十毫弧度的倾斜误差，所以系统中通常会需要一个独立的倾斜镜。不过，也可以把一块 DM 装配在一个两轴倾斜平台上[861]。系统设计中所建议的安全冗余对时间带宽来说至少是 1.5 倍，对动态范围来说是 2 倍。

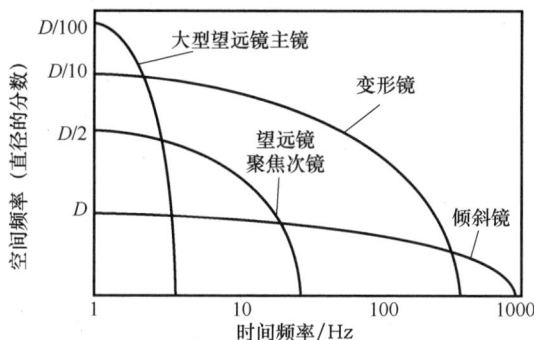

图 6.1　校正器件的空间响应能力与时间响应能力的变化关系：倾斜/定向镜；
用于离焦校正的望远镜次镜；多驱动器变形镜；主动望远镜主镜

对于大气补偿，可计算出倾斜镜和 DM 的行程。由大气引起的倾斜角标准偏差为

$$\alpha_{SD} = 0.43 \left(\frac{D}{r_0}\right)^{5/6} \frac{\lambda}{D} \tag{6.1}$$

式中：D 为望远镜直径。倾斜镜的总行程必须是该标准偏差的约 2.5 倍。倾斜镜直径 D_{TM} 小于望远镜直径，则其角运动也缩小相应倍数。那么倾斜镜的角运动必须乘以光学系统的放大倍率，即 D/D_{TM}。将全行程要求和放大倍率要求与式（6.1）综合起来考虑，倾斜镜的角行程将为

$$\alpha_{TMstroke} = \pm 1.1 \left(\frac{D}{r_0}\right)^{5/6} \frac{\lambda}{D_{TM}} \tag{6.2}$$

类似的，可确定对分块镜或连续面板型 DM 的要求。子孔径中相位的标准偏差为

$$\phi_{SD} = 0.06 \left(\frac{D}{r_0}\right)^{5/6} \times 波数 \tag{6.3}$$

运动的峰峰值是 $5\phi_{SD}$。反射镜的机械行程是施加在光束上相位变化的 1/2；因此，每个驱动器所需产生的总行程为

$$s = 0.15 \left(\frac{D}{r_0}\right)^{5/6} \lambda \tag{6.4}$$

单个**最好的**自适应光学校正器件是不存在的。设计中的选择取决于结构材料、驱动器特性和工作环境[187]。举例来说，在双压电和驱动器堆叠式 DM 之间进行选择之前，需要评估期望的像差及其动态范围[304]。校正要求、带宽、行程和校正区域数是根据传感和控制能力等对系统的考虑及价格和复杂性等的实际限制来确定的。

在有些情况下，望远镜中采用自适应次镜是很有好处的。次镜与所有望远镜成像光路是共光路的，不会引入额外的光学表面。但是这种方法也会产生一些问题，最大的影响是 DM 与大气湍流的共轭像距离不够近，将导致等晕区变小。

6.1 倾斜模式校正

最简单的波前校正形式是光束方向或者波前倾斜的改变。这些方法虽然早于**自适应光学**概念的提出，却是许多更复杂校正形式的基础。

光学系统中，控制倾斜所需要的能量与定向镜的行程和带宽直接相关。对固定的直径 – 厚度比，扫描平板式反射镜的惯性正比于镜面直径的五次幂。使反射镜运动所需要的力正比于所需的最大扭矩 τ，反比于镜面直径 D。扭矩表达式为

$$\tau = I_m \omega^2 \theta \left[\left(1 - \left(\frac{\omega}{\omega_n} \right)^2 \right)^2 + \left(2d \frac{\omega}{\omega_n} \right)^2 \right]^{1/2} \quad (6.5)$$

式中：I_m 为质量惯性矩；ω 为谐振频率；ω_n 为反射镜倾斜模式的共振频率；θ 为反射镜在频率 ω 处的行程；d 为系统阻尼因子。对扰动幅度（行程）和带宽（θ, ω）的考虑决定了对倾斜镜的要求。式（6.5）可用于倾斜校正所需要的扭矩和力的初始估计。

满足特殊应用需求的倾斜镜已经被制造了出来。对倾斜和光束定向来说，除行程和带宽要求之外，一些倾斜镜能用作望远镜中的次镜[147,592]。还有一些倾斜镜则能满足无反作用力的要求[592]，也就是说，倾斜镜的运动不会反传回光学平台或支撑结构中。具有粗精行程分离和磁致伸缩驱动器的倾斜镜已被开发了出来[280,9]。宽视场系统需要大角度行程倾斜镜。申（Shen）等人报道了一块在 500Hz 处行程为 15mrad，且最高行程达 250mrad（150Hz）的倾斜镜[719]。这些技术上的进步保证了对目标的精密跟踪，本质上是保证了对最低扰动模式 – 光束倾斜的自适应光学校正。

6.2 高阶模式校正

下一个最常见的波前校正形式是主动调焦系统。通过望远镜观看目标时，

在望远镜聚焦位置处会产生一幅清晰图像，当偏离聚焦位置时，成像图像变模糊。反复穿过成最清晰图像时的聚焦位置，可使系统适应接收透镜系统、观察者的眼睛或观察者的相机系统的变化。用于远程聚焦校正的专用设备早在 1973 年即已得到验证。

像散可通过移动单个透镜或反射镜来校正。如果一个柱面反射镜或柱面透镜与光束对准并沿着光轴移动则会改变系统的像散。令两个反射镜或透镜的柱轴彼此成 45°，则所有方向的像散都可被校正。当需要校正比像散更高阶的模式时，波前可在空间上分解。通过在相应部分施加所需强度的校正量，光束的每一部分都得到了校正。工作于该方式的设备称为多通道校正器，如分块镜或连续面板型 DM。

6.3 分块镜

最早实现的多通道校正器是分块镜。如图 6.2 所示，它是由许多空间上紧密排列的具有活塞或倾斜校正能力的小镜面组成的反射镜。因此高阶模式校正可通过测定每块小镜面各自的贡献来完成。这类分块镜有些工作于**纯活塞**模式，即每分块小镜面仅限于做简单的上下运动。对于**活塞/倾斜**模式①工作的分块镜，每个分块都以三个自由度工作：上/下活塞模式和两个正交轴的倾斜。进一步要考虑的因素是分块的形状，如方形、六边形和圆形分块，马拉霍夫（Malakhov）等人对这些形状在理论上进行了对比[498]。

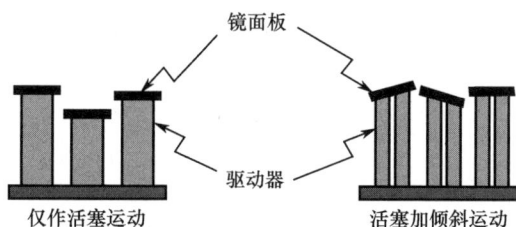

镜面板

驱动器

仅作活塞运动   活塞加倾斜运动

图 6.2 分块式多通道镜

分块式 DM 可用于校正光学系统中的静态像差[2]或补偿大气湍流[687]。分块镜可扩展到非常大的数量，具有 512 个分块（0.76cm）的镜面已经制造了出来[321,363]。采用 14×14 个分块这么大的模块的现代技术使得制造超过 10000 个分块的分块镜成为了可能。组装和维修的相对简易性也是需要重点考虑的因素。对于分块镜来说替换某个分块的代价和困难也远小于连续面型镜[178]。尺寸上的另一个极端是基于 MEMS 的分块镜（图 6.3），已被开发出来并以相对

---

① 两轴倾斜。

较低的价格大量生产[338]。

图 6.3　Iris AO PTT111 分块式微机械变形镜在 3.5mm 孔径上具有
37 个六角形分块和 111 个自由度（图片由美国加州伯克利 Iris AO 公司提供）

当使用宽谱光源时，分块镜必须绝对同步，因为模为 2π 的阶跃会严重降低性能。宽谱校正需要具有长行程的驱动器。已经有了 $6\mu m$ 到 $10\mu m$ 行程的分块组合的分块镜[364]。然而，各分块之间的不连续性（间隙）对整体性能会有影响。能量在穿过间隙时发生损失，而且间隙使得镜面的作用相当于一块光栅，能量从中央主瓣中被衍射了出去。间隙的总面积应该低于 2%，这一点非常重要[364]。每个分块是独立工作的，因此不存在交叉耦合，无需驱动器预加负荷。对于单一分块，其步进响应可低至 $100\mu s$。目前应用的分块镜闭环带宽可高达 5kHz[157,363]。在某些情况下，需要使各分块或分块组之间电子交叉耦合以提高控制带宽。0.5m 同步阵列可扩展大口径镜面采用了分层控制机制，将很多分块集合成簇，带宽达到了 2kHz[288,452]。

6.4　变形镜

其他的多通道校正器都可归类为**变形镜**或 DM。这些反射镜面通常为连续表面的校正器采用机械变形方法来匹配期望的共轭波前（图 6.4）[606]。执行变形的器件 – 可以是连续的驱动器，例如薄膜镜或双压电镜[140,892]，也可以是具有离散的垂直于表面的驱动器，或者离散的在边缘施加挠矩的驱动器[325,259]，如图 6.4 所示。因为反射镜表面的弯曲看起来像撑在框架上的橡皮膜一样，因此连续表面 DM 常被称为"橡皮镜"。①

为适应传输高能激光的需求，对既能提供空间高频校正且表面能经受住高通量负载的校正设备的要求也提高了。至 1974 年，具有数百个驱动器的压

———————————

① 橡皮膜会横向伸展，而薄板镜是刚性平面。尽管从物理上说不准确，但是仍旧使用该术语。

电 DM 已被开发出来了。

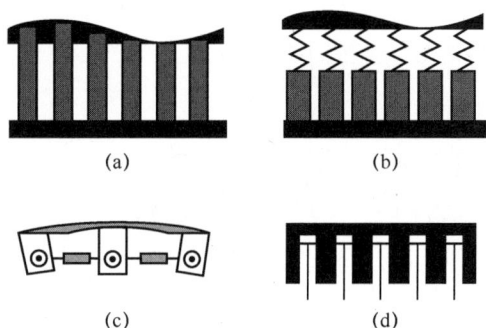

图 6.4　连续表面变形镜
(a) 位置离散驱动器；(b) 压力离散驱动器；(c) 挠矩驱动器；(d) 整体镜。

具有堆叠式压电驱动器的**分立驱动器** DM 在 1970 年代后期被开发了出来以解决红外系统的大行程问题[184,186,235]。压电片堆叠成组以产生足够的力使镜表面变形 0.8μm，每个堆叠组所需的总电压超过 1kV，通常通过偏置 500V，然后再施加 ±500V 电压来实现。高功率离散驱动器 DM 的开发是被动式高功率反射镜的艰难拓展。钼平板镜与高达 61 个驱动器的堆叠镜之间的比较已有报道[409]。不同的压电材料都显示出回滞性，不同的驱动器—面板结构也显示出具有不同形式的影响函数[205]。

对大气湍流补偿的需求推动了 DM 技术的进步，数百个驱动器必须紧密排列在一起。驱动器小型化、低工作电压、高定位精度和低回滞性成为重要的参数[188,261,377]。DM 驱动器的动力学特性由于驱动器和光学表面之间的关联而变得复杂[505]，常常涉及到机械、化学（胶）和电磁之间的关联性。机械结构中的约束、弹性系数和阻尼都对回滞性有贡献。有人建议对回滞性进行主动控制，低回滞驱动器可以降低控制系统的复杂性并提高闭环带宽[414]。

具有低压铌镁酸铅($Pb(Mg_{1/3}Nb_{2/3})O_3$，或 PMN）驱动器或磁致伸缩驱动器的变形镜已被开发了出来[11,514]。对于高功率激光应用，必须使用镀有分层介质膜的高反射率 DM[121]。膜层必须要能够承受高功率光束的热负载和主动变形产生的应力。评估了离散驱动器 DM 性能量化与表征的方法[206,263]，除了迟滞性和影响函数之外，驱动器响应的线性性、面板驱动器共振和驱动器行程极限也是评估 DM 使用和性能的重要参数。

大型望远镜系统中显然需要自适应光学。为了减少吸收和散射引起的损耗，系统中的光学表面数目要尽量少，基于这个要求，DM 需要集成到别的光学元件中[684,840]。在亚利桑那州的改建后的 MMT 望远镜的次镜具有 324 个电磁驱动器[102,506]。双子座 8m 望远镜的次镜将换成自适应光学系统中的 DM，用于红外工作的斩波次镜也做同样更换[134]。

由于总的驱动器行程和（最临近的）驱动器间的相对行程受限，因此一些系统要求大行程、低驱动器密度 DM 与小行程、高驱动器密度 DM 组合工作，即以所谓的"高低音"方法工作[109,149,356,411,504]。

6.4.1 驱动技术

用于 DM 的驱动器通常归为两类：压力驱动器和位移驱动器。根据牛顿第二定律，用途和机械结构决定了从力到位移的转换。DM 驱动器最常用的材料是压电陶瓷[726]，如 Pb（Zr，Ti）O_3 或 PZT[5,744]，而科科罗斯基（Kokorowski）和萨托（Sato）等人则报道了聚偏二氟乙烯（PVDF）作为驱动器材料的使用情况[421,696]。与 PZT 相比，PMN 陶瓷可产生更大的电致伸缩[798]。

通过分层 PVDF 或堆叠 PZT，可以获得相当于多个波长的大校正行程，且校正精度达亚微米量级[697,605]。驱动 PZT 堆所需的高压（高达 1000V）往往造成严苛的设计限制，需要配备大的辅助支持设备。用于 DM 的超磁致伸缩材料铽镝铁合金磁致伸缩驱动器的开发降低了对高压的要求，因为这种磁致伸缩驱动器工作电压只有几伏[26,298]。然而，移动表面所需的能量是相同的[9]；因此，这些驱动器需要高电流（每个高达 1A）才能工作。为了避免热蠕动和失调，常常需要对驱动器进行冷却。

还有其他电磁装置也被用于自适应光学的校正设备。由于可产生大的驱动力和位移，因此音圈（电磁线圈）驱动器在扫描镜中很常用。螺旋电磁线圈（螺线管）具有很快的响应时间，当配以低电压工作时，对于驱动光学器件来说是很吸引人的[16,709,724]。

对于低频校正（最高 10Hz），已有不同类型的机械驱动方式得到应用。涡轮传动和直接传动的直流（DC）电机、液压驱动器和差动滚珠丝杠已用于驱动反射镜表面[401,601,290]。

伊雷（Ealey）[185]提出了关键的设计原则和参数平衡关系，这是具体应用中选择精密驱动器所必需的。该分析包括对 PZT、PMN、超磁致伸缩材料铽镝铁合金、镍钛基 NiTiNOL、双金属合金和石蜡热力等多种驱动器的讨论[185]。光驱动 PVDF 驱动器也已得到了验证，并显示出其驱动力正比于照明激光光束的功率这一关系[691]。

6.4.2 驱动器影响函数

反射镜面受力后呈现出许多不同形状，可用于补偿较宽范围内的畸变波前。对特定设计的选择基于所需校正的大小和类型以及驱动器工作的成本和复杂性。一些仅具有四个驱动器的变形镜已被用于校正离焦和像散[218]。例如，口径 1.5m 的天文成像系统要求 DM 至少具有 ±0.6μm 的行程来校正大气湍流。许多波前重构器给分块或 DM 驱动器提供了直接驱动信号（见 7.4 节）。

校正器的自由度数目越大，它能校正的波前变化种类数目也越大。如果将许多分块放置的足够近，则可克服用多个小平面拟合一个弯曲波前的限制。连续表面变形镜的优势——例如，不存在影响衍射的表面缝隙——常被限制表面变形能力的结构上的约束而削弱。镜面材料的应力与应变导致镜面各单元之间结构上的耦合；可以想象，这种耦合可能增强、但常常是限制了 DM 的功用。

被一个驱动器推动时，DM 表面的实际形状被称为它的"影响函数"[342]。该函数是厚度、弹性模量和泊松比等变形镜面板参数的函数（图 6.5）。施力的位置和分布，以及结构的不均匀性决定了特定变形镜或变形镜内特定驱动器的独特性。影响函数的测量是一个乏味但又必需的过程[263]。对变形镜表面形状（影响函数）的建模，多年来一直是讨论的主题。为了描述一个实际 DM 的形状，需要做诸如有限元分析这样详细的计算，在计算中要考虑本节中所提到的所有参数。为了描述多驱动器变形镜，则需要采用有限元的方法的近似形式。

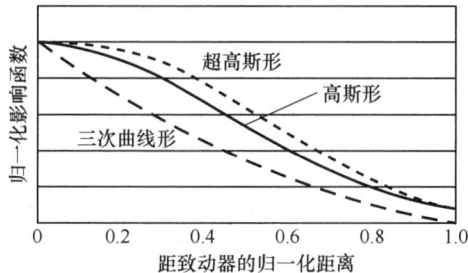

图 6.5　变形镜影响函数的解析形式：高斯 $\exp(-\beta r^2)$；超高斯 $\exp(-\beta r^{2.5})$；三次多项式

每一通道的空间响应（影响函数）有许多作者都讨论过。对于湍流校正，休晋得出了①活塞、高斯和金字塔影响函数；②一个变形镜样机的拟合误差[360]。塔拉年科（Taranenko）等人得出了柔性和刚性金属表面影响函数的指数形式的解析表达式[754]。他们还计算了作为材料参数函数的谐振频率，即

$$\nu_{res} = \frac{10.21h}{2\pi R^2}\sqrt{\frac{E}{12\rho(1-\sigma^2)}} \qquad (6.6)$$

式中：h 为平板厚度；ρ 为材料质量密度；R 为到最近固定点（如另一个驱动器）的距离；E 为杨氏模量；σ 为泊松比。

克拉弗林（Claflin）和巴拉卡特（Bareket）根据泊松方程计算了连续表面变形镜的影响函数，然后采用最小二乘原理将多通道变形镜的镜面拟合为泽尼克多项式以用于分析[140]。哈维（Harvey）和卡拉汉（Callahan）提出采用线性理论方法建立连续面型变形镜的校正能力与驱动器间距和波前自协方差长度之间的关系。对系统的这些考虑在 3.1 节和 3.5 节中已进行了详细讨论。

为了简化对整个自适应光学系统的分析和设计，人们通常考虑完全相同的、对称的影响函数模型[522]。固定边缘或独特图样的影响被当做对这组相同

的变形镜影响函数的扰动来处理[10]。如果考虑到每个驱动器是独立的，则这些函数 $Z(x, y)$ 的线性叠加就表示了该变形镜的面形 $S(x, y)$，即

$$S(x,y) = \sum_{i=1}^{N} A_i Z_i(x,y) \qquad (6.7)$$

这些驱动器振幅用变量 A_i 表示。假定厚度为 t 的平板上 πd_0^2 大小面积的区域受力为 W，且平板边缘不受约束（图6.6），每个驱动器独立运动，计算影响函数的形式[655]。转换为极坐标，半径为 R 的圆形平板上距离受力点中心为 r 处的形变位移为

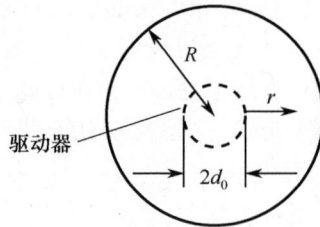

图6.6 通过分析平板的应力和应变可得到影响函数

当 $d_0 < r < R$ 时，

$$Z(r) = Y\left[\frac{(12m + 4)(R^2 - r^2)}{m + 1} \right.$$
$$\left. - \frac{2(m - 1)d_0^2(R^2 - r^2)}{(m + 1)R^2} - (8r^2 + 4d_0^2)\ln\frac{R}{r} \right] \qquad (6.8)$$

当 $r < d_0 < R$ 时，则

$$Z(r) = Y\left[4R^2 - 5d_0^2 + \frac{r^4}{d_0^2} - (8r^2 + 4d_0^2)\ln\frac{R}{d_0} \right.$$
$$\left. - \frac{2(m - 1)d_0^2(R^2 - r^2)}{(m + 1)R^2} + \frac{8m(R^2 - r^2)}{m + 1} \right] \qquad (6.9)$$

式中

$$Y = \frac{3W(m^2 - 1)}{16\pi Em^2 t^3} \qquad (6.10)$$

式中：E 为弹性模量；m 为泊松比的倒数[655]。当边缘受约束时，影响函数的形式略有不同。当 $d_0 < r < R$ 时，则

$$Z(r) = Y\left[4R^2 - (8r^2 + 4d_0^2)\ln\frac{R}{r} - \frac{2r^2 d_0^2}{R^2} - 4r^2 + 2d_0^2 \right] \qquad (6.11)$$

当 $r < d_0 < R$ 时，则

$$Z(r) = Y\left[4R^2 - (8r^2 + 4d_0^2)\ln\frac{R}{d_0} - \frac{2r^2 d_0^2}{R^2} + \frac{r^4}{d_0^2} - 3d_0^2 \right] \qquad (6.12)$$

尽管这些表达式相当精确，但是许多研究者还是采用了不同的解析表达式来简化他们的模型。对于驱动器分布图样为方形的情况，影响函数又保持了方形笛卡尔对称性，遵循如下的三次方形式[390]

$$Z(x,y) \propto (1 - 3x^2 + 2x^3)(1 - 3y^2 + 2y^3) \tag{6.13}$$

塔拉年科（Taranenko）等人[754]测量了铝板、铜板和钢板的影响函数，发现它们近似遵循高斯或超高斯形式，误差在 5% 之内：

$$对于铝板和铜板 \quad Z(r) = \exp(-\beta_1 r^2) \tag{6.14}$$

对于钢板

$$Z(r) = \exp(-\beta_2 r^{2.5}) \tag{6.15}$$

式中：$\beta_1 = 2.77$，$\beta_2 = 3.92$。实验中也发现了类似的高斯函数形式[263,357]。对比这些函数形式（图6.5）可知：尽管存在微小差异，但是这种简单形式——高斯形——相当好地表示了 DM 的影响函数。

在采用线性求和模型时会出现一个问题。如果所有的驱动器一致被推压时，该模型会呈现一个由等高凸峰组成的表面。这种波纹状的表面与刚性平板做成的实际仪器的表面不一致。因为负载是均匀分布的，镜面将会以活塞模式凸起，因此镜面是平整的而不是波纹状的。这种模型的表面看起来类似于背面被针顶着的薄膜，显示出一种所谓的"针形误差"效应。

由于耦合的发生，还会导致出现另一个问题。如果驱动器比面板的刚性强得多，那么耦合就很弱。在驱动器附近镜面沿着力的方向变形而在越过临近的驱动器后沿着力的反方向变形。这种形状常用 sin（r）/r 函数来表示，即

$$Z(r) = \frac{\sin\left(\frac{\pi r}{r_s}\right)}{r} \tag{6.16}$$

式中：r_s 为驱动器间的间距。

为了简化，高斯形（式（6.14））可用耦合系数 κ 表示为

$$Z(r) = \exp\left[\frac{\ln(\kappa)}{r_s^2}r^2\right] \tag{6.17}$$

驱动器可排列成各种各样的几何图样。许多简单的变形镜具有方形的笛卡尔布局（4、9 或 16 个驱动器）。为了避免在圆形光束之外的驱动器浪费，移除了角上的驱动器；这样，我们就见到了 21（5×5 减去 4 个角上的驱动器）、69（9×9 减去 12 个角上的驱动器）、241（17×17 减去 48 个角上的驱动器）和 941（35×35 减去 284 个角上的驱动器）等计数。最大化圆内驱动器的数目产生了 1、7、19、37、61、91 和 127 等六边形阵列。其数目简单地遵守如下的规律

$$1 + 6\sum_{n=1}^{N} n \tag{6.18}$$

式中：N 为环绕的六边形层数。

6.5 双压电校正镜

双压电 DM 由粘结在压电陶瓷片上的玻璃或金属镜面组成[373]。陶瓷在垂直于其表面的方向上极化。粘结剂通常是敷用后不会收缩的胶水。镜面和陶瓷之间的胶合界面包含导电电极。裸露的压电陶瓷被覆盖上许多独立的电极之后，前表面被抛光并镀膜形成了 DM 镜面。电线与单个的前电极和不同的后电极连接（图 6.7）。后电极的分布采用过许多不同的图样。斯坦豪斯（Stein-haus）和利普森（Lipson）使用导电涂层形成了一个有 12 个分块的分布图样[744]。阿德尔曼（Adelman）分析了一种同心圆分布的图样[5]，哈勒维（Ha-levi）则使用了由大、小方形组成的不同分布图样[317]。具有三圈同心圆环电极的 36 单元双压电镜优化后已用于 8.2m 斯巴鲁（Subaru）望远镜[593]。具有多达 133 个电极、采用厚膜压电驱动的模块化硅压电镜也有人报道过[667]。

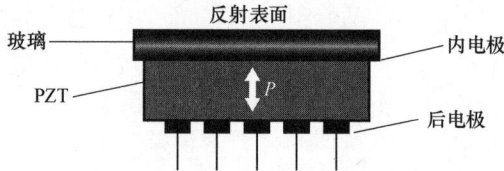

图 6.7 双压电变形镜截面图

当电压施加在前、后两个电极之间时，压电材料的尺寸会随电场和压电张量系数 d_{13} 变化[533]。忽略掉这些材料层的刚性，镜面的局部曲率半径 R 的变化正比于施加的电压 V，即

$$R = \frac{V d_{13}}{t^2} \qquad (6.19)$$

式中：t 为陶瓷加面板的厚度[467]。对于直径为 D 的后电极，中心与边缘之间的变形达到一个波长所需要的电压为

$$V_\lambda \approx \frac{2 t^2 \lambda}{D^2 d_{13}} \qquad (6.20)$$

因为校正器的局部**弯曲**正比于电压，所以双压电镜特别适合于与波前曲率传感器配合[467,646]。这就极大简化了波前控制，完全避免了中间的波前重构器。

不考虑迟滞性或去极化性，当 $d_{13} = 2 \times 10^{-12}$ m/V、$t = 1$mm、$D = 10$mm、$\lambda = 0.5\mu$m 时，式（6.20）给出的典型值为 50V[744]，这个范围的电压在实际应用中很容易满足。哈勒维的分析包括一个随时间变化的状态方程的解，以及镜面变形和谐振频率表达式[317]。

对基本设计的改进包括在第一个压电片上额外粘结一个具有相反极性的压电片。当电压施加到这种结构上时，一个压电片收缩而另一个伸展，虽然厚度没有增加，但这种相反的伸缩作用使得整个压电片像一个双金属条一样弯曲，而变形发生在上下表面上。针对无限大的厚板和有限大的方形厚板，科科罗斯基（Kokorowski）给出了此效应的一个详细分析[421]。

沃伦索夫等人通过使用导电面板，例如铜面板，而非分离的电极和玻璃面板改进了这种结构[835]。他们的双压电变形镜有 9 个后电极和 13 个后电极。两种配置，借助了倾斜模式控制方法。通过施加大约 30V 的电压，他们演示了对 0.1 个波长的像散、彗差和球差的校正。沃伦索夫等人还报道了一种具有 80mm 直径的致冷双压电镜的相关发展[835]。宁等人从响应函数和灵敏度方面分析对比了具有不同分层结构的双压电镜[568]。

6.6　薄膜镜和微机械镜

连续表面镜还有一种形式是**薄膜镜**[312]。如图 6.8 所示，反射膜置于一个透明电极和镜后的一系列独立电极之间。当没有施加电压时，薄膜为平面；当施加电压时，电极之间的静电引力将薄膜变成为想要的形状。表面的局部曲率可表示为

$$\nabla^2 z(x,y) = \frac{\partial^2 z(x,y)}{\partial x^2} + \frac{\partial^2 z(x,y)}{\partial y^2} = -\frac{P(x,y)}{T} \qquad (6.21)$$

式中：T 为薄膜张力（力/长度）；$P(x,y)$ 为位置 x，y 处的压强（力/面积）。薄膜悬挂在部分抽空的环境中以减小阻尼。对大行程设计，因为表面会趋于不稳定，所以需要把薄膜钉在电极上，因此阻尼是必需的[438]。在此情况下，加入流体来产生需要的阻尼。因为没有使用压电陶瓷，所以这种类型的镜子实际上不会显示出迟滞性。驱动器的密集度仅受限于如下的需要：将后电极放置得足够远，以便它们能承受薄膜偏转所需的电压，而不会把表面突然拉到衬底致使镜子损坏。

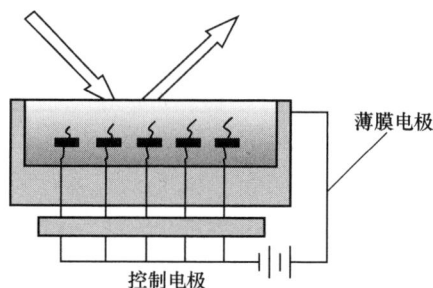

图 6.8　静电薄膜镜原理图

隆美（Takami）和伊耶（Iye）描述了在斯巴鲁望远镜中所用的一个薄膜镜[749]。该薄膜镜由 50mm 直径和 2μm 厚的硝化纤维制成，其允许的通光孔径为 25mm。镀的铝膜既可作为电极又可作为反射表面，带宽达 3.3kHz。另一种薄膜镜由海德堡大学制造，它是由置于玻璃窗口上的一个透明电极和 109 个六边形后电极之间的镀铝聚丙烯薄膜构成的[523]。这块镜子是克拉弗林和巴拉卡

特研究出来的，用作实验室内的像差发生器[140]。

薄膜的静电能与机械能之间的稳定性要求对其进行精心设计和制造[437]。被称为 MEMS 变形镜的一种新型的薄膜镜，是由硅或金属衬底上采用微机械技术制造的元件构成的[81,82,815]。MEMS 变形镜是最先实现批量生产的低成本自适应光学元件[613]。这些器件被做成了微芯片，可以是分块式的[338]也可以是连续表面[816,828]式的。即使产生高达 $20\mu m$ 的光学表面的机械变形，所用的电流也非常小[143]。由于它们的尺寸很小，因此一块镜子就可配置数千个驱动器[437]，并可与波前传感器和重构器集成在一块微芯片上（图 6.9）。

6.9　波士顿微机械公司的 9.3mm 口径微机电系统连续表面变形镜，这种静电驱动的子具有 1020 个驱动器（32×32 阵列，切掉四角）和 $1.5\mu m$ 的行程；其工作速度达 60kHz（图片由马萨诸塞州剑桥镇波士顿微机械公司提供）

大型望远镜所需的驱动器数目非常庞大（TMT 望远镜的驱动器高达 15000 个[843]）。MEMS 变形镜可采用模式法或区域法来驱动[87,459]。

6.7　边缘驱动镜

驱动器联结在光学表面边缘的变形镜可用于施加特定的低阶光学模式。通过移动与光学表面在同一平面上的驱动器，可产生对应于聚焦或像散的弯曲力矩。福索托（Fuschetto）展示了这样的一面原型镜[260]。尽管该镜被称为"三驱动器"镜，但它实际上是由六组成 $60°$ 夹角排列的压电材料堆组成（图 6.10）。镜子的衬底是钼，它有一个铍基座用于支撑，还有一个驱动器用的参考面。

分析表明：约 $10\mu m$ 的离焦和 $5\mu m$ 的像散可以用大约 100Hz 的带宽来校正。尼克尔斯（Nichols）等人[561,562]关于该镜子的报道中指出其性能超出预期，无论何时施加校正，各模式之间的耦合都小于 10%。

马林（Malin）等人[500]展示了一块由微晶玻璃制成的边缘驱动器，镜面呈正六边形，最大尺寸为 24 英寸（1 英寸 =25.4mm）。它通过以每圈 12 个、成两圈排布的电动驱动器产生变形，其中一圈与镜边缘相切，而另外 12 个施加径向力。这种配置既能产生弯曲力矩也能产生剪切力矩。实验测试表明离焦补偿量的峰谷值大于 $2\mu m$，像散校正量约为 $1.5\mu m$。

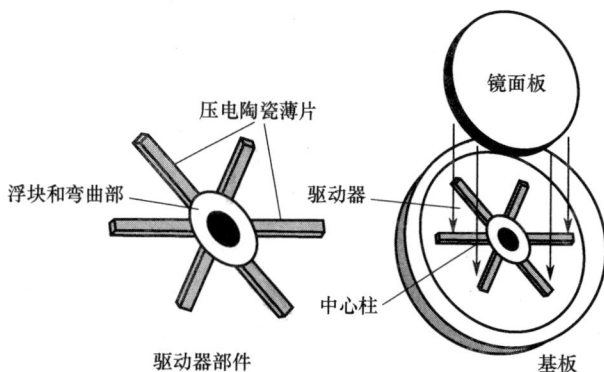

图 6.10 边缘驱动变形镜原理图

6.8 大型校正光学系统

在使用之前，大型光学系统由于受重力载荷和曲面制造困难的影响而会产生无法被消除的畸变。通过在大型主镜面板的后表面置入驱动器，可使得大型主镜变成能自校正的空间高频变形镜。它们可消除在光束传输和天文观测中所用的大型光学元件中出现的波前误差[38,59]。由于不存在"最优的"镜面面板厚度，因此需要进行性能平衡。薄面板的刚性较差，为维持对它的控制需要较多的驱动器。然而，如果增厚面板，则需要较大的驱动力。当镜子尺寸变得非常大时，需要对镜子进行分块。尽管分块镜允许使用薄面板，但是也需要增加新的控制机制以保持这些分块镜之间的准直和相位同步。

10m 口径的凯克望远镜[379,471,520,521,532]每架都是由 36 块活动的、0.9m 口径的分块镜组成，且每个分块块镜都具有独立的活塞控制和两轴倾斜控制[557,558]。凯克望远镜的分块式主镜并非用于补偿大气，设计采用分块控制主要是为了消除望远镜在运动时的局部振动和变形。为这两架凯克望远镜制造的自适应光学系统工作于近红外区域（1.0~2.2μm）[511]。自适应光学系统为其次镜提供了倾斜校正。

空间大型望远镜可以避免大气效应和重力畸变。国家航空航天管理局（NASA）、工业合作部门和一些大学正在开发口径大于哈勃空间望远镜的光学系统。詹姆斯·韦伯空间望远镜（JWST）的主镜展开后口径达 8m，该系统的观测波长设计为 0.5~12μm。JWST 将在各主镜瓣上安装驱动器，在光学系统的瞳面上安装变形镜。用于变形镜的大量轻质化技术研究已得到了开展[407,408]。

6.9 特殊校正器件

除了在 6.1 节 ~ 6.8 节中所描述的常规惯性校正器件和非线性相位共轭器

件之外，还有许多其他的器件可用于校正畸变波前。由于技术限制，它们只能用于一些专用领域。这些专用器件尚未显示出必要的健壮性，不适用于在大型系统中使用和在高功率环境或有害的热环境、振动环境等应用场合中使用。它们主要用于低功率光阀应用领域，如信号处理[675]、成像补偿[301]、频率滤波[253]和光计算[512]等。

6.9.1 液晶相位调制器

液晶器件已用于傅里叶平面滤波，以进行相干光处理和实时相关[644,223]。这些器件主要是进行强度变换，而不是传统自适应光学系统所需的相位变换。与薄膜相比，液晶的响应速度要低三个量级[354]；不过，开关调制通常要高于90%[802]。建模结果显示大气畸变可用液晶器件进行补偿[202,313]。在某些商业液晶系统中可能存在相当大的固定像差[330]。近来对平行排列的液晶空间光调制器（LC – SLM）的研究表明：对于具有大量像素（1920×480）的 LC – SLM，在校正掉一个 2.2λ 大小的像差后，其光学质量可达 0.124λ[117]。

在较低电压下，向列液晶[486]的折射率变化可达 0.2。文献［589］评估了光寻址液晶。电寻址阵列可用作相位调制器，在 15V 电压下相位变化高达 $2.0\mu m$[79]。目前，已有大量关于采用液晶校正器的自适应光学的演示或工作系统的报道[116,117,137,468,485,643]。

6.9.2 空间光调制器

空间光调制器（SLM）是一种转换器，根据输入的光信号或电信号来调制入射光。可以对光进行相位、强度、偏振或方向调制。光调制可通过各种电光或磁光效应来实现[118]。高密度电子电路与 SLM 技术集成后可制造出空间频率非常高的校正器件，在一英寸见方的区域内可获得 1000×1000 像素的阵列。这类器件在 50V 或更小电压的作用下可以以超过 100MHz 的速率实现完全偏转。一层金属聚合物薄膜撑在一张支撑网上后就可作为一个可变形的表面。霍恩贝克（Hornbeck）[354]开发了一款 128×128 像素、每个像素 $51\mu m$ 见方的器件，其峰值偏转达 155nm。

一种全光式自适应光学系统采用 SLM 作为校正元件[219,220]。单片 SLM 置于一个光电阴极和一个微通道板之后。微通道板的上升时间短于 1ns，增益超过 10^6，通道数超过一百万[877]。当一幅干涉图样被成像在光电阴极上时，释放的电子被微通道板放大后导向电光晶体，电光晶体根据电流做出响应。最终的变形是干涉图样的映射，可用作相位的共轭。一个干涉相位环路[487]显示了一个未补偿的信号光束是如何被这样一个器件校正的（图 6.11）。帧速率大于1.0kHz 条件下，在一个 5cm 的孔径上实现 1 百万像素的空间分辨率是有可能的[701]。另一种采用全光液晶相位调制器的干涉闭环结构也展示过[86]。该技术的另一例子是充电大阵列弯曲镜的高压电子束驱动器[848]。

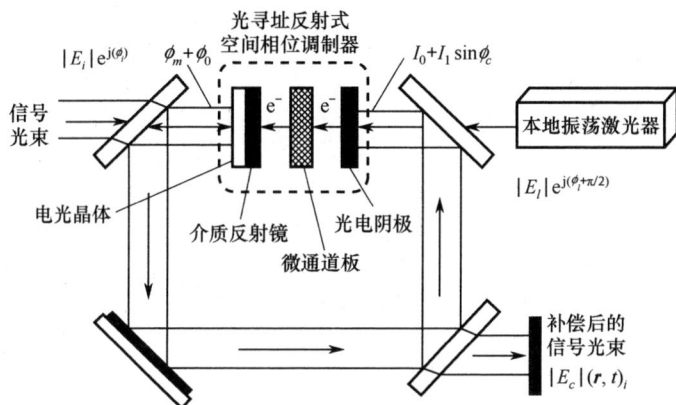

图 6.11　干涉环路中的空间光调制器

6.9.3　铁磁流体变形镜

镀有反射金属层的磁流体（铁磁流体）可被磁场驱动[442]。一种 37 个驱动器的磁流体变形镜显示出具有高达 $11\,\mu m$ 的行程和 $0.05\,\mu m$ 的残余平整度的性能[98]。

第 7 章 重构和控制

7.1 引 言

第 5 章中所描述的波前传感器通过测量波前的情况而产生代表波前的信号。区域和模式传感器都可以在某一特定系统中使用。由重构器来解析出那些信号的意义，然后控制系统必须确定如何处理这些信号并将它们传递给适当的校正器件。在第 4 章中，许多系统概念都把控制系统表述为一个"黑匣子"，即控制器接收波前传感器来的信号并将之魔法般地转换为施加于校正器件的信号。本章的目的就是消除控制器的神秘性，描述其隐藏于自适应光学控制系统之后的基本原理。

图 7.1 是一张结构相当复杂的框图，显示了信号从波前测量到校正系统所能采取的众多路径。在大多数情况下，这些路径中仅有一小部分被用到。然而，在许多情况下需要采用并行路径，系统通过一条路径来控制聚焦和倾斜等低阶像差模式，同时用一个变形镜来控制高阶波前像差。该方法已在许多自适应光学系统中得到了应用。在 7.3 节中将详细对这些控制方法的原理进行解释。

我将采用一套约定的术语把生成相位表达式的控制系统称为**直接的**系统，而把避免显式地测定相位的控制系统称为**间接的**系统[801]。由于相位重构被认为是一个基本的中间步骤，因此许多避开了该步骤的控制系统就被称为是**间接的系统**。这个说法从字面上来看似乎说反了，因为从波前数据到校正指令最直接的路线（较短的处理时间、较少的电连接、较少的软件等等）是避开中间的相位表达步骤。前文所述的相位表达可以具有多种形式，如连续相位图，波前在所有点都有取值；区域相位图，波前仅在特定位置的值是可知的；或模式相位图，相位可在任意点通过叠加每一模式的贡献而计算得到。另外，相位表达实际上也可以取不同点上的波前导数形式，甚或像差模式的导数形式。在任何情况下，只要该步骤是明确包含在控制系统中的，就认为它是**直接的**系统。

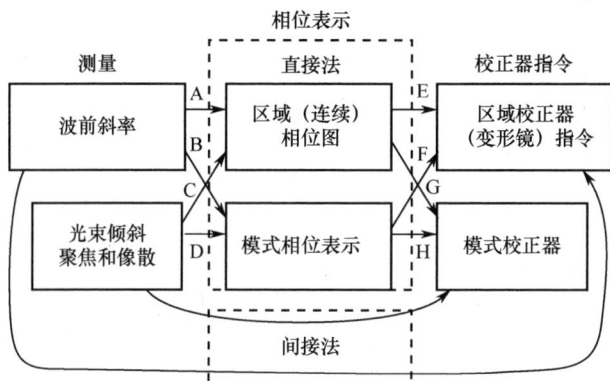

图 7.1 传统自适应光学系统中波前控制的不同路径

关于线性控制理论的书有很多[43,113,126,513,579,810]。本章将借鉴控制系统理论中的重要部分来说明它们是如何应用于特定的畸变波前补偿领域的。参考第 1 章，其中自适应光学曾被定义为一种**闭环**过程，现在有必要以一种更正式的方式来定义该术语的含义。

控制系统常常被归类为**过程控制**或**伺服控制**。前一种控制也被称为调节器控制，设计为使受控变量或输出保持为一个常数或一种期望值。人的体温调节系统就属于调节器控制类。人体总是试图将温度保持为一个常数值 98.6°F 而不受外部环境的干扰。伺服控制则不是要保持一个常数输出，而是随输入的变化而改变输出。输出机制像奴隶一样为输入这个主人**服务**；这就是"伺服机制"这一术语的由来。两类控制都是闭环控制，它们对来自于系统中其他地方的信息进行响应。

不过，**开环控制**并不需要用到反馈。在预定时刻进行一系列开关动作的顺序控制是开环控制的一个例子。这种控制方法在光学中也有应用，如望远镜必须随着地球的转动而指向某个特定的恒星，我们假定恒星的绝对位置在整个晚上都不会发生明显的改变！尽管自适应光学控制系统经常分析和管理的是许多并行通道的信息，但是实际上大部分系统都是基于单通道线性处理算法来工作的。7.2 节将从时间和频率方面来讲述单通道的控制问题。7.3 节将讲述并行控制的空间方面问题。受控的光学系统在其整个工作区间内或许并非是线性的；然而，总是可以认为光学和电子信号在控制工作点附近是线性的。我们可以使用经典的线性最优控制理论来设计和分析该系统[343,434]。

自适应光学控制系统可以是光学系统、模拟电子系统、数字电子系统，在某些情况下还可能是流体系统。控制的实际实现是由设计者完成的，而设计者往往受到成本和尺寸等因素的制约。波前传感器信号可集中在微伏大小的幅度上，而校正镜驱动器可能需要工作在千伏幅度上。液压驱动器需要由继动器和阀门或别的方式来控制。电子预处理、校准、信号放大、信号调理、电源调理、隔离和滤波等细节将不在本章中涉及。只有当这些特定过程成为基本自适应光学控制问题的一部分时再予以处理。电子噪声或数字化噪声等问题将按照标准方法来处理。

7.2　单通道线性控制

自适应光学系统的单通道控制是波前信息多通道控制的基础。它也可直接用于仅有倾斜信号作为输入和单模式定向镜作为输出的光束定向系统这类单通道自适应光学系统的控制。尽管两个正交倾斜轴可能是同时工作的，但是通常可以将每个轴设计为独立的线性控制系统进行操作。光束倾斜控制的例子（图 7.2）将用来作为讨论单通道线性控制的基础。输入光束从左边进入系统，扰动施加在光束上，光束由倾斜镜产生偏转。叠加了扰动的校正输出后被传感器测量，再经解调和放大后提供给控制器以确定校正度。然后，控制信号被解调和放大，并驱动倾斜镜中的驱动器来消除扰动。控制器的设计基于分析结果的迭代过程。通过分析，揭示出系统对输入或扰动变化的响应。如果响应不能令人满意，那么常常可以通过改变控制算法、放大器或倾斜镜本身来加以改善。

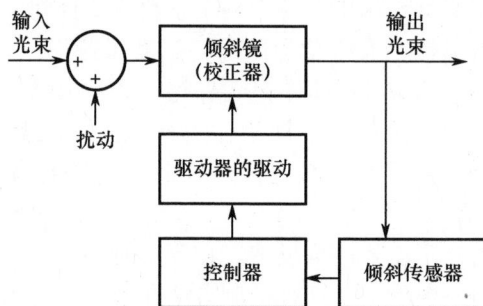

图 7.2　单通道光束倾斜闭环控制原理图

如果扰动突然从一个值变化到另一个定值，则需要输入一个阶跃函数。控制系统将存在一个特定的响应时间周期以使输出变化到新值。**瞬变**周期应该足够短，但是也不能太突然，以免造成系统的振荡响应或导致不可接受的超调。在瞬变衰减后，系统将显示为**稳态**响应。输入光束与输出光束之间的任何误差都应该很小。反馈，图 7.2 中显示为倾斜传感器——控制器路径，是线性系统控制的基本工作原理。在反馈环路中对参数的反馈和调节是为了减小参数变化效应、扰动效应，改善瞬变响应，并减小**稳态**误差。改变控制系统和其响应的主要方式是通过改变控制增益来实现的。可以把控制器视为一种误差信号放大器。对于大增益，系统响应更精确（因为小的变化也可以被注意到）也更快（因为倾斜镜对给定的输入响应更大，从而可以更快地到达其最终位置）。简单地提高增益来获得最优控制的坏处是倾斜镜的快速响应将导致超调，这是因为当倾斜镜到达期望位置时必然不能很快地停下来。由于超调必须通过连续施加计数驱动信号来补偿，因此系统振荡会增长。在最坏情况下，将由于不稳定而永远无法达到其正确值。为维持系统的相对稳定，应使响应超调保持在较小状态。为了快速响应而增大增益和为了稳定而减小增益之间的折衷是自适应光学各方面控制问题的核心所在。

7.2.1　基本控制工具

线性控制系统理论是个发展成熟的领域。绝大多数控制分析都用到了**拉普拉斯变换**。该变换广泛用于处理系统错综复杂的时间响应，而无需经常地在时间域内计算积分难题。通过把光学系统的运动方程变换到拉普拉斯空间，就可以通过相当直接的代数计算来确定和分析响应。拉普拉斯空间中的变量 s，是一个复数，其实部和虚部分别表示为 σ 和 $i\omega$，此处 ω 是频率，单位为弧度/秒。时间函数 $f(t)$ 的拉普拉斯变换定义为

$$F(s) = \mathscr{L}[f(t)] = \int_0^\infty f(t)e^{-st}dt \tag{7.1}$$

正如前面一个例子中提到的，评估一个控制系统的重要方法是观察它对阶跃输入的响应。一个具有固定振幅 A 的阶跃函数为：当 $t < 0$ 时，$f(t) = 0$；当 $t \geq 0$ 时，$f(t) = A$。该函数的拉普拉斯变换为

$$\mathscr{L}[f(t)] = \int_0^\infty Ae^{-st}dt = \frac{A}{s} \tag{7.2}$$

另一个常用于测试的输入是斜坡函数 $f(t) = At$，其拉普拉斯变换为

$$\mathscr{L}[At] = \frac{A}{s^2} \tag{7.3}$$

许多光学系统的瞬态响应是一个衰减的指数函数 $f(t) = Ae^{-\alpha t}$，其变换为

$$\mathscr{L}[Ae^{-\alpha t}] = \frac{A}{s + \alpha} \tag{7.4}$$

上述这些拉普拉斯变换以及许多其他的拉普拉斯变换可查找手册和表得到[1]。它们广泛用于建立物理现象 $f(t)$ 与控制现象 $F(s)$ 之间的联系。这些变换方法如何使用以及它们如何与控制分析语言联系起来将在下面介绍。

7.2.2　传递函数

如果一个系统的输入由函数 $r(t)$ 表示，输出由函数 $c(t)$ 表示，并假定零初始条件($c(0) = 0, r(0) = 0$)，则线性系统的动态特性可用微分方程表示为

$$\frac{d^n c(t)}{dt^n} + a_{n-1}\frac{d^{n-1}c(t)}{dt^{n-1}} + \cdots + a_1\frac{dc(t)}{dt} + a_0 c(t) =$$

$$b_m \frac{\mathrm{d}^m r(t)}{\mathrm{d}t^m} + \cdots + b_1 \frac{\mathrm{d}r(t)}{\mathrm{d}t} + b_0 r(t) \tag{7.5}$$

如果这两个函数的拉普拉斯变换定义为

$$C(s) = \mathscr{L}[c(t)] \tag{7.6}$$

$$R(s) = \mathscr{L}[r(t)] \tag{7.7}$$

则微分方程变成下面的代数方程为

$$(s^n + a_{n-1}s^{n-1} + \cdots + a_1 s + a_0)C(s) = (b_m s^m + \cdots + b_1 s + b_0)R(s) \tag{7.8}$$

系统的**传递函数** $G(s)$ 是输出与输入的拉普拉斯变换之比，即

$$G(s) = \frac{C(s)}{R(s)} \tag{7.9}$$

那么输出的变换 $C(s)$ 就是系统的传递函数与输入的变换的乘积

$$C(s) = G(s)R(s) \tag{7.10}$$

这是 1.3 节中空间光学传递函数的讨论在时间域的等价形式。

零初始条件假设问题可采用叠加原理加以解决：线性系统的响应是输入响应与初始条件响应之和。如果控制系统包括两个器件，各自的传递函数为 G_1 和 G_2，则线性理论指出：该系统的开环传递函数是各器件传递函数的乘积，即

$$G(s) = G_1 G_2 \tag{7.11}$$

如果反馈环路的传递函数（例如，传感器件）表示为 $H(s)$，则闭环传递函数是开环传递函数除以 1 加环路增益函数（环的所有传递函数之积）之和的商，即为

$$\frac{C(s)}{R(s)} = \frac{G_1 G_2}{1 + G_1 G_2 H} \tag{7.12}$$

下面用一个例子来解释如何采用这些方法来确定一个控制系统的性能。考虑类似于图 7.3 中所示的一个系统。假定第一个器件的 G_1 由增益为 K 的简单放大器组成。第二个器件是电压驱动的倾斜镜，其输出位置与施加的电压的关系由下面的传递函数表示，即

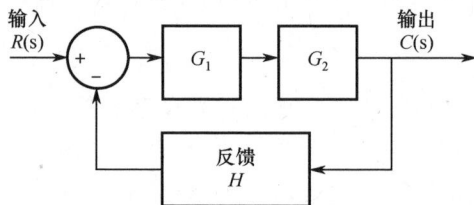

图 7.3 闭环传递函数

$$G_2(s) = \frac{0.5}{s(0.25s + 1)} \tag{7.13}$$

假设反馈为 $1(H(s) = 1)$，我们想要测定系统对单位阶跃输入的输出响应。换句话说，我们需要得到镜子收到值为 $+1$ 的指令后的 t 时刻的倾斜镜的输出位

置 $c(t)$ 的表达式。单位阶跃输入的拉普拉斯变换是 $R(s) = 1/s$。输出变换 $C(s)$ 是输入变换与系统传递函数的乘积，即

$$C(s) = R(s)G_{sys}(s) \tag{7.14}$$

根据前面所述，我们知道

$$G_{sys}(s) = \frac{KG_2(s)}{1 + KG_2(s)} \tag{7.15}$$

输出变换为

$$C(s) = \frac{2K}{s(s^2 + 4s + 2K)} \tag{7.16}$$

我们想要的结果是

$$c(t) = \mathscr{L}^{-1}C(s) \tag{7.17}$$

有许多方法可用来求解式（7.16）的逆变换。最简单的方法就是直接求拉普拉斯逆变换，可查表得到[1]。式（7.16）的逆变换由下式给出

$$\mathscr{L}^{-1}\left[\frac{\omega^2}{s(s^2 + 2\zeta\omega s + \omega^2)}\right] = 1 + \frac{1}{\sqrt{1 - \zeta^2}}e^{-\zeta\omega t}\cos(\omega\sqrt{1 - \zeta^2}t + \theta) \tag{7.18}$$

此处

$$\theta = \arctan\left[\frac{\sqrt{1 - \zeta^2}}{\zeta}\right] + \frac{\pi}{2} \tag{7.19}$$

在式（7.18）中代入适当的常数 $\omega = \sqrt{2K}$ 和 $\zeta = \sqrt{\frac{2}{K}}$ 后，输出的镜面位置变为

$$c(t) = 1 + \frac{1}{\sqrt{1 - \frac{2}{K}}}e^{-2t}\cos(\sqrt{2K - 4}t + \theta) \tag{7.20}$$

相角 θ 为

$$\theta = \left(\arctan^{-1}\sqrt{\frac{K}{2} - 1}\right) + \frac{\pi}{2} \tag{7.21}$$

对式（7.20）的分析揭示了该解的一些特征。首先，该解仅对增益值 $K > 2$ 有效；在 $K = 2$ 时存在奇异性，当增益值更小时解为虚数。其次，很容易找到稳态解，当 $t \to \infty$ 时 $c(t) \to 1.0$。第三，对于高增益解，镜子响应迅速，缺点是在瞬变过程中会超调。最大超调量就是指数项之前的部分 $1/\sqrt{1 - 2/K}$。对于接近非稳态的增益，超调量很大（$K = 4$，超调量 $= 41\%$）。增益增大，超调量减小（$K = 10$，超调量 $= 11\%$），但是振荡仍很大，增加了趋于稳态的稳定时间。

对于增益小于 2 的情况，我们必须使用另一种求解方法。采用部分分式展开法确定系统的特征行为，并检验控制理论中较为常用的一些项。将式（7.16）展开为如下的部分分式

$$C(s) = \frac{2K}{s(s^2 + 4s + 2K)} = \frac{A'}{s} + \frac{B'}{s+a} + \frac{C'}{s+b} \tag{7.22}$$

带上标的常数被称为是输出响应的**留数**。分母中的项 $s^2 + 4s + 2K$ 可分解为 $(s+a)(s+b)$ 的形式，此处 $a = 2 + 2\sqrt{1 - K/2}$，$b = 2 - 2\sqrt{1 - K/2}$。留数可通过将 $C(s)$ 乘以适当的项并在极点处计算得到

$$A' = [sC(s)]_{s=0} = \left[\frac{2K}{(s+a)(s+b)}\right]_{s=0} = \frac{2K}{ab} = 1 \tag{7.23}$$

$$B' = [(s+a)C(s)]_{s=-a} = \left[\frac{2K}{(s)(s+b)}\right]_{s=-a}$$
$$= \frac{2K}{-a(b-a)} = \frac{2K}{a(a-b)} \tag{7.24}$$

$$C' = [(s+b)C(s)]_{s=-b} = \left[\frac{2K}{(s)(s+a)}\right]_{s=-b} = \frac{2K}{-b(a-b)} \tag{7.25}$$

结果得到输出变换在化简后的分式表达式为

$$C(s) = \frac{1}{s} + \frac{\dfrac{2K}{8\sqrt{1-\dfrac{K}{2}} + 8 - 4K}}{s+a} + \frac{\dfrac{2K}{-8\sqrt{1-\dfrac{K}{2}} + 8 - 4K}}{s+b} \tag{7.26}$$

对式（7.27）求拉普拉斯逆变换，若 $K < 2$，则输出随时间的依赖关系为

$$c(t) = 1 + \left[\frac{K}{4\sqrt{1-\dfrac{K}{2}} + 4 - 2K}\right]e^{-at} + \left[\frac{K}{-4\sqrt{1-\dfrac{K}{2}} + 4 - 2K}\right]e^{-bt} \tag{7.27}$$

该表达式也能正确地收敛到稳态解，当 $t\to\infty$ 时，$c(t)\to 1$，且没有显示出高增益情况下出现的强烈振荡现象。

从式（7.26）可知传递函数和输入、输出的变换一般来说都是 s 的多项式的比值。表达式的零点是分子多项式的根，**系统零点**是系统传递函数 $G(s)$ 分子的根。类似的，**极点**是分母的根，**系统极点**是系统传递函数 $G(s)$ 分母的根。当我们想要检验控制系统的稳定性时，系统极点就显得极为重要。由于拉普拉斯变量是复数，$s = \sigma + i\omega$，极点可在复平面上用点来绘出。对于自适应光学中所使用的控制系统，瞬态解应该衰变为零。这种情况发生在所有的实极点和所有复极点的实部都是是负数的时候，即位于复平面的左半部分。在式（7.26）中，针对不同增益 K 计算极点 $-a$ 和 $-b$，可显示出它们的稳定区间。如果用一个指数来表示瞬变过程，则系统时间常数是指数项衰减为初始值的 $e^{-1} = 0.368$ 倍处所需的时间。

设计满足系统性能要求的一个稳定控制系统，就简化为建立一个具有适当特征的传递函数。例如，一个倾斜镜或多驱动器变形镜因运动中的质量体的惯

性将受到机械约束，这是处理**惯性**自适应光学系统时面临的一个直接后果。具有增益 K 和时间常数 $\tau = I/\gamma$ 的电机位置伺服器将具有如下所示的传递函数

$$G_{\text{motor}} = \frac{K}{s(\tau s + 1)} \tag{7.28}$$

式中：I 为惯量；γ 为阻尼常数。驱动一个大质量体（大惯量）的伺服电机来响应光信号是很困难的。为了快速驱动它要求增益很大，但是一旦它开始运动后，要使之停下来也同样很困难。这就会导致严重的超调。可采用增大阻尼法及其它各种反馈方法来减小超调，例如，正比于系统速度的阻尼是非常有用的。如果随着速度增加而增大阻尼，则超调量可被截断。有关**速度反馈法**和其他对特定传递函数特性的反馈进行截断的方法的详细讨论，可在专注于这些特定设计问题研究的大量原始资料中找到[127,435]。

7.2.3 比例控制

如果一个输入信号 r 控制着一个输出 c，且输出是输入的线性函数 $c = Kr$，那么就认为该系统具有**比例**控制器。如果比例常数，即增益 K 很大，则输出对输入中极小的变化都能响应。具有这种特征的系统，输入中仅仅是微小的变化也会导致输出在最小值到最大值之间变化。这种"开关"式控制是控制的一种基本形式。当增益较低时，输出随输入平滑而线性地响应，这是一种真正的比例控制器。如果在输出端附近增加阻尼，以使系统响应缓慢并随着时间增长而累积能量（如给表上发条一样），则控制器就是一种比例积分（PI）控制器。最后的稳态输出将是线性部分（比例）与时间累积部分（积分）的组合。该系统的传递函数是比例和积分部分的求和，$G(s) = K_p + K_i/s$。由于进行控制所需的能量发生了累积，这类系统会显示出超调现象。

当在输入端附近加入阻尼时，控制是比例控制及其微分的组合。比例微分控制器的传递函数是 $G(s) = K_p + K_d s$。注意：积分的拉普拉斯变换是 $1/s$，而微分的拉普拉斯变换是 s。这些类型的控制已采用机械方法（弹簧 – 质量 – 阻力）、电子方法（电阻 – 电容 – 电感）和流体方法（流体阻力 – 惯性 – 可压缩性）实现了[810]。

7.2.4 一阶和二阶滞后

系统时间常数的重要性可通过观察一种非常常见的控制性能 – **滞后** – 而看出。它的传递函数为

$$G(s) = \frac{1}{\tau s + 1} \tag{7.29}$$

对于阶跃输入 $R(s) = 1/s$，输出变换变为

$$C(s) = \frac{\dfrac{1}{\tau}}{s\left(s + \dfrac{1}{\tau}\right)} = \frac{1}{s} + \frac{-1}{s + \dfrac{1}{\tau}} \tag{7.30}$$

上式的逆变换是瞬变响应

$$c(t) = 1 - e^{-t/\tau} \tag{7.31}$$

第一项是受迫解，而第二项是由于系统极点在 $-1/\tau$ 处而引起的瞬变。当 $e^{-t/\tau} = e^{-1}$ 或 $t = \tau$ 时，输出减小为其初始值的 0.368 倍。这样，对于一个简单的滞后 $G(s)$，其时间常数就是 τ。该系统的稳定性很容易确定。如果极点 $-1/\tau$ 是正的，则指数增加而非衰减，这就是一种非稳态。对于稳态情况，$\tau > 0$，响应速度可通过减小时间常数而变得更快。

在 7.2.2 节的例子中，式（7.16）是一种非常常见的形式。输出变换具有如下形式

$$C(s) = \frac{\omega^2}{s(s^2 + 2\zeta\omega s + \omega^2)} \tag{7.32}$$

式中：ω 为无衰减的固有频率；ζ 为阻尼比。对于 $\zeta > 1$，系统是过阻尼的（见式（7.19））。瞬变过程是两个指数衰减项之和，其表达式为

$$1 + ae^{-\omega(\zeta + \sqrt{\zeta^2 - 1})} + be^{-\omega(\zeta - \sqrt{\zeta^2 - 1})} \tag{7.33}$$

这就等于说该系统是一系列简单滞后的串联，称为**二阶滞后**。对于 $\zeta < 1$（对应于 7.2.2 节中 $K > 2$ 的情况），系统是欠阻尼的，会发生超调现象。瞬变项是与共振频率 $\omega\sqrt{1 - \zeta^2}$ 有关的固有频率不断衰减的振荡，衰减幅度为 $e^{-\zeta\omega t}$，系统时间常数为 $\tau = 1/(\zeta\omega)$。

一阶或二阶滞后控制器的重要特性可用一些对系统性能来说很重要的参数来概括。系统达到其稳态值的 5% 所需要的时间大约为 3τ。达到稳态值的 2% 需要的时间为 4τ。超调百分比 $W_\%$ 为

$$W_\% = 100\exp\left(\frac{-\pi\zeta}{\sqrt{1 - \zeta^2}}\right) \tag{7.34}$$

到达其峰值的时间为

$$\tau_{\text{peak}} = \frac{\pi}{\omega\sqrt{1 - \zeta^2}} \tag{7.35}$$

7.2.5 反馈

反馈是用来减小控制系统超调的，7.2.2 节中描述的就是一个在自适应光学控制中常用的反馈例子。反馈主要用于减小控制输出对输入或外部扰动变化的灵敏度。式（7.12）代表了具有如图 7.3 所示的反馈环的标准控制。闭环的传递函数 $T(s)$ 由下式给出

$$T(s) = \frac{C(s)}{R(s)} = \frac{G_1 G_2}{1 + G_1 G_2 H} \tag{7.36}$$

式中：H 为反馈。如果环增益，即环的传递函数的乘积 $G_1 G_2 H \gg 1$，则 $T(s) = 1/H(s)$；也就是说，闭环传递函数完全依赖于反馈。反映这种关系的灵敏度是闭环传递函数的变化与正向通路传递函数的变化之比值，由下式给出

$$灵敏度 = \frac{\partial \ T(s)/T(s)}{\partial \ (G_1 G_2)/(G_1 G_2)} = \frac{1}{1 + G_1 G_2 H} \tag{7.37}$$

静态灵敏度采用 $s \to 0$ 来估计，随频率 ω 而变的动态灵敏度根据 $s = i\omega$ 来估计。提高环增益有助于减小对参数变化和扰动的敏感度。对于单位反馈系统（$H = 1; G(s) = G_1(s) G_2(s)$），稳态误差为

$$\varepsilon_{ss} = \lim_{t \to \infty}[c(t) - r(t)] = \lim_{s \to 0} \frac{sR(s)}{1 + G(s)} \tag{7.38}$$

假定 $G(s)$ 的一种通用形式为

$$G(s) = \frac{K(\alpha_k s^k + \cdots + \alpha_1 s + 1)}{s^n(\beta_l s^l + \cdots + \beta_1 s + 1)} \tag{7.39}$$

增益 K 是传递函数的增益（当常数项为 1 时），即

$$K = \lim_{s \to 0} s^n G(s) \tag{7.40}$$

分母中 s 的指数 n 代表型数。因为，根据拉普拉斯变换，每个 s 都代表一个积分器，所以型数就代表了 $G(s)$ 中的积分数。$n = 0$ 时对应位置误差常数 K_p；$n = 1$ 时对应速度误差常数 K_v；$n = 2$ 时对应加速度误差常数 K_a。更高阶的常数也很容易计算，但不像这样好命名。无论是第几型控制，其稳态误差都可由下式简单计算，即

$$\varepsilon_{ss} = \lim_{s \to 0} \frac{sR(s)}{1 + \left(\dfrac{K}{s^n}\right)} \tag{7.41}$$

例如，对于 0 型控制的阶跃输入（$R(s) = 1/s$），$\varepsilon_{ss} = 1/(1 + K)$。对于 2 型控制的斜坡输入（$R(s) = 1/s^2$），$\varepsilon_{ss} = 0$。这表明 0 型控制可对阶跃输入响应，但具有固定的稳态误差。类似的分析表明 0 型控制对更高阶的输入不能响应（即 $\varepsilon_{ss} = \infty$）。2 型控制具有两个积分器，对阶跃和斜坡输入都有响应，且没有稳态误差，对二阶（加速度）输入具有固定的稳态误差。本节中描述的基本原理是灵敏度、扰动响应和稳态误差都可以通过增大增益来改善。反馈也可用于增大动态响应。在 7.2.2 节中提到的速度反馈在控制自适应光学波前补偿设备中具有各种不同的应用，这些内容将在涉及到的地方进行描述，不过读者也可以参考大量的其他大量的、对设计原理和应用具有详细解释的教科书[113,579]。

7.2.6 控制系统的频率响应

自适应光学控制系统经常需要对周期性的动态输入信号作出响应，特别是

需要对高频噪声或特定频率范围（带宽）内的信号作出响应。线性二次高斯控制法是常用到的控制方法[616,617]。基于拉普拉斯变换方法所进行的频响分析，使控制的设计者得以观察频率域内的系统响应和系统稳定性[480,481,482]。

传递函数为 $G(s)$ 的控制系统对正弦输入 $r(t) = A\sin(\omega t)$ 的响应非常令人感兴趣。采用拉普拉斯变换，输出的变换将为

$$C(s) = \frac{A\omega G(s)}{s^2 + \omega^2} = \frac{A'}{s + i\omega} + \frac{B'}{s - i\omega} + \cdots \tag{7.42}$$

展开系数可采用如下的部分分式法得到，即

$$A' = \frac{AG(-i\omega)}{-2i} \tag{7.43}$$

$$B' = \frac{AG(i\omega)}{2i} \tag{7.44}$$

逆变换后，这种受迫响应为

$$c(t) = \frac{A[-G(-i\omega)e^{-i\omega t} + G(i\omega)e^{i\omega t}]}{2i} = AW(\omega)\sin[\omega t + \phi(\omega)] \tag{7.45}$$

式中：W 为输出与输入幅值之比，即

$$W(\omega) = \sqrt{g_r^2(\omega) + g_i^2(\omega)} \tag{7.46}$$

参数 g_r 和 g_i 是传递函数 $G(s)$ 在 $s = i\omega$ 处取值的实部和虚部，即 $G(s)|_{s=i\omega} = g_r(\omega) + ig_i(\omega)$。相应的相角是输出相对于输入的延迟，即

$$\phi(\omega) = \arctan\frac{g_i}{g_r} \tag{7.47}$$

从该结果我们可知在通常的正弦输入情况下究竟发生了什么。输出仍保持形状不变（正弦函数），而幅度衰减了 $W(\omega)$ 倍，相位延迟了 $\phi(\omega)$。一阶滞后控制会产生一个常见的结果。滞后的传递函数为

$$G(s) = \frac{K}{s\tau + 1} \tag{7.48}$$

式中：增益 K 和时间常数 τ 是给定的。对于正弦输入，频响函数是

$$G(i\omega) = \frac{K}{i\omega\tau + 1} \tag{7.49}$$

其幅值为

$$W(\omega) = \frac{K}{\sqrt{1 + (\omega\tau)^2}} \tag{7.50}$$

相角为

$$\phi(\omega) = -\arctan\omega\tau \tag{7.51}$$

尽管该例子仅考虑了一阶滞后控制，但其结果仍可用于性能分析。大多数实际控制系统都是不同控制的组合。

控制系统通常由增益器、积分器、微分器、超前器件或滞后器件组成。增益用符号 K 来表示，即

$$K = \lim_{s \to 0} s^n G(s) \tag{7.52}$$

n 个积分器用 $1/(i\omega)^n$ 表示，n 个微分器用 $(i\omega)^n$ 表示。一阶滞后用 $1/S = 1/(i\omega\tau + 1)$ 表示，一阶超前用 $S = (i\omega\tau + 1)$ 表示。二阶滞后为 $1/Q = 1/[(i\omega/\omega_n)^2 + 2\zeta(i\omega/\omega_n) + 1]$，二阶超前为 $Q = (i\omega/\omega_n)^2 + 2\zeta(i\omega/\omega_n) + 1$。因此频响函数的常用形式可以表示为

$$G(i\omega) = \frac{K}{(i\omega)^n} \cdot \frac{S_1 S_2 \cdots}{S_{k+1} S_{s+2} \cdots} \cdot \frac{Q_1 Q_2 \cdots}{Q_{l+1} Q_{l+2} \cdots} \tag{7.53}$$

将时间常数 τ、阻尼比 ζ 和固有频率 ω_n 代入即可得到必要的信息来考察系统的响应。如果 M 个控制器顺序串联起来，则其响应 $G(i\omega)$ 就是各响应的乘积，幅值相乘，相角相加，如下式所示，得

$$G(i\omega) = \prod_{j=1}^{M} G_j = W_1 e^{i\phi_1} W_2 e^{i\phi_2} \cdots = W_{tot} e^{i\phi_{tot}} \tag{7.54}$$

式中

$$W_{tot} = \prod_{j=1}^{M} W_j \tag{7.55}$$

$$\phi_{tot} = \sum_{j=1}^{M} \phi_j \tag{7.56}$$

绘制 $W(\omega)$ 或 $\phi(\omega)$ 关于 ω 的曲线图是观察控制系统性能时的一种简单图形方法。绘制性能曲线图的传统方法由波德（Bode）[810] 首创，采用的是对数频率尺度。幅值 W 以分贝（dB）为单位表示，相角以度表示。我们可以如上段所述分开处理组合在一起的增益、积分（或微分）和滞后（或超前）等控制器。增益的波德图就是位于 $W(dB) = 20\lg K$ 和 $\phi = 0^0$ 处的一条水平直线。

其他控制参数的波德图相对来说也是比较易懂的。n 个积分器的表达式为 $W(dB) = 20\lg|i\omega|^{-n} = -20n\lg\omega$。在对数尺度上，积分器的幅值图形是在 $\omega = 1$ 处与 0dB 轴相交斜率为 $-20n$dB/十倍程的一条直线。相角不是频率的函数，而是一个常数 $\phi = -n90°$。微分波德图则是积分波德图关于 0dB 和 0°轴的镜像。

时间常数为 τ 的一阶滞后的幅值依赖关系为

$$W(dB) = 20\lg[1 + (\omega\tau)^2]^{-1/2} \tag{7.57}$$

相角依赖关系为 $\phi = -\arctan(\omega\tau)$。对于非常低的频率（$\omega\tau \ll 1$），幅值 W 和相角分别渐进地趋于 0dB 和 0°。对于较高的频率（$\omega\tau \gg 1$），幅值 W 渐进地趋于 $-20\lg\omega\tau$，而相角则渐进地趋于 90°。这两条渐近线在拐点频率 $\omega\tau = 1$ 处相交。一阶超前具有与滞后相似的特征，只是其波德图是后者关于 0dB 和 0°轴的镜像。

一个更复杂却常见的控制是二阶滞后或超前。与对时间常数的简单依赖关系不同，二阶滞后或超前与响应和衰减特性紧密相随。二阶滞后的幅值为

$$W(dB) = 20\lg\left[\left(1 - \frac{\omega^2}{\omega_n^2}\right)^2 + \left(\frac{2\zeta\omega}{\omega_n}\right)^2\right]^{-1/2} \tag{7.58}$$

参数 ω_n 是系统的固有频率。相角服从表达式

$$\phi = - \arctan \frac{2\zeta\omega/\omega_n}{1 - \omega^2/\omega_n^2} \tag{7.59}$$

对于远低于固有频率的频率（$\omega \ll \omega_n$），$W \to 0\text{dB}$，$\phi \to 0°$。对于远高于固有频率的频率（$\omega \gg \omega_n$），$W \to -40\lg(\omega/\omega_n)$，$\phi \to -180°$。对于接近于固有频率的频率，则应该使用式（7.58）。谐振峰的形状主要由阻尼比 ζ 确定，对于小的 ζ 值，幅值峰非常尖锐，相角在 $0°$ 到 $180°$ 的范围内急速变化。二阶超前的波德图与二阶滞后的波德图类似，也是后者关于 0dB 和 $0°$ 轴的镜像。

如图 7.4 ~ 图 7.9 所示为不同控制器的波德图。图 7.4 中积分器的增益波德图显示出与基于积分器数目有关的特征斜率。图 7.5 中的相角为常数。图 7.6 和图 7.7 中一阶滞后控制器的波德图显示其拐点频率在 $1/\tau$ 处。设计者可将控制"调节"到一个特定频率的特性上。类似的，设计者也可以通过选择二阶滞后或超前的共振而调节响应。图 7.8 中峰值的位置与共振频率和峰宽有关，图 7.9 中相角变化的尖锐度与衰减因子的选择有关。

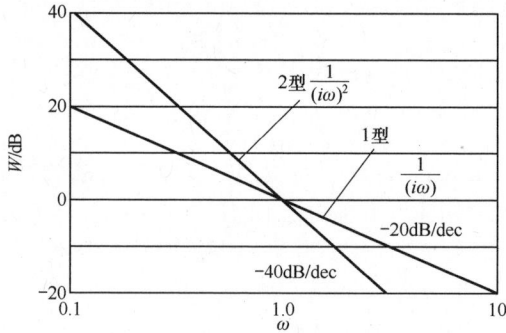

图 7.4 积分器增益波德图

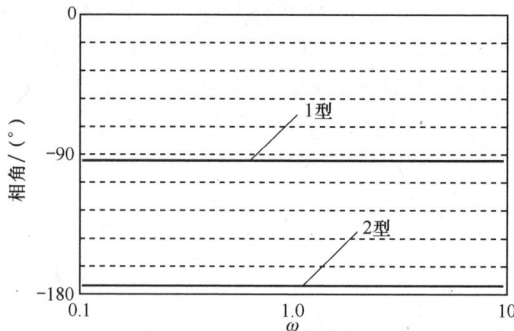

图 7.5 积分器相位波德图

增益、超前、滞后、积分等等的组合对于波德图来说是个很简单的过程。因为纵轴对应的是幅值 $W(\omega)$ 对数，且 W 是可以相乘的，所以来自每个控制器的波德图都可以相加。类似的，相角的波德图基于线性标尺，可以累加；因此来自不同贡献的相角也是可以相加的。

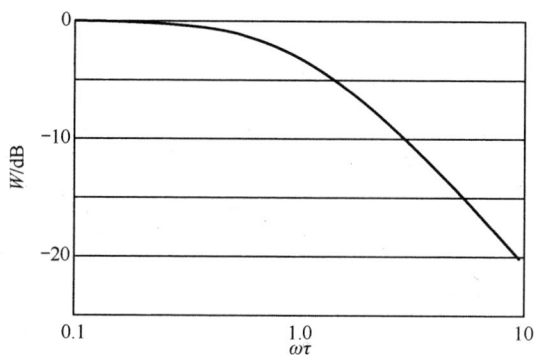

图 7.6 一阶滞后增益波德图

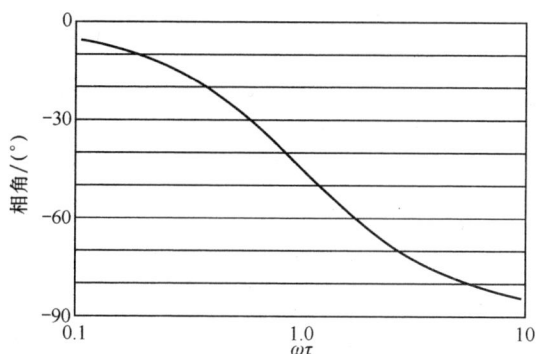

图 7.7 一阶滞后相位波德图

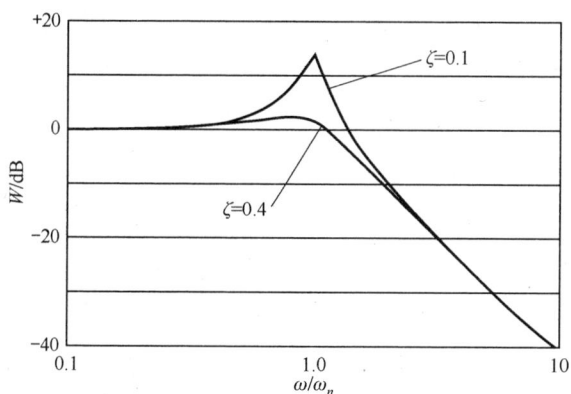

图 7.8 二阶滞后增益波德图

　　波德图对分析开环稳定系统非常有用。有两个重要的定义来自于对波德图的分析。**相位裕量**定义为在**交叉频率**处（此处幅值曲线与 0dB 轴交叉）的相角再加上 180°后的和。**增益裕度**定义为 1 除以相角为 - 180°所对应频率处的幅值的商。对于闭环系统，频响由许多特征确定。许多控制系统具有二阶滞后形式

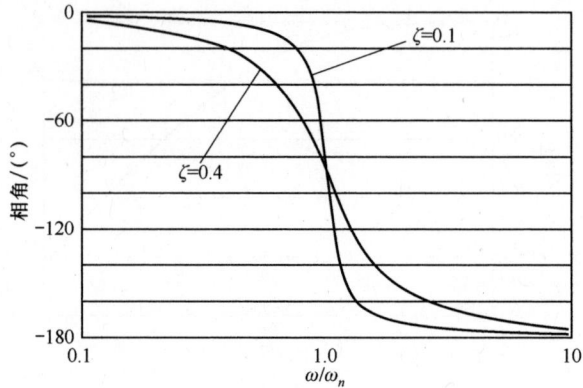

图 7.9 二阶滞后相位波德图

$$\frac{C(i\omega)}{R(i\omega)} = \frac{1}{\left(\dfrac{i\omega}{\omega_n}\right)^2 + 2\zeta\left(\dfrac{i\omega}{\omega_n}\right) + 1} \tag{7.60}$$

幅值 W 为

$$W(\omega) = \frac{1}{\sqrt{\left(1 - \dfrac{\omega^2}{\omega_n^2}\right)^2 + \left(\dfrac{2\zeta\omega}{\omega_n}\right)^2}} \tag{7.61}$$

谐振峰是对相对稳定性的度量。如果该函数的最大值爬得不太高，则系统相对来说比较稳定。幅值峰值 W_{peak} 依赖于阻尼比，即

$$W_{\text{peak}} = \frac{1}{2\zeta\sqrt{1-\zeta^2}} \tag{7.62}$$

系统**带宽**代表了控制系统的响应速度。它定义为 W 大于其直流（DC）值（$\omega = 0$ 处的值）的 $\sqrt{2}/2$（或 0.707）倍之上的频率范围。根据式（7.61），带宽 B 为

$$B = \omega_n\left(1 - 2\zeta^2 + \sqrt{2 - 4\zeta^2(1-\zeta^2)}\right)^{1/2} \tag{7.63}$$

谐振峰不会出现在固有频率 ω_n 处。求式（7.61）的导数，我们可以看到谐振峰发生在频率 $\omega_p = \omega_n\sqrt{1-2\zeta^2}$ 处。由式（7.62）和式（7.63）可见，低阻尼比 ζ 意味着严重的谐振峰和对阶跃输入的超调。不过，通过降低衰减率来增大带宽 B 会导致稳定时间缩短并使得对阶跃输入具有更短的上升时间。这种妥协是所有的控制系统设计者都需要时刻考虑的，它是自适应光学系统以及许多其他主动控制方面所面临的一个主要问题。

7.2.7 数字控制

在 7.2.3 节 ~7.2.5 节中所提到的每一种控制结构都可用于许多类型的自适应光学问题。模拟计算机和硬接线电路，例如电阻 - 电容 - 电感网络[302]，

可以实现各种传递函数。数字计算机的灵活性使得控制可以用软件而非硬件来实现，极大地降低了修改控制甚至实时改变控制（自适应控制）的难度[36]。自适应光学系统处理的几乎总是多变量的控制。必须同时调节多个输入和输出，必须减少相邻反馈环之间的交叉与耦合。控制的数字结构允许灵活地随着输入或光学系统硬件的变化而调节参数。

对于快速地监视和控制大量信号的计算机来说，它必须是分时共享的，这会导致信息的损失。只要这些信息的流失是可知和可被补偿的，那么控制就可以像一个连续模拟系统一样有效地起作用。反应延时可能是数字化、计算、存储等多种来源的组合。分时共享可通过数学方法来分析。考虑一个随时间变化的信号 $f(t)$。以等间隔 t' 采样此函数等价于用一组脉冲函数（当 $t = 0$ 时，$\delta(t) = 1$，否则为 0）的和来乘以该函数，即

$$f_{\text{samp}}(t) = f(t) \sum_{n=0}^{\infty} \delta(t - nt') \tag{7.64}$$

将该函数放入求和符号里，并利用 $\delta(t)$ 函数的性质，则有

$$f_{\text{samp}}(t) = \sum_{n=0}^{\infty} f(nt') \delta(t - nt') \tag{7.65}$$

该式表明：采样后的函数仅在如下各个时刻其值是知道的

$$t = 0, t', 2t', 3t', \cdots \tag{7.66}$$

采样后信号的拉普拉斯变换为

$$F_{\text{samp}}(s) = \mathscr{L}[f_{\text{samp}}(t)] = \sum_{n=0}^{\infty} f(nt') e^{-nt's} = \frac{1}{t'} \sum_{n=-\infty}^{\infty} F\left(s + \frac{in2\pi}{t'}\right) \tag{7.67}$$

此处 $F(s) = \mathscr{L}[f(t)]$。采样信号的拉普拉斯变换是严格间隔 $2\pi/t'$ 的原始信号的拉普拉斯变换之和。$n \neq 0$ 的函数 $F(s + in2\pi/t')$ 称为**边频带**。如果边频带在一起靠得很近，它们就会与主频带重叠，导致模糊发生。采样的变换值是个求和值，如果在 s 频率空间的每个点上只有一项有贡献，该问题就可被避免。如果在 s 的每个值上都有一个以上的非零成分，则可以说该信号存在**混淆**。如果采样频率 $2\pi/t'$ 至少是信号 $f(t)$ 中最高有效频率的两倍，就可适当地将混淆隔离开，不会产生混乱。这个条件就是著名的**奈奎斯特极限**。任意一种数字控制在实现之前，都必须克服这些情况和问题。控制设计者使用滤波器来移除高频混淆和处理其他大量问题[39,53,465]。

除了离散采样的弊端，数字控制还受限于数字化本身的分辨率。计算精度受限于用数字比特流来表示连续数值的精度。例如，一个 8 位数字仅能代表 256 个可能的值。随后的数值计算精度更是限于 256 中的一部分。这个 0.4% 的极限通常来说是够用的；然而，每次控制都会经历许多计算的组合效应。数字化极限常常要求控制系统具备 16 位甚或 32 位数据字。尽管模拟或数字电子控制是最常用的，但是将光学处理方法用于自适应光学从未被忽视过[177]。

7.3 多元自适应光学控制

本书不会去深入研究一般的控制理论或设计上的具体内容，而是集中于研究与自适应光学有关的具体问题。除了单模式控制环，例如单轴倾斜控制，其他任何自适应光学系统都需要控制多个耦合环，每个环都可以用 7.2 节中描述的时间传递函数来表示。本节将介绍多个环之间的空间耦合。

从图 7.1 中我们可以看出自适应光学控制必须经常地处理多元耦合方程组。选择模式重构还是区域重构依赖于采用的校正器类型、带宽要求和传感器几何结构[278]。相位测量时若信号强度较低或空间采样间距较大，则区域系统表现得比较好[735]。

涉及波前控制的计算可以是数字的、模拟的或是二者的混合。在大多数情况下，这些计算要么是一个矩阵或多个矩阵的实时求逆，要么是矢量与矩阵的实时相乘。例如，路径 A 就必须根据波前斜率的测量值来计算连续相位分布。从大量测量值到大量相位点的转换将按线性问题来处理。因为自适应光学大多运行在线性体制下，因此简单的线性代数方法通常来说就够了。通常，图 7.1 中的任意一条路径都代表着一组线性方程的解。无论是试图根据测量的模式来确定相位还是试图根据相位的泽尼克表达式来确定变形镜的驱动电压，都可以使用线性代数方法。

7.3.1 线性方程的解

在波前重构和控制问题中，人们通常会遇到有 N 个未知量和 M 个方程的方程组。它们可以写为离散形式

$$y_1 = a_1 B_{11} + a_2 B_{12} + a_3 B_{13} + \cdots + a_N B_{1N}$$
$$y_2 = a_1 B_{21} + a_2 B_{22} + a_3 B_{23} + \cdots + a_N B_{2N}$$
$$y_3 = a_1 B_{31} + a_2 B_{32} + a_3 B_{33} + \cdots + a_N B_{3N}$$
$$\vdots \qquad\qquad \vdots$$
$$y_M = a_1 B_{M1} + a_2 B_{M2} + a_3 B_{M3} + \cdots + a_N B_{MN}$$

也可以写为如下的矩阵方程

$$(\boldsymbol{y}) = [\boldsymbol{B}](\boldsymbol{a}) \tag{7.68}$$

矢量和耦合矩阵定义为

$$\boldsymbol{y} = \begin{bmatrix} y_1 \\ y_2 \\ \vdots \\ y_M \end{bmatrix}, \quad \boldsymbol{a} = \begin{bmatrix} a_1 \\ a_2 \\ \vdots \\ a_N \end{bmatrix} \tag{7.69}$$

$$\boldsymbol{B} = \begin{bmatrix} B_{11} & B_{12} & \cdots & B_{1N} \\ B_{21} & B_{22} & \cdots & B_{2N} \\ B_{31} & B_{32} & \cdots & B_{3N} \\ \vdots & \vdots & \ddots & \vdots \\ B_{M1} & B_{M2} & \cdots & B_{MN} \end{bmatrix} \tag{7.70}$$

当这些参数 a_n 是常数时满足线性要求，**基函数** B_{mn} 可以具有任何函数形式。它们可以是图 7.1 中用于路径 B 计算所需的波像差多项式，也可以是像图 7.1 中路径 G 所代表的变形镜驱动电压与特定点上波前之间的耦合函数。

在任意一种情况下，待定的解都是式 (7.68) 的逆。我们必须找到参数 a_n，将这一系列基函数 B 拟合为已知的或测量的值 y_m。当方程数目 M 小于未知数数目 N 时，方程组是**欠定系统**，不能解出唯一解。当 M = N 时，矩阵 **B** 是方阵，只要它不是奇异的，就能采用直接求逆法得到式 (7.69) 的解：$\boldsymbol{a} = \boldsymbol{B}^{-1}\boldsymbol{y}$。在自适应光学控制系统问题中，经常会遇到方程数目 M 大于未知数数目 N 的情况。这种**超定系统**是许多数值技术研究的基础，而这些数值技术中有许多都适用于自适应光学系统。

问题简化为计算未知数的值，以使测量值或已知参数 y_m 与实际值 y 之间的误差变小。非方阵矩阵的逆无法直接计算，不过基于特定的评价函数可以计算其近似解。代表好判据的评价函数是常被考虑采用的，因为：若非实际存在的误差，例如噪声，这组方程总是存在唯一解的。

高斯重构器是波前重构或控制中计算各种多参数路径所使用的主要方法。通过把评价函数定义为 y 的实际值与估计值 **Ba** 之差的平方和，就可以确定矢量 **a** 的各个元素了。利用**最小二乘法**求出下式的最小值。

$$\chi^2 = \sum_{i=1}^{M} \left[y_i - \sum_{k=1}^{N} a_k B_{ik} \right]^2 \tag{7.71}$$

求 χ^2 关于每个元素 a_k 的微分，并令 $\mathrm{d}\chi^2/\mathrm{d}a = 0$，则可以得到 a 的一组方程。采用矩阵表示，这等价于求解矢量 **a**

$$\boldsymbol{a} = (\boldsymbol{B}^{\mathrm{T}}\boldsymbol{B})^{-1}\boldsymbol{B}^{\mathrm{T}}\boldsymbol{y} \tag{7.72}$$

式中：$\boldsymbol{B}^{\mathrm{T}}$ 为矩阵 **B** 的转置。注意，对于超定系统，矩阵 **B** 具有 M 行 N 列。其转置具有 N 行 M 列，可逆方阵 $\boldsymbol{B}^{\mathrm{T}}\boldsymbol{B}$ 则具有 $M \times M$ 个元素。矩阵 $(\boldsymbol{B}^{\mathrm{T}}\boldsymbol{B})^{-1}\boldsymbol{B}^{\mathrm{T}}$ 称为矩阵 **B** 的伪逆。

这种方法虽然看起来简单明了，但却面临很多困难。如果 $\boldsymbol{B}^{\mathrm{T}}\boldsymbol{B}$ 是奇异矩阵，或在数值上非常接近奇异矩阵，那么就不可能求其逆。不幸的是，在许多实际的自适应光学系统中这种情况经常发生。为了避免此问题，可以采用**奇异值分解**（SVD）方法。该方法很容易理解，从式 $\boldsymbol{y} = \boldsymbol{Ba}$ 中，我们看到需要求 **B** 的逆。下面的式子显示了如何将 $M \times N$ 矩阵 **B** 分解为三个矩阵的乘积，即

$$\boldsymbol{B} = \boldsymbol{U}\bar{\boldsymbol{D}}\boldsymbol{V}^{\mathrm{T}} \tag{7.73}$$

式中：矩阵 $\boldsymbol{U}$ 也是 $M \times N$ 矩阵；矩阵 $\boldsymbol{V}^{\mathrm{T}}$ 是 $N \times N$ 方形矩阵；矩阵 $\bar{\boldsymbol{D}}$ 是仅在对角线上有非零元素的 $N \times N$ 矩阵，即

$$\bar{\boldsymbol{D}} = \begin{bmatrix} d_1 & & & 0 \\ & d_2 & & \\ & & \ddots & \\ 0 & & & d_N \end{bmatrix} \tag{7.74}$$

这些矩阵的元素都可通过 SVD 方法计算得到[629]。分解后求矩阵的逆相对简单

$$\boldsymbol{B}^{-1} = \boldsymbol{V}\bar{\boldsymbol{D}}^{-1}\boldsymbol{U}^{\mathrm{T}} \tag{7.75}$$

$$= \boldsymbol{V} \begin{bmatrix} 1/d_1 & & & 0 \\ & 1/d_2 & & \\ & & \ddots & \\ 0 & & & 1/d_N \end{bmatrix} \boldsymbol{U}^{\mathrm{T}} \tag{7.76}$$

如果任意一个对角元素 d_i 为零，则矩阵 $\boldsymbol{B}$ 就是奇异矩阵，就没有精确解或唯一解。不过，该方法允许计算出一个**最接近**正确解的最小二乘解。通过观察对角矩阵的元素 d_i，我们可以清楚地看出奇异性来自何处。对角线上的零元素不能求逆。不过，简单地令对角逆矩阵 $\bar{\boldsymbol{D}}^{-1}$ 中与 $\bar{\boldsymbol{D}}$ 中零元素对应位置上的元素为零，就可以解线性方程组并得到未知矢量 $\boldsymbol{a}$。虽然我们抛弃这些方程显得太随意，但是通过形式证明[629]可以看出：我们抛弃掉的是那些由于舍入误差破坏了整体性而又实际上没有任何用处的方程。

线性最小二乘法和 SVD 法并不是求解那些出现在自适应光学重构问题中的线性方程组的仅有的方法。某些光学参数，例如活塞型"像差"，会造成波前传感器测量矢量和重构矩阵变成奇异的矢量和矩阵。这种类型的问题以及噪声造成的信号破坏问题可用别的方法来克服。亨特（Hunt）[367]描述了一套根据波前斜率测量值来重构相位信息的方法。通过在线性最小二乘解式（7.72）的两边左乘方形矩阵 $\boldsymbol{B}^{\mathrm{T}}\boldsymbol{B}$，该式变为

$$\boldsymbol{B}^{\mathrm{T}}\boldsymbol{B}\boldsymbol{a} = \boldsymbol{B}^{\mathrm{T}}\boldsymbol{B}(\boldsymbol{B}^{\mathrm{T}}\boldsymbol{B})^{-1}\boldsymbol{B}^{\mathrm{T}}\boldsymbol{y} = \boldsymbol{B}^{\mathrm{T}}\boldsymbol{y} \tag{7.77}$$

矩阵 $\boldsymbol{Y} = \boldsymbol{B}^{\mathrm{T}}\boldsymbol{B}$ 可分解成

$$\boldsymbol{Y} = \boldsymbol{L} + \boldsymbol{D} + \boldsymbol{R} \tag{7.78}$$

尽管上式形式上类似于 SVD 方法，但是这里的分解遵从严格的法则，比 SVD 更通用。矩阵 $\boldsymbol{L}$ 是由 $\boldsymbol{Y}$ 的主对角线**左下方**的元素组成的，矩阵 $\boldsymbol{R}$ 是由 $\boldsymbol{Y}$ 的主对角线**右上方**的元素组成的，矩阵 $\boldsymbol{D}$ 则是由 $\boldsymbol{Y}$ 的主对角线上的元素组成的。未知矢量 $\boldsymbol{a}$ 的迭代解 a_i 可如下直接计算

$$a_{i+1} = \boldsymbol{G}a_i + \boldsymbol{H}\boldsymbol{y}' \tag{7.79}$$

此处矩阵 **G** 和 **H** 按如下方法确定。当这两个矩阵定义为

$$G = -D^{-1}(R + L) \tag{7.80}$$

$$H = D^{-1} \tag{7.81}$$

时，该方法称为**雅可比迭代法**。这些方法已用在了自适应光学重构[241,360]中。当矩阵取略微不同的形式

$$G = -(D + L)^{-1}R \tag{7.82}$$

$$H = (D + L)^{-1} \tag{7.83}$$

时，该方法就是**高斯 - 赛德尔迭代法**，它比雅可比方法收敛速度快。在定义式中采用可变松弛参数 w 后就导出了亨特所建议的**连续超松弛法**[367]

$$G = (D + wL)^{-1}[(1 - w)D - wR] \tag{7.84}$$

$$H = w(D + wL)^{-1} \tag{7.85}$$

参数 w 可按杨[897]的书中所专门提到的许多方法来确定。连续超松弛方法的优势在于它的收敛速度比雅可比方法的收敛速度高两个数量级。

7.4　直接波前重构

7.4.1　波前斜率求相位

7.3.1 节中所描述的解线性方程组的通用方法在确定自适应光学系统的控制参数中有广泛应用。正如图 7.1 中路径 A 所表明的，最常见的一个问题是根据波前平面上其他点处的波前斜率知识来测定各个点上的相位[571]，这是自适应光学的基本问题[361]。最常用的波前传感器（夏克 - 哈特曼传感器或金字塔传感器）产生的就是正比于波前斜率的输出信号[8]。

未知相位点的数目是 N，波前斜率测量点的数目是 M。当 $M > N$ 时，该系统是超定的，其解可用直接最小二乘法、SVD 法或 7.3.1 节中描述的其他方法来得到。不同点处计算得到的相位与那些（产生斜率测量值）点处实际相位之间的误差很重要。它不仅是最小二乘解的评价函数，而且是自适应光学系统性能的物理极限。

根据波前斜率来测定相位随该问题的几何结构和不同的数值方法而定[50,180]。在 N 个位置处的相位估计是 ϕ_n。在 M 个位置处的测量斜率是 s_m。连接这两个量的矩阵由问题的几何结构确定。举个例子，考虑图 7.10 中所示的结构。波前传感器测量到的斜率表示为 s_m^x 或 s_m^y，上标代表 x 或 y 方向的斜率。待测定点上的相位为 $\phi_{-1,-1}$，$\phi_{-1,0}\cdots$，此处下标代表未知点的坐标。可如下构造方程组

$$s_1^x = \phi_{-1,1} - \phi_{0,1}$$

$$s_2^y = \phi_{0,1} - \phi_{0,0}$$

$$\vdots \qquad \vdots$$

矩阵形式可写为

$$s = B\phi \tag{7.86}$$

式中：矩阵 B 为几何矩阵。正如此例，B 常常只是由基于波前传感器位置与相位测定位置的几何结构的和、差项构成的。其元素大部分为 +1 或 -1。不过，在某些情况下 B 也可能相当复杂。如果几何矩阵包含校正器的作用效果，例如变形镜影响函数，则它被称为**影响矩阵**。瓦尔纳（Wallner）[846] 的推导就利用了与子孔径和子孔径中斜率测量方向有关的加权函数。在实际波前传感器中，斜率测量值很少是两个波前点之间的简单相减，而常常是子孔径上的空间平均。在考虑了噪声和空间平均后，最小二乘法或 SVD 法可用于对 B 求逆并根据测量到的斜率重构相位。

许多研究者研究了该方法使用过程中出现的数值和物理问题[190,281]。例如，如果沿一条周线（图 7.10）对波前斜率测量值求和不为零，则最小二乘方法将失效[748]。尽管这在物理上不可能，因为波前是连续的，但是数值计算或波前斜率测量的干涉仪方法可能会导致 2π 不连续性的出现。

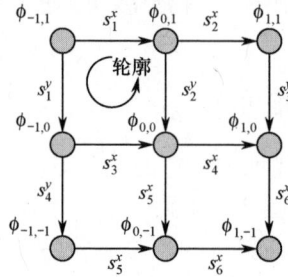

图 7.10 休晋结构的例子。波前斜率测量点与相位测定点重合

因方程组的解不唯一而产生的奇异矩阵问题，可采用数值方法来予以克服。如果忽略掉波前的活塞项成分，则解矩阵 B^{-1} 就是奇异的，因为有无数的解会给出相同的斜率测量。在矩阵 B 中另外加入一行，另其元素全为 1，迫使所有相位点的求和为一个特定的值[694]。在斜率矢量 s 中另外增加一个值来确定活塞项，通常设为 0。固定的活塞值允许求逆，即

$$\begin{bmatrix} s_1 \\ s_2 \\ \vdots \\ s_M \\ 0 \end{bmatrix} = \begin{bmatrix} & & B & & \\ 1 & 1 & 1 & \cdots & 1 \end{bmatrix} \begin{bmatrix} \phi_1 \\ \phi_2 \\ \vdots \\ \phi_N \end{bmatrix} \tag{7.87}$$

作为该处理方法的一个例子，考虑图 7.10 中的休晋结构。应根据 12 个斜率测量值计算出 9 个相位值。对于相位点之间无交叉相关的直接相位重构，矩阵 B 的形式为

$$\boldsymbol{B} = \begin{bmatrix} 1 & -1 & 0 & 0 & 0 & 0 & 0 & 0 & 0 \\ 0 & 1 & -1 & 0 & 0 & 0 & 0 & 0 & 0 \\ 0 & 0 & 0 & 1 & -1 & 0 & 0 & 0 & 0 \\ 0 & 0 & 0 & 0 & 1 & -1 & 0 & 0 & 0 \\ 0 & 0 & 0 & 0 & 0 & 0 & 1 & -1 & 0 \\ 0 & 0 & 0 & 0 & 0 & 0 & 0 & 1 & -1 \\ 1 & 0 & 0 & -1 & 0 & 0 & 0 & 0 & 0 \\ 0 & 1 & 0 & 0 & -1 & 0 & 0 & 0 & 0 \\ 0 & 0 & 1 & 0 & 0 & -1 & 0 & 0 & 0 \\ 0 & 0 & 0 & 1 & 0 & 0 & -1 & 0 & 0 \\ 0 & 0 & 0 & 0 & 1 & 0 & 0 & -1 & 0 \\ 0 & 0 & 0 & 0 & 0 & 1 & 0 & 0 & -1 \\ 1 & 1 & 1 & 1 & 1 & 1 & 1 & 1 & 1 \end{bmatrix} \tag{7.88}$$

其伪逆 $(\boldsymbol{B}^{\mathrm{T}}\boldsymbol{B})^{-1}\boldsymbol{B}^{\mathrm{T}}$ 可根据式 (7.72) 计算得到。根据此结果，12 个波前斜率矢量 $\boldsymbol{s}$ （及虚设为 0 的第 13 个元素）可转换成 9 个相位值。

$$\begin{bmatrix} \phi_{-1,1} \\ \phi_{0,1} \\ \phi_{1,1} \\ \phi_{-1,0} \\ \phi_{0,0} \\ \phi_{1,0} \\ \phi_{-1,-1} \\ \phi_{0,-1} \\ \phi_{1,-1} \end{bmatrix} = \boldsymbol{B}^{-1} \begin{bmatrix} s_1^x \\ s_2^x \\ s_3^x \\ s_4^x \\ s_5^x \\ s_6^x \\ s_1^y \\ s_2^y \\ s_3^y \\ s_4^y \\ s_5^y \\ s_6^y \\ 0 \end{bmatrix} \tag{7.89}$$

如果驱动器之间存在交叉相关，正如在影响函数受限定且彼此耦合的情况中一样，那么矩阵 $\boldsymbol{B}$ 的元素可如此计算：将每个驱动器的影响函数按如下方式并入到每个斜率测量信号 s_i^x 和 s_i^y 中

$$s_i^x = \int\limits_{\text{subap}} xI(x,y)_i \mathrm{d}x\mathrm{d}y \quad \text{与} \quad s_i^y = \int\limits_{\text{subap}} yI(x,y)_i \mathrm{d}x\mathrm{d}y \tag{7.90}$$

式中：$i=1\sim9$，对应驱动器序号，然后将这些结果插入 $\boldsymbol{B}$ 的各行中。

最常见的导致数值计算出错的问题是斜率测量中含有噪声，这是物理上实际存在的问题因为波前斜率测量具有与之有关的不确定性。描述这个过程的方程可对式（7.86）修正而得到

$$s = B\phi + n_0 \tag{7.91}$$

式中：n_0 代表噪声。当波前斜率误差不相关且每次测量具有方差为 σ_n^2 的误差时，高斯重构相位的均方差为[464]

$$\sigma_{\text{phase}}^2 = \text{Tr}[\sigma_n^2(B^T B)^{-1}] \tag{7.92}$$

式中：Tr 为矩阵对角线元素之和。

并非所有的噪声都是不相关的。如果一时或一处的噪声依赖于另一时或另一处的噪声时，则称之为相关的。这样的一个例子是波前传感器子孔径与变形镜驱动器中心对准失调的情况[274]。这类误差可能随光束发射望远镜指向而旋转且可能在空间和时间上是相关的。**噪声协方差矩阵 C_n** 代表时间或空间上一点处的噪声与另一点处的噪声之间的关系。当该噪声值紧密相关时，协方差将为较大的正数。当一个噪声值对另一个噪声值造成了相反的影响时协方差就是一个绝对值较大的负数。当每个噪声值都独立（不相关）的时候协方差就是零。不相关噪声的协方差矩阵是各元素等值的对角阵。如果噪声是相关的，且具有协方差矩阵 C_n，则相位方程可通过高斯–马尔科夫估计[694]得到，如下式

$$\phi = (B^T C_n^{-1} B)^{-1} B^T(C_n)^{-1}s \tag{7.93}$$

其均方差为

$$\sigma_{\text{phase}}^2 = \text{Tr}(B^T C_n^{-1} B)^{-1} \tag{7.94}$$

矩阵 $(B^T C_n^{-1} B)^{-1} B^T C_n^{-1}$ 就是**重构矩阵**。

在某些情况下，相位噪声的统计特征是已知的，此时可以采用相位和噪声的维纳估计。例如，大气湍流用协方差矩阵 C_W 表示，其矩阵元素依赖于湍流相干长度 r_0[570]。相位的矩阵表示式为[694]

$$\phi = (C_W^{-1} + B^T C_n^{-1} B)^{-1} B^T C_n^{-1}s \tag{7.95}$$

波前相位估计的均方差是

$$\sigma_{\text{phase}}^2 = \text{Tr}(C_W^{-1} + B^T C_n^{-1} B)^{-1} \tag{7.96}$$

如果波前统计特征是未知的，$C_W \to 0$，则这些表达式可化简为式（7.93）和式（7.94）。

不同波前传感器的选择效果和自适应估计方法可采用大气湍流的已知统计特征和时间带宽要求来描述[37]。剪切干涉仪可通过结构排列而使噪声协方差矩阵为对角阵。类似的，哈特曼传感器协方差矩阵是个 2×2 的分块对角矩阵。这样就可以进行简单的协方差矩阵求逆和快速的误差矩阵计算。

许多研究者已经测定了相位误差是如何受波前斜率测量几何所影响的[845,864]。图7.11显示了四种可能的与相位待定网格点重叠在一起的波前斜

率测量布局：休晋结构[361]、绍斯威尔结构（Southwell）[739]、波前控制实验（WCE）结构[864,866]和弗里德结构[241]。

斜率测量值的数目和相位点的数目 N 是常数。对每种布局，几何结构矩阵 $\boldsymbol{B}$ 都有不同的元素。波前测量噪声正比于斜率测量噪声，且具有如下的通用函数形式[236,241,571]

$$(\sigma_{\text{phase}})_{\text{config } g} = \sigma_n \left(a + b_g \ln K_g \right)^{1/2} \tag{7.97}$$

参数 a 可估计为 $a \leqslant 0.13$；b 和 K 依赖于布局[236]

$$b_A = 1/\pi; K_A = N$$
$$b_B = 1/\pi; K_B = N$$
$$b_C = 1.5/\pi; K_C = N - 1$$
$$b_D = 3.0/\pi; K_D = N - 1 \tag{7.98}$$

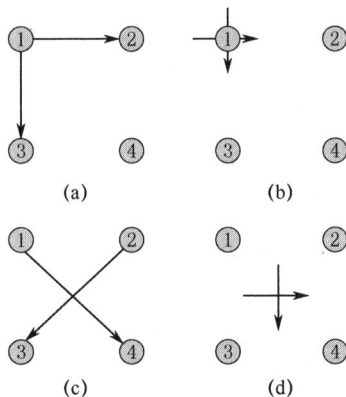

图 7.11　四种与相位待定点重叠在一起的波前斜率测量布局

（a）休晋结构；（b）绍斯威尔结构；（c）波前控制实验结构；（d）弗里德结构

7.4.2　根据波前斜率求模式

图 7.1 中的路径 B 显示了一种采用模式系数来表示的相位，对应另一种常用的直接相位重构方法。根据波前斜率来重构相位模式的问题类似于 7.4.1 节中所讨论的在各个点上重构相位值的问题。波前相位 ϕ 可用多项式展开为

$$\phi = \sum_{k=1}^{K} a_k Z_k(x, y) \tag{7.99}$$

式中：系数是 a_k，多项式基函数（模式）是 $Z_k(x, y)$。哈特曼或剪切干涉波前传感器测量不同位置 m 上的波前斜率，共有 M 个测量值。例如，假定一半测量值是 x 方向上的斜率，另一半是 y 方向上的斜率，则这组线性方程是

$$\left. \frac{\partial \phi}{\partial x} \right|_m = \sum_{k=1}^{K} a_k \left. \frac{\partial Z_k(x, y)}{\partial x} \right|_m \tag{7.100}$$

$$\left. \frac{\partial \phi}{\partial y} \right|_m = \sum_{k=1}^{K} a_k \left. \frac{\partial Z_k(x, y)}{\partial y} \right|_m \tag{7.101}$$

下标 m 指在坐标 (x_m, y_m) 处进行计算。该方程组可表达为熟悉的矩阵方程 $s = Ba$，此处矢量 s 为斜率矢量，a 为模式系数矢量

$$
s = \begin{bmatrix} \dfrac{\partial \phi}{\partial x}\bigg|_1 \\[2mm] \dfrac{\partial \phi}{\partial x}\bigg|_2 \\[2mm] \vdots \\[2mm] \dfrac{\partial \phi}{\partial x}\bigg|_{M/2} \\[2mm] \dfrac{\partial \phi}{\partial y}\bigg|_1 \\[2mm] \dfrac{\partial \phi}{\partial y}\bigg|_2 \\[2mm] \vdots \\[2mm] \dfrac{\partial \phi}{\partial y}\bigg|_{M/2} \end{bmatrix}, a = \begin{bmatrix} a_1 \\ a_2 \\ a_3 \\ \vdots \\ a_K \end{bmatrix} \tag{7.102}
$$

而矩阵 B 为

$$
B = \begin{bmatrix} \dfrac{\partial Z(x,y)_1}{\partial x}\bigg|_1 & \dfrac{\partial Z(x,y)_2}{\partial x}\bigg|_1 & \cdots & \dfrac{\partial Z(x,y)_K}{\partial x}\bigg|_1 \\[3mm] \dfrac{\partial Z(x,y)_1}{\partial x}\bigg|_2 & \dfrac{\partial Z(x,y)_2}{\partial x}\bigg|_2 & \cdots & \dfrac{\partial Z(x,y)_K}{\partial x}\bigg|_2 \\[3mm] \vdots & \vdots & \ddots & \vdots \\[3mm] \dfrac{\partial Z(x,y)_1}{\partial x}\bigg|_{\frac{M}{2}} & \dfrac{\partial Z(x,y)_2}{\partial x}\bigg|_{\frac{M}{2}} & \cdots & \dfrac{\partial Z(x,y)_K}{\partial x}\bigg|_{\frac{M}{2}} \\[3mm] \dfrac{\partial Z(x,y)_1}{\partial y}\bigg|_1 & \dfrac{\partial Z(x,y)_2}{\partial y}\bigg|_1 & \cdots & \dfrac{\partial Z(x,y)_K}{\partial y}\bigg|_1 \\[3mm] \vdots & \vdots & \ddots & \vdots \\[3mm] \dfrac{\partial Z(x,y)_1}{\partial y}\bigg|_{\frac{M}{2}} & \dfrac{\partial Z(x,y)_2}{\partial y}\bigg|_{\frac{M}{2}} & \cdots & \dfrac{\partial Z(x,y)_K}{\partial y}\bigg|_{\frac{M}{2}} \end{bmatrix} \tag{7.103}
$$

在这种情况下，矩阵 B 并非是基于波前传感器位置和相位待定位置的几何结构的简单求和与求差。其元素是多项式基函数在波前传感器子孔径位置上的导数。有许多组基函数可用；它们应该是线性独立的[156]，但不要求是正交的[738]。自然的，对坐标系也没有特殊要求。极坐标以及在极坐标方向上测量的斜率也是同样有效、可用的。像以前一样，其解可通过求 B 的伪逆矩阵得到

$$
a = (B^{\mathrm{T}}B)^{-1}B^{\mathrm{T}}s \tag{7.104}
$$

如果基函数是泽尼克多项式（见 1.3.3 节），则其导数可显式得到[269]。求解

伪逆矩阵的方法比较简单，这是由于泽尼克多项式在半径为 R' 的圆上是正交的。伪逆矩阵的元素可直接计算。回忆 1.3.3 节中的表示方法，系数是相位关于直角坐标的导数的函数。根据已知的 $\partial \phi / \partial x$ 和 $\partial \phi / \partial y$ 值，模式系数由如下表达式给出[499]

$$A_{nm} = -\frac{n+1}{\pi m R'^2} i \int_0^{2\pi}\int_0^{R'} \frac{\partial \phi}{\partial \theta} R_n^m\left(\frac{r}{R'}\right) e^{-im\theta} r \mathrm{d}r \mathrm{d}\theta \tag{7.105}$$

$$A_{n0} = \frac{n+1}{\pi n(n+2)} \int_0^{2\pi}\int_0^{R'} \frac{\partial \phi}{\partial r} \frac{\mathrm{d}R_n^0\left(\frac{r}{R'}\right)}{\mathrm{d}\left(\frac{r}{R'}\right)} \left[1-\left(\frac{r}{R'}\right)^2\right]\left(\frac{r}{R'}\right) \mathrm{d}r \mathrm{d}\theta \tag{7.106}$$

此处导数具有如下形式

$$\frac{\partial \phi}{\partial \theta} = r\left(\frac{\partial \phi}{\partial x}\sin\theta - \frac{\partial \phi}{\partial y}\cos\theta\right)$$

$$\frac{\partial \phi}{\partial r} = \frac{\partial \phi}{\partial x}\cos\theta - \frac{\partial \phi}{\partial y}\sin\theta$$

如果测量值的噪声协方差矩阵是 $C_{n'}$，则伪逆最小二乘解[801] 为

$$a = \left[(B^{\mathrm{T}}C_n^{-1}B)^{-1} B^{\mathrm{T}} C_n^{-1} \right] \tag{7.107}$$

模式估计的精度由噪声和系统的超定度决定。绍斯威尔[740] 将比数据实际可映射的模式数少的重构方程系统定义为欠建模系统。更严重的问题发生在欠采样情况下，当波前斜率的采样密度相对于所需要的模式不足时，更高阶的模式将作为扰动出现在低阶模式上。欲消除这种形式的波前混淆，要求根据可用的波前斜率测量值认真分析用作模式的多项式的阶数和形式。一般来说，如果需要的模式越多，则需要的采样也应该越多。例如，将子孔径放在离光轴径向距离都相同的位置上，且仅测量切向斜率，这样做对于确定波前离焦或球差是不够的。

7.4.3　根据波前模式求相位

当测量出低阶波前模式时，得到连续相位表达式是比较简单的。图 7.1 中的路径 C 就代表了这种工作方式。波前由赛德尔像差表示为

$$\Phi(r,\theta) = T_x r\cos\theta + T_y\sin\theta + Fr^2 + A_{0°} r^2\cos2\theta + A_{45°} r^2\cos\theta\sin\theta \tag{7.108}$$

式中：常数为各个模式的测量值；T 为倾斜；F 为离焦；A 为像散。这些值都必须按照测量方法进行归一化。例如，T_x 代表着 x 方向上中心向边缘的倾斜。如果通过观测质心的运动来进行测量，则必须考虑到 2 倍因子。独立测量这些初级模式 T、F 和 A 的方案可用在这种简单的重构器中。

7.4.4　根据波前模式求模式

为完整性起见，图 7.1 中显示了路径 D。尽管这种重构方法初看起来毫无

必要，但是也存在要求必须基于模式表示相位的情况。如果某些低阶模式可直接测量得到，而高阶模式根据波前斜率来测定，那么就需要进行这种从模式到模式的计算。从其测量值到特定表达式的模式系数转换是唯一要关心的。模式测量值 A_m 通常能通过如下的矩阵乘法转换为模式表示 A_R

$$\begin{bmatrix} A_{R1} \\ A_{R2} \\ \vdots \\ A_{RM} \end{bmatrix} = C \begin{bmatrix} A_{m1} \\ A_{m2} \\ \vdots \\ A_{mM} \end{bmatrix} \quad (7.109)$$

式中：C 为转换矩阵。如果待求的模式形式是泽尼克多项式，而测量值采用 7.4.3 节中的幂级数表示，则转换矩阵是已知的[151]。类似的，如果波前传感器具有正比于泽尼克项的模式输出，则幂级数表示可通过已知转换矩阵来确定[787]。

7.4.5 用连续相位驱动区域校正器

一旦一幅相位图或一个模式表示被构造出来后，就有必要确定应用该信息来驱动波前校正器的问题。该表示形式可用在区域校正器上，如变形镜，或用在模式校正器上，如倾斜镜和聚焦光学系统。这个过程在 7.1 节中由路径 E 来代表。

变形镜被认为是由机电驱动器构成的线性系统，可以使镜面变形为期望的形状。形状的细节在通常情况下并不重要；然而，每个驱动器①的精确影响函数在波前控制方案中却非常重要。通过施加合适的幅度 A_i 到 N 个驱动器上产生期望的表面 $S(x, y)$。每个驱动器对表面 $Z_i(x, y)$ 的作用效果就是它的影响函数。线性方程组可如下构造

$$S(x, y) = \sum_{i=1}^{N} A_i Z_i(x, y) \quad (7.110)$$

该表达式可写为如下的矩阵形式

$$S = ZA \quad (7.111)$$

对于由 K 个点所表示的表面，影响矩阵 Z 有 K 行 N 列。Z 的伪逆采用最小二乘法、SVD 法或别的方法来解算。驱动器指令由驱动器幅度 A_i 乘以适当的增益因子和电压转换系数，并考虑到波前和镜面入射角 β 之间的倍乘因子 $2\cos\beta$ 而得到。

构造影响矩阵 Z 是非常重要的，每个驱动器在波前平面上 (x, y) 点处的作用效果都必须确知。尽管这些影响函数经常是耦合在一起的，但是它们通

---

① 在 6.4 节中有过讨论。

常被认为是线性的。影响函数常常是不对称的，特别是当镜子的边缘被紧固时更是如此。相邻驱动器之间互相钳制的几何效应对每个驱动器的影响函数都具有复杂的作用。这些因素以及它们的时间特性必须在构造影响矩阵和求其逆之前就考虑在内。

7.4.6　用连续相位驱动模式校正器

已知校正波前是连续相位图，则模式校正器系统也可被驱动（参见图7.1中的路径 F）。由模式设备构造的波前 S' 是一组模式之和，其基函数为 $\Psi_j(x,y)$，系数为 c_j，即

$$S'(x,y) = \sum_{j=1}^{J} c_j \Psi_j(x,y) \tag{7.112}$$

校正器的波前模式通过对线性方程组求逆得到 c_j 来确定

$$c = (\Psi)^{-1} S' \tag{7.113}$$

如果 Ψ_j 是正交函数，则其矩阵就是对角矩阵，求其逆矩阵就比较简单。如果模式校正器形成的不是正交函数组，例如产生赛德尔初级像差的光学元件，则求逆就比较复杂，但也是可以解算出来的。

7.4.7　用模式相位驱动区域校正器

如果构造出的是模式相位，而校正器是以区域敏感方式对指令进行响应，那么就必须另外构建一组线性方程（参见图 7.1 中的路径 G）。这样，就会有两个相似的重构问题混合在了一起。区域校正器指令通过如下的对影响函数的线性和求逆而得到

$$S(x,y) = \sum_{i=1}^{N} A_i Z_i(x,y) \tag{7.114}$$

如果波前 Φ 表示为一组模式之和，其基函数为 $\Psi_j(x,y)$，系数为 c_j

$$\Phi(x,y) = \sum_{j=1}^{J} c_j \Psi_j(x,y) \tag{7.115}$$

令这两个和式相等，则

$$S = \Phi = \sum_{i=1}^{N} A_i Z_i(x,y) = \sum_{j=1}^{J} c_j \Psi_j(x,y) \tag{7.116}$$

使用矩阵符号表示，即

$$ZA = \Psi c \tag{7.117}$$

并求逆，则得到如下的区域驱动器指令矢量，即

$$A = (Z)^{-1} \Psi c \tag{7.118}$$

注意到 Z 和 Ψ 等矩阵很可能不是方阵，且可能是近似奇异的矩阵，因此只能采用最小二乘伪逆或 SVD 方法来求解。

7.4.8　用模式相位驱动模式校正器

另一种形式的直接重构技术是根据模式表示的相位信息来驱动模式校正器。曲率传感器驱动的双压电镜是唯一适合于该方法的校正器，这是因为双压电镜可用曲率再现模式来驱动[708]。这一点由图 7.1 中的路径 H 来说明。当模式表示的基函数与模式校正器的基函数匹配时，指令与相位系数成线性比例关系。不过，该方法最常见的应用是利用相位的泽尼克表示来驱使初级像差模式校正器。假定倾斜和离焦的泽尼克系数 A_{11} 和 A_{20} 已知，我们想要驱动的倾斜镜的响应函数形式是 $S_{11}x = S_{11}r\cos\theta$，离焦镜的响应函数形式是 $S_{20}r^2$，那么将泽尼克系数 A_{nm} 转换为驱动指令 S_{nm} 的矩阵由下式给出[787]

$$\begin{pmatrix} S_{11} \\ S_{20} \end{pmatrix} = \begin{bmatrix} 1 & 0 \\ 0 & \sqrt{2} \end{bmatrix} \begin{pmatrix} A_{11} \\ A_{20} \end{pmatrix} \tag{7.119}$$

只要服从线性法则，也可以使用别的基函数，并不要求它们必须是正交基。

7.4.9　间接重构

图 7.1 中的路径 I 和 J 描绘了一个通过避免显式表示波前来绕开直接方法的自适应光学波前重构过程。间接方法采用的数学手段通常是使用中间步骤来体现相位，但将其隐藏在联系波前测量与校正器指令的矩阵计算中。

一些系统不用显示方式来表示波前，例如多抖动系统，而是采用目标上光束强度与驱动器指令之间的关系以最大化该强度。大多数分析表明若非系统噪声的限制[464]，重构矩阵的确定是相当简单的。阿舍（Asher）和奥格罗德尼克（Ogrodnik）[37]研究了一种最优估计技术，在有光子噪声、探测器噪声和散斑存在的情况下可用于多抖动系统。在其他地方也证明了多通道多抖动系统的稳定性依赖于单个环路的稳定性。由于平均来说每个环路相对于其他环路事实上都是独立工作的，因此环路之间的交叉耦合很小[583]。

7.4.10　用波前模式驱动模式校正器

在某些情况下，自适应光学系统需要利用在一个不同坐标系统下的模式测量值来校正少数几项模式，如倾斜和离焦，或仅仅是倾斜。图 7.1 中的路径 I 描绘的就是这种情况，类似于路径 H 的测定方法。举个例子，我们来看下图 7.12 中所示的倾斜校正器件（三驱动器定向镜）。必须驱动三个驱动器来补偿波前传感器或倾斜传感器所测量到的中心——边缘倾角。如果倾斜角为 α_x 和 α_y，而驱动器位于半径 R' 上，则驱动器指令根据如下的线性方程组来计算

$$A_{-1,1} = R'\left[\sqrt{3}\,\alpha_y - \alpha_x\right] \tag{7.120}$$

$$A_{0,2} = 2R'\alpha_x \tag{7.121}$$

$$A_{1,1} = -R'(\sqrt{3}\alpha_y - \alpha_x) \qquad (7.122)$$

这三个公式把模式测量值转换成模式校正，既没有直接计算每任意点上的波前，也不知道残余波前的模式分解。

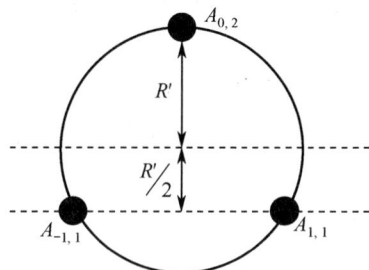

图 7.12　三驱动器倾斜镜的驱动器布局

7.4.11　用波前斜率驱动区域校正器

当控制的输入是波前传感器所测量的大量波前斜率值，控制的输出是施加于不同驱动器以对波前进行校正的大量信号时，最常见可能也是最令人感兴趣的自适应光学控制问题是间接方法。不幸的是，斜率测量和驱动器驱动信号之间几乎不存在一一对应性。即便存在一一对应关系，这些信号也会被噪声所破坏。幸运的是，该问题是线性的，可以用 7.3 节中所描述的方法来处理。

把图 7.1 中路径 A 和 E 所用的方法结合起来，就能够确定间接路径 J 的矩阵。测量到的斜率矢量 s 为

$$s = B\phi \qquad (7.123)$$

式中：B 为几何矩阵。相位由表面 S 来校正，它是驱动器影响函数的和，即

$$\phi = S = ZA \qquad (7.124)$$

联合式 (7.124) 和式 (7.125)，消去中间步骤中相位的显式表示，即

$$s = BZA \qquad (7.125)$$

B 为 $M \times P$ 矩阵，其中 M 是斜率测量值的个数，P 是待定相位点的个数。Z 为 $P \times J$ 影响矩阵，J 是驱动器个数；这样，矩阵 $B \cdot Z$ 就是 $M \times J$ 矩阵。如果该矩阵是超定的，也就是说，如果斜率值个数 M 大于待求的驱动器指令个数 J，那么就可以利用伪逆技术来求解。

求矩阵 BZ 的逆，可以令这两个矩阵相乘然后求其伪逆，也可以采用 7.4.1 节和 7.4.5 节中所描述的方法分别求出各自的逆然后再相乘，即

$$(BZ)^{-1} = (Z)^{-1}(B)^{-1} \qquad (7.126)$$

其结果是从测得波前斜率到驱动器指令的一个线性转换矩阵。

7.5　线性控制之外

本章的前半部分描述的是通用控制理论，这是由于它适用于在接收测量信号与形成校正器控制信号之间存在时间延迟的情况。就传递函数而言这种变换是基本的单通道问题。本章的第二部分处理的是根据测量值对相位信息的空间重构以及驱动多通道校正器件的信号转换矩阵的推导。多通道计算速度，与数字信号到模拟驱动电压转换等有关的时延，都反映在了控制系统的传递函数中。

在大部分情况下，困难的矩阵求逆都与系统配置相关，需要提前植入到系统中，仅留下一两个简单的矩阵相乘运算在实施阶段完成。但这仍然是一项困难的任务，因为我们知道大气湍流可能要求系统具有成千上万个驱动器和成千上万个[365]波前斜率测量[329]值。即使采用有时延的测量值，自适应光学控制系统仍可能有效[600]。在很高的带宽下，控制的稳定性是个令人担心的问题[24,527]。系统带宽必须与空间分辨率和扰动统计特性取得平衡[823]。记住，对于大气湍流补偿来说，波前误差是系统闭环带宽 f_{3dB} 的函数，即

$$\sigma_{\text{temp}}^2 = \left(\frac{f_G}{f_{3dB}}\right)^{5/3} \tag{7.127}$$

数字计算机的进步使得这些操作可以由通用机器来执行。布朗（Browne）等人[99]报道过每秒能进行 500 次重构的重构器。非常高速的响应，或许短脉冲激光需要，仍要求采用专用数字成模拟计算机。对于要求更为复杂的控制策略，大型望远镜，则需要采用诸如分离空间频率（高低频控制器）等专用算法[449]。

自适应的波前估计器，即响应噪声统计特性的变化而实时改变重构矩阵的波前估计器，已得到了研究[35]。所谓的**最优重构器**[862,645]能够在每步迭代的时间延迟内利用前一步的波前估计来实时迭代求解差分方程[863]。雅可比重构器的稀疏矩阵特征和连续超松弛技术使得多矩阵相剩在一个数字控制系统内具有了可能[865]性。变增益重构器也已提了出来[470]。随着数字信号处理性能的增强，其他重构器[343]，如：基于读入图像而非波前的重构器和基于最大化诸如清晰度或点扩散函数中央核内的光通量等特定参数的重构器也可能变成自适应光学中的普通器件。对于大型望远镜和**极端自适应光学**，需要采用先进的方法和算法。多重网格算法[827]能处理华夫模式（译注：网格状模式）和驱动器的不稳定性。傅里叶重构器可用于计算夏克——哈特曼波前斜率[287]，而另一种预测或傅里叶控制方法能用于分解湍流谱[286,628]。一种被称为**热启动**的方法用最近的波前估计来初始化迭代过程。该方法在多目标自适应光学系统开环工作中显示出应用前景[455]。在某些情况下，串行算法比并行算法更好，因为串行迭代要快得多[727]。

可在波前传感器中实施神经网络计算，根据探测器信号和一个受过训练的网络来估计质心[535,536]或恢复波前斜率[41,262]。还可在重构器中实施神经网络计算，该网络将测量斜率值转换成校正信号[814]或者基于扰动的时空相关性进行波前预测[476]。自适应滤波[477]或多控制带宽[196]等非线性控制技术[315,874]已得到了开发，并正在最精密的自适应光学系统中实现。当前的技术发展水平足够以千赫兹速度来重构和控制数千通道的系统。更深远地观察宇宙或更有效地投射激光的需求将驱动着自适应光学控制技术进一步前进。

第8章 方程纪要

本章对自适应光学中最重要的方程和关系式进行了总结。每个变量的含义和定义都在原方程位置附近进行了文字说明。参数间的一些关系参见图8.1和图8.2。

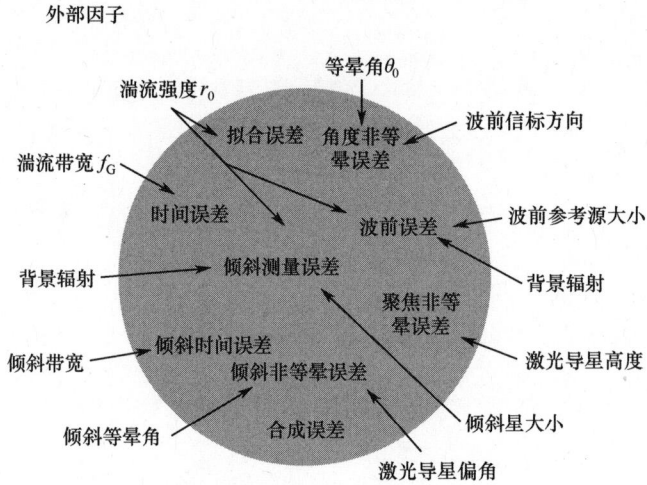

外部因子

图 8.1 外部因素和扰动对补偿后残余误差结果的贡献

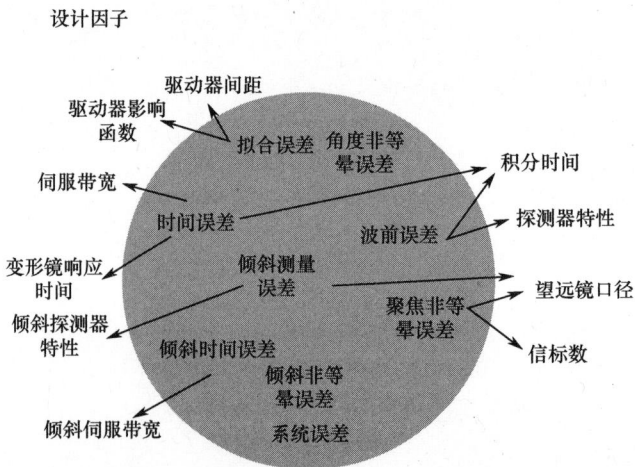

设计因子

图 8.2 系统容差对自适应光学系统技术、设计和成本的推动作用

8.1 大气湍流波前表达式

平面波（式（2.21））和球面波（式（2.23））的弗里德相干长度为

$$r_0 = \left[0.423k^2\sec(\beta)\int_0^L C_n^2(z)\,\mathrm{d}z \right]^{-3/5} \tag{8.1}$$

$$r_{0\mathrm{sph}} = \left[0.423k^2\sec(\beta)\int_0^L C_n^2(z)\left(\frac{z}{L}\right)^{5/3}\mathrm{d}z \right]^{-3/5} \tag{8.2}$$

等晕角（式（3.27））为

$$\theta_0 = \left[2.91k^2\int_{\mathrm{path}}^L C_n^2(z)z^{5/3}\,\mathrm{d}z \right]^{-3/5} \tag{8.3}$$

波前倾斜方差（式（2.43））为

$$\sigma_{\mathrm{tilt}}^2 = 0.2073k^2\int_0^L \mathrm{d}z C_n^2(z) \times \int_{-\infty}^{\infty}\int_{-\infty}^{\infty}\mathrm{d}\boldsymbol{\kappa}\left[\boldsymbol{\kappa}^2 + k^2\right]^{-11/6}\left(\frac{16}{kD}\right)^2\left[\mathrm{J}_2\frac{\left(\frac{\kappa D}{2}\right)}{\frac{\kappa D}{2}}\right]^2 \tag{8.4}$$

大气湍流引起的双轴不相关或单轴倾斜角方差（式（2.45））为

$$\alpha_{\mathrm{two-axis}}^2 = 0.364\left(\frac{D}{r_0}\right)^{5/3}\left(\frac{\lambda}{D}\right)^2 \text{ 或 } \alpha_{\mathrm{one-axis}}^2 = 0.182\left(\frac{D}{r_0}\right)^{5/3}\left(\frac{\lambda}{D}\right)^2 \tag{8.5}$$

大气湍流倾斜的格林伍德频率（式（2.54））为

$$f_{\mathrm{T}} = 0.331D^{-1/6}\lambda^{-1}\sec^{1/2}\beta\left[\int_0^L C_n^2(z)v_{\mathrm{w}}^2\,\mathrm{d}z\right]^{1/2} \tag{8.6}$$

（从太空）穿越大气的全孔径倾斜在倾斜传感器上显示（式（5.16））为

$$\alpha_{\mathrm{tilt}} = 2.2\left(\frac{D}{r_0}\right)^{5/6}\frac{\lambda}{D}M_{\mathrm{tele}} \tag{8.7}$$

大气角度倾斜的标准偏差（式（6.1））为

$$\alpha_{\mathrm{SD}} = 0.43\left(\frac{D}{r_0}\right)^{5/6}\frac{\lambda}{D} \tag{8.8}$$

大气相位误差的标准偏差（式（6.3））为

$$\phi_{\mathrm{SD}} = 0.06\left(\frac{D}{r_0}\right)^{5/6}\mathrm{waves} \tag{8.9}$$

高阶大气湍流格林伍德频率（式（2.70））为

$$f_{\mathrm{G}} = 2.31\lambda^{-6/5}\left[\sec\beta\int_0^L C_n^2(z)v_{\mathrm{w}}^{5/3}(z)\,\mathrm{d}z\right]^{3/5} \tag{8.10}$$

聚焦非等晕参数 d_0（式（3.37））为

$$d_0 = \lambda^{6/5}\cos^{3/5}\beta\left[19.77\int\left(\frac{z}{z_{\text{LGS}}}\right)^{5/3}C_n^2(z)\,\mathrm{d}z\right]^{-3/5} \tag{8.11}$$

大气湍流调制传递函数（式（2.74）和式（2.75））为

$$M_{\text{turb}} = 1, z \ll (0.4k^2C_n^2L_0^{5/3})^{-1} \tag{8.12}$$

$$M_{\text{turb}} = \exp\left[-\left(\frac{2.01\xi F\lambda}{r_0}\right)^{5/3}\right], z \gg (0.4k^2C_n^2L_0^{5/3})^{-1} \tag{8.13}$$

赫夫纳格尔–瓦利边界模型（式（2.18））为

$$C_n^2 = 5.94\times10^{-23}z^{10}\mathrm{e}^{-z}\left(\frac{W}{27}\right)^2 + 2.7\times10^{-16}\mathrm{e}^{-2z/3} + A\mathrm{e}^{-10h} \tag{8.14}$$

巴夫顿风模型（式（2.17））为

$$v(z) = 5 + 30\exp\left[-\left(\frac{z-309.4}{4.8}\right)^2\right] \tag{8.15}$$

8.2 大气湍流振幅表达式

平面波（式（2.30））和球面波（式（2.31））的对数振幅方差为

$$\sigma_\chi^2 = 0.307k^{7/6}L^{11/6}C_n^2 \tag{8.16}$$

$$\sigma_\chi^2 = 0.124k^{7/6}L^{11/6}C_n^2 \tag{8.17}$$

布拉德雷–赫尔曼热晕畸变数（式（2.78））为

$$N_B = \frac{-4\sqrt{2}P(\mathrm{d}n/\mathrm{d}T)k\alpha L}{\rho C_p v_w 2a} \tag{8.18}$$

8.3 自适应光学补偿表达式

未补偿湍流波前方差（式（2.61））为

$$\sigma_{\text{uncomp}}^2 = 1.02\left(\frac{D}{r_{\text{uncomp0}}}\right)^{5/3} \tag{8.19}$$

消除双轴倾斜后的波前方差（式（2.62））为

$$\sigma_{\text{tiltcomp}}^2 = 0.134\left(\frac{D}{r_0}\right)^{5/3} \tag{8.20}$$

消除倾斜和离焦后的波前方差（由式（3.9）导出）为

$$\sigma_{\text{Foc}}^2 = 0.111\left(\frac{D}{r_0}\right)^{5/3} \tag{8.21}$$

高阶模式校正后的波前方差（式（3.9））为

$$\sigma^2 = 0.2944 N_m^{-\sqrt{3}/2} \left(\frac{D}{r_0} \right)^{5/3} (\text{radians}^2) \tag{8.22}$$

高阶模式校正后产生的斯特列尔比（式（5.13））为

$$S_{N>21} = \exp \left[-0.2944 N^{-(\sqrt{3}/2)} \left(\frac{D}{r_0} \right)^{5/3} \right] \tag{8.23}$$

自适应光学校正拟合误差（式（3.10））为

$$\sigma_{\text{fit}}^2 = \kappa \left(\frac{r_s}{r_0} \right)^{5/3} \tag{8.24}$$

补偿后的角度倾斜方差（式（3.17））为

$$\alpha_{\text{comp}}^2 = \left(\frac{f_{\text{TG}}}{f_{\text{3dB}}} \right)^2 \left(\frac{\lambda}{D} \right)^2 \tag{8.25}$$

时间受限引起的高阶波前方差（式（3.18））为

$$\sigma_{\text{temp}}^2 = \left(\frac{f_{\text{G}}}{f_{\text{3dB}}} \right)^{5/3} \tag{8.26}$$

非等晕性引起的高阶波前方差（式（3.26））为

$$\sigma_{\text{iso}}^2 = \left(\frac{\theta}{\theta_0} \right)^{5/3} \tag{8.27}$$

夏克 – 哈特曼波前传感器测量方差（式（3.21））为

$$\sigma_{\text{WFS(H)}}^2 = \frac{2\pi^2 \left[\left(\frac{3}{16} \right)^2 + \left(\frac{s}{8} \right)^2 \right]^{1/2}}{\text{SNR}} \tag{8.28}$$

夏克 – 哈特曼波前传感器信噪比（式（3.22））为

$$\text{SNR} = \frac{N}{\left[N + n_{\text{pix}} (\sigma_r^2 + \sigma_{\text{bg}}^2) \right]^{1/2}} \tag{8.29}$$

四象限探测器角度跟踪误差（式（5.41））为

$$\sigma = 0.6 \frac{\lambda/D}{\text{SNR}_v} \tag{8.30}$$

四象限探测器信噪比（式（5.42））为

$$\text{SNR}_v = \frac{N_S}{\sqrt{N_S + 4(n_B + n_D + n_e^2)}} \tag{8.31}$$

四象限探测器对可分辨图像的倾斜测量误差（式（5.43））为

$$\sigma_{\text{qc}} = \frac{\pi \left[\left(\frac{3}{16} \right)^2 + \left(\frac{n}{8} \right)^2 \right]^{1/2} \frac{\lambda}{2a}}{\text{SNR}_v} \tag{8.32}$$

波前曲率传感器的辐照度与相位关系（式（5.114））为

$$\frac{I_1(\boldsymbol{r}) - I_2(-\boldsymbol{r})}{I_1(\boldsymbol{r}) + I_2(-\boldsymbol{r})} = \frac{f(f-s)}{s} \left[\nabla^2 \Phi \left(\frac{f}{s} \boldsymbol{r} \right) - \frac{\partial}{\partial \boldsymbol{n}} \Phi \left(\frac{f}{s} \boldsymbol{r} \right) \delta_c \right] = \frac{2f^2 c_w}{s} \tag{8.33}$$

8.4　激光导星表达式

聚焦非等晕性引起的高阶波前方差（式（3.36））为

$$\sigma_{\text{cone}}^2 = \left(\frac{D}{d_0} \right)^{5/3} \tag{8.34}$$

探测到的瑞利光通量（式（3.42））为

$$F_{\text{Rayleigh}} = \eta T_{\text{A}}^2 \frac{\sigma_{\text{R}} n_{\text{R}}}{4 \pi z_0^2} \frac{\Delta z \lambda_{\text{LGS}} E}{hc} \tag{8.35}$$

探测到的钠光通量（式（3.52））为

$$F_{\text{Sodium}} = \eta T_{\text{A}}^2 \frac{\sigma_{\text{Na}} \rho_{\text{col}}}{4 \pi z_0^2} \frac{\lambda_{\text{LGS}} E}{hc} \tag{8.36}$$

有波前误差和抖动的激光亮度（式（4.28））为

$$\text{Brightness} = \frac{\pi D^2 \text{PTK} \exp \left[- \left(\frac{2 \pi \Delta \phi}{\lambda} \right)^2 \right]}{4 \lambda^2 \left[1 + \left(\frac{2.22 \alpha_{\text{jit}} D}{\lambda} \right)^2 \right]} \tag{8.37}$$

参 考 文 献

1. Abramowitz, M. , and I. A. Stegun. *Handbook of Mathematical Functions*. New York: Dover, 1972.

2. Acton, D. S. "Correction of static optical errors in a segmented adaptive optical system." *Appl Opt* 34 (1995): 7965.

3. Acton, D. S. , and R. B. Dunn. "Solar imaging at the National Solar Observatory using a segmented adaptive optics system." *Proc SPIE* 1920 (1993): 348.

4. Acton, D. S. , and R. C. Smithson. "Solar imaging with a segmented adaptive mirror." *Appl Opt* 31 (1992): 3161.

5. Adelman, N. T. "Spherical mirror with piezoelectrically controlled curvature." *Appl Opt* 16 (1977): 3075.

6. Agrawal, G. P. , and M. Lax. "Effects of interference on gain saturation in laser resonators." *J Opt Soc Am* 69 (1979): 1717.

7. Akkapeddi, P. R. , E. T. Siebert, J. Baker, G. T. Volpe, and H. J. Robertson. "Target loop adaptive optics: thermal blooming correction." *Appl Opt* 20 (1981): 564.

8. Aksenov, V. P. , and Y. N. Isaev. "Analytical representation of the phase and its mode components reconstructed according to the wavefront slopes." *Opt Lett* 17 (1992): 1180.

9. Aksinin, V. I. , S. A. Chetkin, V. V. Kijko, and S. V. Muraviev. "Tilt corrector based on spring – type magnetostrictive actuators." *Opt Eng* 32 (1993): 447.

10. Alda, J. , and G. D. Boreman. "Analysis of edge effects for deformable mirrors." *Opt Eng* 31 (1992): 2282.

11. Aldrich, R. E. " Requirements for piezoelectric materials for deformable mirrors. " *Ferroelectrics* 27 (1980): 19.

12. Allen, J. B. Baran, L. Schmutz, and J. Yorsz. "Speckle and adaptive optics techniques." *Photonic Spectra* 22 (1988): 97.

13. Alzetta, G. , S. Gozzini, A. Lucchesini, S. Cartaleva, T. Karaulanov, C. Marinelli, and L. Moi. "Complete electromagnetically induced transparency in sodium atoms excited by a multimode dye laser." *Phys Rev A* 69, (2004): 1.

14. Anafi, D. , J. M. Spinhirne, R. H. Freeman, and K. E. Oughstun. "Intracavity adaptive optics. 2: Tilt correction performance." *Appl Opt* 20 (1981): 1926.

15. Anan'ev, Y. A. , and V. E. Sherstobitov. " Influence of the edge effects on the properties of unstable resonators. " *Sov J Quantum Electron* 1 (1971): 263.

16. Andersen, T. , O. Garpinger, M. Owner – Petersen, F. Bjoorn, R. Svahn, and A. Ardeberg. "Novel concept for large deformable mirrors." *Opt Eng* 45 (2006): 073001.

17. Andrews, L. C. "Aperture – averaging factor for optical scintillations of plane and spherical waves in the atmosphere." *J Opt Soc Am A* 9 (1992): 597.

18. Andrews, L. C. , and R. L. Phillips. *Laser Beam Propagation through Random Media*. Bellingham, WA: SPIE

Opt. Eng. Press,1998.

19. Andrews,L. C. ,R. L. Phillips,and C. Y. Hopen. *Laser Beam Scintillation with Applications*, Bellingham,WA: SPIE Press,2001.

20. Angel,J. R. P. "Use of natural stars with laser beacons for large telescope adaptive optics," *Proc. Laser Guide Star Adaptive Optics Workshop* 2,494. Albuquerque,NM: U. S. Air Force Phillips Laboratory,1992.

21. Angelbeck,A. W. ,R. C. Pietro,E. D. Hasselmark,E. Gagnon,A. F. Greiner,W. C. McClurg,G. R. Wisner,and R. H. Freeman. "Development of a cooled metal mirror with active figure control. " *Internal United Technologies Report*,United Technologies Corp. ,East Hartford,CT,1975.

22. Wilson,J. K. , et al. "Annual reports of astronomical observations and departments: University of Chicago" (abstract only),*Bull Am Astron Soc* 23,(1991): 173.

23. Antsiferov,V. N. , A. G. Malinin, Y. V. Danchenko, and V. V. Timofeev. "Mathematical modeling of deformation of a large mirror made from a high – porosity honeycombed metal. " *Sov J Opt Technol* 55 (1988): 8.

24. Anuskiewicz,J. , M. J. Northcott, and J. E. Graves. "Adaptive optics at the University of Hawaii II: control system with real – time diagnostics. " *Proc SPIE* 2201 (1994): 879.

25. AOptix Technologies,Inc. ,Campbell,CA. Available at www. aoptix. com.

26. Apollonov,V. V. ,V. I. Aksinin, S. A. Chetkin, V. V. Kijko, S. V. Muraviev, and G. V. Vdovin. "Magnetostrictive actuators in optical design. " *Proc SPIE* 1543 (1991): 313.

27. Ardeberg,A. ,and T. Anderson. "Low turbulence – high performance. " *Proc SPIE* 1236 (1990): 543.

28. Ardeberg,A. ,and T. Anderson. "Active optics at work. " *Proc ICO – 16 Satellite Conf on Active and Adap Opt*,*ESO Conf and Workshop Proc* 48 (1993) 433.

29. Ardila,A. ,R. Baptista, B. Blum, J. Rose, A. Tokovinin, and S. Zepf. "SOAR forward look instrument plan," 2008. Available at: www. lna. br/soar.

30. Arines,J. , V. Duran, Z. Jaroszewicz, J. Area, E. Tajahuerce, P. Prado, J. Lancis, S. Bara, and V. Climent. "Measurement and compensation of optical aberrations using a single spatial light modulator. " *Opt Expr* 15 (2007): 15287.

31. Armitage,J. D. ,and A. Lohmann. "Rotary shearing interferometry. " *Optica Acta* 12,(1965): 185.

32. Arnoldus,H. F. , and T. F. George. "Fresnel coefficients for a phase conjugator. " *J Opt Soc Am B* 6 (1989) 30.

33. Arsenault,R. ,D. Salmon,F. Roddier,G. Monnet,J. Kerr,and J. Sovka. "The Canada – France – Hawaii Telescope adaptive optics instrument adaptor. " *Proc SPIE* 1920 (1993): 364.

34. Artzner,G. "Microlens arrays for Shack – Hartmann wavefront sensors. " *Opt Eng* 31 (1992): 1311.

35. Asher,R. B. "Wavefront estimation for adaptive optics, Interim Report I. " U. S. Air Force Frank J. Seiler Research Laboratory,SRL – TR – 76 – 0010,July 1976.

36. Asher,R. B. ,and R. D. Neal. "Adaptive estimation of aberration coefficients in adaptive optics. " U. S. Air Force Frank J. Seiler Research Laboratory,SRL – TR – 77 – 0009,May 1977.

37. Asher,R. B. ,and R. F. Ogrodnik. "Estimation and control in mutidither adaptive optics. " *J Opt Soc Am* 67 (1977): 3.

38. Aspinwall,D. M. ,and R. D. Dotson. "Actuator configurations for segmented mirror figure control. " *Proc SPIE* 365 (1982): 123.

39. Astrom,K. J. , and B. Wittenmark. *Computer – Controlled Systems—Theory and Design.* 2nd ed. Englewood Cliffs,NJ: Prentice – Hall,1990.

40. Atad,E. , J. W. Harris, C. M. Humphries, and V. C. Salter. "Lateral shearing interferometry: evaluation and control of the optical performance of astronomical telescopes. " *Proc SPIE* 1236 (1990): 575.

41. Atad, E. , G. Catalan, J. W. Harris, C. M. Humphries, A. M. Smillie, A. F. Armitage, G. S. Hanspal, and R. J. McKeating. "Hartmann wavefront sensing with an artificial neural network processor. " *Proc SPIE* 2201 (1994): 490.

42. Aubailly, M. , M. C. Roggemann, and T. J. Schulz. "Approach for reconstructing anisoplanatic adaptive optics images. " *Appl Opt* 46 (2007) 6055.

43. Auslander, D. M. , Y. Takahashi, and M. J. Rabins. *Introducing Systems and Control.* New York: McGraw – Hill, 1974.

44. Avicola, K. , J. M. Brase, J. R. Morris, H. D. Bissinger, J. M. Duff, H. W. Friedman, D. T. Gavel, C. E. Max, S. S. Olivier, R. W. Presta, D. A. Rapp, J. T. Salmon, and K. E. Waltjen. "Sodium – layer laser – guide – star experimental results. " *J Opt Soc Am A* 11 (1994): 825.

45. Babcock, H. W. "The possibility of compensating astronomical seeing. " *Publ Astron Soc Pac* 65 (1953): 229.

46. Babcock, H. W. "Adaptive optics revisited. " *Science* 249 (1990): 253.

47. Babcock, H. W. "Astronomical background for adaptive optics," *Proc. Laser Guide Star Adaptive Optics Workshop* 1, 1. Albuquerque, NM: U. S. Air Force Phillips Laboratory, 1992.

48. Babcock, H. W. , B. H. Rule, and J. S. Fassero. "An improved automatic guider. " *Publ Astron Soc Pac* 68 (1956): 256.

49. Baker, K. L. "Interferometric wavefront sensors for high contrast imaging. " *Opt Expr* 14 (2006): 10970.

50. Band, O. , and N. Ben – Yosef. "Number of correcting mirrors versus the number of measured points in adaptive optics. " *Opt Eng* 33 (1994): 466.

51. Baranec, C. , and R. Dekany. "Study of a MEMS – based Shack – Hartmann wavefront sensor with adjustable pupil sampling for astronomical adaptive optics. " *Appl Opt* 47 (2008): 5155.

52. Barat, J. "Some characteristics of clear – air turbulence in the middle stratosphere. " *J Atmos Sci* 39 (1982): 2553.

53. Barbero, S. , and L. N. Thibos. "Error analysis and correction in wavefront reconstruction from the transport – of – intensity equation. " *Opt Eng* 45 (2006): 94001.

54. Barbieri, M. , R. Alonso, S. Desidera, A. Sozzetti, A. F. M. Fiorenzano, J. M. Almenara, M. Cecconi, R. U. Claudi, D. Charbonneau, M. Endl, V. Granata, R. Gratton, G. Laughlin, and B. Loeillet. "Characterization of the HD 17156 planetary system. " *Astro Astrophys* 503 (2009): 601.

55. Barchers, J. D. , and T. A. Rhoadarmer. "Evaluation of phase – shifting approaches for a point – diffraction interferometer with the mutual coherence function. " *Appl Opt* 41 (2002): 7499.

56. Bareket, N. "Three – channel phase detector for pulsed wavefront sensing. " *Proc SPIE* 551 (1985): 12.

57. Barnard, J. J. "Fine scale thermal blooming instability: a linear stability analysis. "*Appl Opt* 28 (1989): 438.

58. Barnes, W. P. , Jr. Optical materials—reflective. In *Applied Optics and Optical Engineering*, Vol. VII, eds. R. R. Shannon and J. C. Wyant. New York: Academic Press, 1979.

59. Barr, L. D. "The 15 – meter National New Technology Telescope–a progress report. " *Proc SPIE* 365 (1982): 8.

60. Barrett, H. H. , C. Dainty, and D. Lara. "Maximum – likelihood methods in wavefront sensing: stochastic models and likelihood functions. " *J Opt Soc Am A* 24 (2007): 391.

61. Barrett, H. H. , and S. F. Jacobs. "Retroreflective arrays as approximate phase conjugators. " *Opt Lett* 4, (1979): 190.

62. Basden, A. , T. Butterley, R. Myers, and R. Wilson. "Durham extremely large telescope adaptive optics simulation platform. " *Appl Opt* 46 (2007): 1089.

63. Basden, A. , D. Geng, D. Guzman, T. Morris, R. Myers, and C. Saunter. "Shack – Hartmann sensor improvement

using optical binning. " *Appl Opt* 46 (2007): 6136.

64. Basu, S. , D. Voelz, and D. K. Borah. "Fade statistics of a ground – to – satellite optical link in the presence of lead – ahead and aperture mismatch. " *Appl Opt* 48 (2009) 1274.

65. Batchelor, G. K. *The Theory of Homogeneous Turbulence.* London: Cambridge Univ. Press, 1953.

66. Bates, W. J. "A wavefront shearing interferometer. " *Proc Phys Soc* 59 (1947): 940.

67. Beckers, J. M. "ESO symposium on large telescopes and their instrumentation," *ESO – Proc.* 693. Garching, 1988.

68. Beckers, J. M. " The VLT interferometer IV. The utility of partial adaptive optics. " *Proc SPIE* 1236 (1990): 154.

69. Beckers, J. M. " The VLT interferometer II. Factors affecting on – axis operation. " *Proc SPIE* 1236 (1990): 364.

70. Beckers, J. M. "Removing perspective elongation effects in laser guide stars and their use in the ESO Very Large Telescope," *Proc. Laser Guide Star Adaptive Optics Workshop* 2 ,629. Albuquerque, NM: U. S. Air Force Phillips Laboratory, 1992.

71. Beckers, J. M. "Introduction to the conference. " *Proc ICO – 16 Satellite Conf on Active and Adap Opt, ESO Conf and Workshop Proc* 48 (1993).

72. Beland, R. , and Krause – Polstorff, J. "Variation of Greenwood frequency measurements under different mete-orological conditions," *Proc. Laser Guide Star Adaptive Optics Workshop* 1 ,289. Albuquerque, NM: U. S. Air Force Phillips Laboratory, 1992.

73. Belen' kii, M. S. " Influence of stratospheric turbulence on infrared imaging. " *J Opt Soc Am A* 12 (1995): 2517.

74. Belen' kii, M. S. "Effect of the inner scale of turbulence on the atmospheric modulation transfer function. " *J Opt Soc Am A* 13 (1996): 1078.

75. Belmonte, A. , and J. M. Kahn. "Capacity of coherent free – space optical links using atmospheric compensation techniques. " *Opt Expr* 17 (2009): 2763.

76. Belsher, J. F. , and D. L. Fried. *Adaptive Optics Mirror Fitting Error.* Placentia, CA: The Optical Sciences Co. Report TR – 521 ,1983.

77. Benedict, R. , Jr. , J. B. Breckinridge, and D. L. Fried. "Atmospheric compensation technology: Introduction. " *J Opt Soc Am A* 11 (1994) 257.

78. Berkefeld, T. , A. Glindemann, and S. Hippler. "Multi – conjugate adaptive optics with two deformable mirrors – requirements and performance. " *Exp Astro* 11 (2001): 1.

79. Bickel, G. , and G. Hausler. "Optical simulation of Huygens' s principle. " *J Opt Soc Am A* 5 (1988): 843.

80. Bienfang, J. C. , C. A. Denman, B. W. Grime, P. D. Hillman, G. T. Moore, and J. M. Telle. "20 W of continuous – wave sodium D2 resonance radiation from sum – frequency generation with injection – locked lasers. " *Opt Lett* 28 (2003): 2219.

81. Bifano, T. , P. Bierden, and J. Perreault. "Micromachined deformable mirrors for dynamic wavefront control. " *Proc SPIE* 5553 (2004): 1.

82. Bifano, T. G. , R. K. Mali, J. K. Dorton, J. Perreault, N. Vandelli, M. N. Horenstein, and D. A. Castanon. "Con-tinuous – membrane surface – micromachined silicon deformable mirror. " *Opt Eng* 36 (1997): 1354.

83. Bikkannavar, S. , C. Ohara, and M. Troy. "Autonomous phase retrieval control for calibration of the Palomar adaptive optics system. " *Proc SPIE* 7015 (2008) 70155K.

84. Bin – Nun, E. , and F. Dothan – Deutsch. "Mirror with adjustable radius of curvature. " *Rev Sci Instrum* 44 (1973) 512.

85. Blanc, A. , L. M. Mugnier, and J. Idier. " Marginal estimation of aberrations and image restoration by use of

phase diversity. ” *J Opt Soc Am A* 20 (2003): 1035.

86. Bold, G. T. , T. H. Barnes, and T. G. Haskell. "Aberration correction using optical feedback. ” *Proc Top Mtg on Adap Opt*, *ESO Conf and Workshop Proc* 54 (1996): 421.

87. Bonora, S. , and L. Poletto. "Push – pull membrane mirrors for adaptive optics. ” *Opt Expr* 14 (2006): 11935.

88. Boreman, G. D. , and C. Dainty. "Zernike expansions for non – Kolmogorov turbulence. ” *J Opt Soc Am A* 13 (1996): 517.

89. Born, M. , and E. Wolf. *Principles of Optics.* 5th ed. Oxford: Pergamon, 1975.

90. Boston Micromachines Corp. Available at: www. bostonmicromachines. com.

91. Bowker, J. K. *Pulsed Laser Wavefront Sensor.* Cambridge, MA: Adaptive Optics Assoc. Tech. Report 78 – 1, 1978.

92. Bradley, L. C. , and J. Herrmann. "Numerical calculation of light propagation in a nonlinear medium. ” *J Opt Soc Am* 61 (1971): 668 (abstract).

93. Brady, G. R. , M. Guizar – Sicairos, and J. R. Fienup. "Optical wavefront measurement using phase retrieval with transverse translation diversity. ” *Opt Expr* 17 (2009): 624.

94. Breaux, H. , W. Evers, R. Sepucha, and C. Whitney. "Algebraic model for cw thermal – blooming effects. ” *Appl Opt* 18 (1979): 15.

95. Breckinridge, J. B. "Coherence interferometer and astronomical applications. ” *Appl Opt* 11 (1972): 2996.

96. Bridges, W. D. , P. T. Brunner, S. P. Lazzara, T. A. Nussmeier, T. R. O' Meara, J. A. Sanguinet, and W. P. Brown. "Coherent optical adaptive techniques. ” *J Appl Opt* 13 (1974): 2.

97. Briggs, R. J. *Models of High Spatial Frequency Thermal Blooming Instabilities.* Lawrence Livermore National Lab. UCID – 21118, 1987.

98. Brousseay, D. , E. F. Borra, and S. Thibault. "Wavefront correction with a 37 – actuator ferrofluid deformable mirror. ” *Opt Expr* 15 (2007): 18190.

99. Browne, S. L. , J. L. Vaughn, G. A. Tyler, and J. D. Gonglewski. "A computationally efficient method for wave-front reconstruction. ” *Proc Top Mtg on Adap Opt*, *ESO Conf. and Workshop Proc* 54 (1996): 125.

100. Bruno, T. L. , and A. Wirth. "Adaptive optics finds down – to – Earth applications. ” *Photonics Spectra* (June 1996): 139.

101. Bruns, D. G. "Five – order adaptive optics for meter – class telescopes. ” *Top Mtg on Adap Opt*, *Opt Soc Am Tech Dig Series* 13 (1996): 63.

102. Bruns, D. G. , T. K. Barrett, D. G. Sandler, H. M. Martin, G. Brusa, J. R. P. Angel, R. Biasi, D. Gallieni, and P. Salinari. "Force – actuated adaptive secondary mirror prototype. ” *Proc Top Mtg on Adap Opt*, *ESO Conf and Workshop Proc* 54 (1996): 251.

103. Bryant, J. J. , J. W. O' Byrne, R. A. Minard, and P. W. Fekete. "Low order adaptive optics at the Anglo – Aus-tralian Telescope. ” *Proc Top Mtg on Adap Opt*, *ESO Conf and Workshop Proc* 54 (1996): 23.

104. Buchdahl, H. A. "Optical aberration coefficients. ” *J Opt Soc Am* 50 (1960): 539.

105. Buchheim, R. K. , R. Pringle, and H. W. Schaefgen. "Lead – angle effects in turbulence – compensating reci-procity tracking systems. ” *Appl Opt* 17 (1978): 165.

106. Bufton, J. L. "Comparison of vertical profile turbulence structure with stellar observations. ” *Appl Opt* 12 (1973): 1785.

107. Bures, K. J. TASC Tech Inform. Memo 996 – 8, August 1977.

108. Burns, S. A. , R. Tumbar, A. E. Elsner, D. Ferguson, and D. X. Hammer. "Large – field – of – view, modular, stabilized, adaptive – optics – based scanning laser ophthalmoscope. ” *J Opt Soc Am* 24 (2007): 1313.

109. Burrows, A. , M. Marley, W. B. Hubbard, J. I. Lunine, T. Guillot, D. Saumon, R. Freedman, D. Sudarsky, and

C. Sharp. "A nongray theory of extrasolar giant planets and brown dwarfs. " *Astrophys J* 491 (1997): 856.

110. Buscher, D. , P. Doel, R. Humphreys, R. Myers, M. Wells, A. Longmore, B. Gentles, G. Jones, and S. Worswick. "Natural guide star adaptive optics for the 4. 2m William Herschel telescope. " *Top Mtg on Adap Opt, Opt Soc Am Tech Dig Series* 13 (1996): 66.

111. Butts, R. R. , and C. B. Hogge. "Phase conjugate adaptive optics using perimeter phase measurement. " *J Opt Soc Am* 67 (1977): 278.

112. Calef, B. , E. Therkildsen, and M. Roggemann. "Wavefront – sensor – based frame selection. " *Opt Eng* 44 (2005): 116003.

113. Cannon, R. H. *Dynamics of Physical Systems.* New York: McGraw – Hill, 1967.

114. Carslaw, H. S. , and J. C. Jaeger. *Conduction of Heat in Solids.* 2nd ed. London: Oxford University Press, 1980.

115. Cao, G. , and X. Yu. "Accuracy analysis of a Hartmann – Shack wavefront sensor operated with a faint object. " *Opt Eng* 33 (1994): 2331.

116. Cao, Z. , Q. Mu, L. Hu, D. Li, Z. Peng, Y. Liu, and L. Xuan. "Preliminary use of nematic liquid crystal adaptive optics with a 2. 16 – meter reflecting telescope. " *Opt Expr* 17 (2009): 2530.

117. Cao, Z. , Q. Mu, L. Hu, Y. Liu, Z. Peng, X. Liu, and L. Xuan. "Achromatic system for a twisted alignment liquid crystal wavefront corrector. " *Appl Opt* 47 (2008): 1020.

118. Casasent, D. "Spatial light modulators. " *Proc IEEE* 65 (1977): 143.

119. Cederquist, J. , S. R. Robinson, D. Kryskowski, J. R. Fienup, and C. C. Wackerman. "Cramer – Rao lower bound on wavefront sensor error. " *Opt Eng* 25 (1986): 4.

120. Cense, B. , E. Koperda, J. M. Brown, O. P. Kocaoglu, W. Gao, R. S. Jonnal, and D. T. Miller. "Volumetric retinal imaging with ultrahigh – resolution spectral – domain optical coherence tomography and adaptive optics using two broadband light sources. " *Opt Expr* 17 (2009): 4095.

121. Chaffin, J. H. "Optical coatings for active components. " *Proc SPIE* 1543 (1991): 165.

122. Chamot, S. R. , C. Dainty, and S. Esposito. "Adaptive optics for ophthalmic applications using a pyramid wavefront sensor. " *Opt Expr* 14 (2006): 518.

123. Chassat, F. , G. Rousset, and J. Primot. "Theoretical and experimental evaluation of isoplanatic patch size for adaptive optics. " *Proc SPIE* 1114 (1989): 14.

124. Checkland, P. *Systems Thinking, Systems Practice.* New York: Wiley, 1986.

125. Chen, C. , H. Yang, X. Feng, and H. Wang. "Optimization criterion for initial coherence degree of lasers in free – space optical links through atmospheric turbulence. " *Opt Lett* 34 (2009): 419.

126. Chen, C. F. , and I. J. Haas. *Elements of Control Systems Analysis,* Englewood Cliffs, NJ: Prentice – Hall, 1968.

127. Chen, C. T. *Linear System Theory and Design.* New York: Holt, Rinehart, and Winston, 1984.

128. Chen, L. , P. B. Kruger, H. Hofer, B. Singer, and D. R. Williams. "Accommodation with higher – order monochromatic aberrations corrected with adaptive optics. " *J Opt Soc Am A* 23 (2006): 1.

129. Chen, M. , F. S. Roux, and J. C. Olivier. "Detection of phase singularities with a Shack – Hartmann wavefront sensor. " *J Opt Soc Am A* 24 (2007): 1994.

130. Chernov, L. A. *Wave Propagation in a Random Medium.* New York: McGraw – Hill, 1960.

131. Chi, C. , N. B. James III, and P. L. Misuinas. "Spectral shared aperture component. " *Proc SPIE* 171 (1979): 145.

132. Christopher, N. M. , and I. Smail. "A catalogue of potential adaptive optics survey fields from the UKIRT archive. " *Mon Not Roy Astron Soc* 365 (2006): 439.

133. Christou, J. C. "Blind deconvolution post – processing of images corrected by adaptive optics. " *Proc SPIE* 2534 (1995): 226.

134. Christou, J. C. "Reference – less detection, astrometry, and photometry of faint companions with adaptive optics. " *Astrophys J* 698 (2009): 28.

135. Christou, J. C. "Gemini Observatory adaptive optics instrumentation and capabilities. " *Am Astro Soc* 215 (2009): 214.

136. Chui, T. Y. P., H. Song, and S. A. Burns. "Adaptive – optics imaging of human cone photoreceptor distribution. " *J Opt Soc Am A* 25 (2008): 12.

137. Chung, C – Y., K – C. Cho, C – C. Chang, C – H. Lin, W – C. Yen, and S – J. Chen. "Adaptive – optics system with liquid – crystal phase – shift interferometer. " *Appl Opt* 45 (2006): 3409.

138. Churchman, C. W. *The Systems Approach.* New York: Dell, 1983.

139. Churnside, J. H. "Aperture averaging of optical scintillations in the turbulent atmosphere. " *Appl Opt* 30 (1991): 1982.

140. Claflin, E. S., and N. Bareket. "Configuring an electrostatic membrane mirror by least – squares fitting with analytically derived influence functions. " *J Opt Soc Am A* 3 (1986): 1833.

141. Clampin, M. "Optimization of MCP intensifier tubes in astronomical adaptive optics sensors. " *Proc SPIE* 1114 (1989): 152.

142. Clampin, M., J. Crocker, F. Paresce, and M. Rafal. "Optical Ranicon detectors for photon counting imaging: I. " *Rev Sci Instrum* 59 (1988): 1.

143. Clark, R., J. Karpinsky, G. Borek, E. Johnson, and N. Clark. "High speed micro – machine device for adaptive correction of aero – optic effects. " *Proc Top Mtg on Adap Opt, ESO Conf and Workshop Proc* 54 (1996): 433.

144. Claus, A. C. "On Archimedes' burning glass. " *Appl Opt* 12 (1973): A14.

145. Clifford, S. F. "The classical theory of wave propagation in a turbulent medium. " In *Laser Beam Propagation in the Atmosphere*, Chap. 2, J. W. Strohbehn, ed., New York: Springer – Verlag, 1978.

146. Coates, P. B. "A theory of afterpulse formation in photomultipliers and the pulse height distribution. " *J Phys D: Appl Phys* 6 (1973): 1159.

147. Close, L. M., and D. W. McCarthy, Jr. "Infrared imaging using a tip – tilt secondary mirror. " *Proc SPIE* 1920 (1993): 353.

148. Conan, R. "Mean – square residual error of a wavefront after propagation through atmospheric turbulence and after correction with Zernike polynomials. " *J Opt Soc Am A* 25 (2008): 526.

149. Conan, R., C. Bradley, P. Hampton, O. Keskin, A. Hilton, and C. Blain. "Distributed modal command for a two – deformable – mirror adaptive optics system. " *Appl Opt* 46 (2007): 4329.

150. Conan, R., O. Lardiere, G. Herriot, C. Bradley, and K. Jackson. "Experimental assessment of the matched filter for laser guide star wavefront sensing. " *Appl Opt* 48 (2009): 1198.

151. Conforti, G. "Zernike aberration coefficients from Seidel and higher – order power – series coefficients. " *Opt Lett* 8 (1983): 7.

152. Corrsin, S. "On the spectrum of isotropic temperature fluctuations in an isotropic turbulence. " *J Appl Phys* 22 (1951): 469.

153. Costa, J. B., S. Hippler, M. Feldt, S. Esposito, R. Ragazzoni, P. Bizenberger, E. Puga, and T. F. E. Henning. "PYRAMIR: A near – infrared pyramid wavefront sensor for the Calar Alto adaptive optics system. " *Proc SPIE* 4839 (2003): 280.

154. Crawford, D. P., R. K. Tyson, and R. J. Morgan. "Interaction of thermal blooming, turbulence, and slewing in

ground – to – space propagation. " *Proc SPIE* 1221 （1990）: 146.

155. Creath, K. "Comparison of phase – measurement algorithms. " *Proc SPIE* 680 （1986）: 19.

156. Cubalchini, R. "Modal wavefront estimation from phase derivative measurements. " *J Opt Soc Am* 69 （1979）: 7.

157. Cuellar, L. , P. Johnson, and D. G. Sandler. "Performance tests of a 1500 degree – of – freedom adaptive optics system for atmospheric compensation. " *Proc SPIE* 1542 （1991）: 468.

158. Dai, Y. , Z. Liu, Z. Jin, J. Xu, and J. Lin. "Active control of a 30 m ring interferometric telescope primary mirror. " *Appl Opt* 48 （2009）: 664.

159. Dalimier, E. , and C. Dainty. "Use of a customized vision model to analyze the effects of higher – order ocular aberrations and neural filtering on contrast threshold performance. " *J Opt Soc Am A* 25 （2008）: 2078.

160. Daly, D. *Microlens Arrays*. Boca Raton, FL: CRC Press, 2000.

161. Davies, R. , S. Rabien, C. Lidman, M. LeLouarn, M. Kasper, N. M. Forster, Schreibner, V. Roccatagliata, N. Ageorges, P. Amico, C. Dumas, and F. Mannucci. "Laser guidestar adaptive optics without tip – tilt. " *European Southern Observatory Messenger* 131 （2008）: 7.

162. Davis, D. S. , P. Hickson, G. Herriot, and C – Y. She. "Temporal variability of the telluric sodium layer. " *Opt Lett* 31 （2006）: 3369.

163. Dayton, D. , B. Pierson, B. Spielbusch, and J. Gonglewski. "Atmospheric structure function measurements with a Shack – Hartmann wavefront sensor. " *Opt Lett* 17 （1992）: 1737.

164. de Chatellus, H. G. , I. Moldovan, V. Fesquet, and J – P Pique. "Suppression of Rayleigh scattering noise in sodium laser guide stars by hyperfine depolarization of fluorescence. " *Opt Expr* 14 （2006）: 11494.

165. de Chatellus, H. G. , J – P. Pique, and I. C. Moldovan. "Return flux budget of polychromatic laser guide stars. " *J Opt Soc Am A* 25 （2008）: 400.

166. Dekany, R. G. "The Palomar adaptive optics system. " *Top Mtg on Adap Opt*, *Opt Soc Am Tech Dig Series* 13 （1996）: 40.

167. DeMarco, T. *Structured Analysis and Systems Specification*. Englewood Cliffs, NJ: Prentice – Hall, 1979.

168. DeMaria, A. "High – power carbon dioxide lasers. " *J Proc IEEE* 61 （1973）: 6.

169. Denman, C. A. , P. D. Hillman, G. T. Moore, J. M. Telle, J. E. Preston, J. D. Drummond, and R. Q. Fugate. "Realization of a 50 watt facility – class sodium guidestar pump laser. " *Proc SPIE* 5707 （2005）: 46.

170. Dente, G. C. , D. C. Gardner, and P. D. Tannen. "Error propagation in lateral shearing interferometry. " WJSA – R – 86 – A – 018, Albuquerque, NM: W. J. Schafer Associates, Inc. , 1986.

171. Devaney, N. "Adaptive optics specification for a 10m telescope on the ORM. " *Top Mtg on Adap Opt*, *Opt Soc Am Tech Dig Series* 13 （1996）: 24.

172. Dimov, N. A. , A. A. Kornienko, G. N. Mal' tsev, and A. S. Pechenov. "Investigation of the quality of a spatial approximation of a wavefront for a zonal – modal correction. " *Sov J Opt Technol* 52 （1985）: 317.

173. Doel, P. "A comparison of Shack – Hartmann and curvature sensing for large telescopes. " *Proc SPIE* 2534 （1995）: 265.

174. Dolne, J. J. , R. J. Tansey, K. A. Black, J. H. Deville, P. R. Cunningham, K. C. Widen, and P. S. Idell. "Practical issues in wavefront sensing by use of phase diversity. " *Appl Opt* 42 （2003）: 5284.

175. Dooling, D. "Peeking behind the veil of Venus. " *Nat Sol Obs* Press release February 10, 2006.

176. Down, D. "Image – position error associated with a focal plane array. " *J Opt Soc Am A* 9 （1992）: 700.

177. Downie, J. D. , and J. W. Goodman. "Accuracy requirements of optical linear algebra processors in adaptive optics imaging systems. " *Appl Opt* 28 （1989）: 4298.

178. Downie, J. D. , and J. W. Goodman. "Optimal wavefront control for adaptive segmented mirrors. " *Appl Opt* 28

(1989): 5326.

179. Drummond, J., J. Telle, C. Denman, P. Hillman, and A. Tuffli. "Photometry of a sodium laser guide star at the Starfire Optical Range." *Publ Astron Soc Pac* 116 (2004): 278.

180. Dubra, A. "Wavefront sensor and wavefront corrector matching in adaptive optics." *Opt Expr* 15 (2007): 2762.

181. Duffner, R. W. *The Adaptive Optics Revolution: A History*. Albuquerque, NM: University of New Mexico Press, 2009.

182. Dunkle, T. "The Big Glass," *Discover*, July 1989.

183. Dunphy, J. R., and D. C. Smith. "Multiple – pulse thermal blooming and phase compensation." *J Opt Soc Am A* 67 (1977): 295.

184. Ealey, M. A. "Deformable mirrors at Litton/Itek: A historical perspective." *Proc SPIE* 1167 (1989): Paper No. 4.

185. Ealey, M. A. "Actuators: Design fundamentals, key performance specifications, and parametric trades." *Proc SPIE* 1543 (1991): 346.

186. Ealey, M. A., and J. F. Washeba. "Continuous facesheet low voltage deformable mirrors." *Opt Eng* 29 (1990): 1191.

187. Ealey, M. A., and J. A. Wellman. "Deformable mirrors: Design fundamentals, key performance specifications, and parametric trades." *Proc SPIE* 1543 (1991): 36.

188. Ealey, M. A., and J. A. Wellman. "Xinetics low cost deformable mirrors with actuator replacement cartridges." *Proc SPIE* 2201 (1994): 680.

189. Edlen, B. "The refractive index of air." *Metrologia* 2 (1966): 71.

190. Eichel, P. H., and C. V. Jakowatz, Jr. "Phase – gradient algorithm as an optimal estimator of the phase derivative." *Opt Lett* 14 (1989): 1101.

191. Eichler, H. J., A. Haase, and R. Menzel. "Solid – state laser amplifier with SBS – phase conjugation." *Proc ICO – 16 Satellite Conf on Active and Adap Opt, ESO Conf and Workshop Proc* 48, (1993): 401.

192. Elbaum, M., and P. Diament. "SNR in photocounting images of rough objects in partially coherent light." *Appl Opt* 15 (1976): 2268.

193. Elbaum, M., and P. Diament. "Estimation of image centroid, size, and orientation with laser radar." *Appl Opt* 16 (1977): 2433.

194. Elbaum, M., and M. Greenebaum. "Annular apertures for angular tracking." *Appl Opt* 16 (1977): 2438.

195. Ellerbroek, B. L. "First – order performance evaluation of adaptive – optics systems for atmospheric – turbulence compensation in extended – field – of – view astronomical telescopes." *J Opt Soc Am A* 11 (1994): 783.

196. Ellerbroek, B. L., C. Van Loan, N. P. Pitsianis, and R. J. Plemmons. "Optimizing closed loop adaptive optics performance using multiple control bandwidths." *Proc SPIE* 2201 (1994): 935.

197. Ellerbroek, B. L., and T. A. Rhoadarmer. "Optimization of closed – loop adaptive – optics control algorithms using measured performance data: Experimental results." *Top Mtg on Adap Opt, Opt Soc Am Tech Dig Series* 13 (1996): 233.

198. Ellerbroek, B. L., D. W. Tyler, and R. Racine. "Sky coverage calculations for Shack – Hartmann NGS AO systems." *Proc Top Mtg on Adap Opt, ESO Conf and Workshop Proc* 54 (1996): 357.

199. Elson, J. M., H. E. Bennett, and J. M. Bennett. Scattering from optical surfaces. In *Applied Optics and Optical Engineering*, eds. R. R. Shannon, J. C. Wyant, Vol. VII, New York: Academic Press, 1979.

200. Enguehard, S., and B. Hatfield. "Perturbative approach to the small – scale physics of the interaction of ther-

mal blooming and turbulence. " *J Opt Soc Am A* 8 (1991): 637.

201. Erry, G. , P. Harrison, J. Burnett, D. Benton, A. Scott, and S. Woods. "Results of atmospheric compensation using a wavefront curvature based adaptive optics system. " *Proc SPIE* 4884 (2003): 245.

202. Esposito, S. , G. Brusa, and D. Bonaccini. "Liquid crystal wavefront correctors: Computer simulation results. " *Proc ICO – 16 Satellite Conf on Active and Adap Opt*, *ESO Conf and Workshop Proc* 48 (1993): 289.

203. Esposito, S. , and A. Riccardi. "Pyramid wavefront sensor behavior in partial correction adaptive optic systems. " *Astron Astrophys* 369 (2001): L9.

204. Evans, J. W. , B. Macintosh, L. Poyneer, K. Morzinski, S. Severson, D. Dillon, D. Gavel, and L. Reza. "Demonstrating sub – nm closed loop MEMS flattening. " *Opt Expr* 14 (2006): 5558.

205. Everson, J. H. , R. E. Aldrich, and N. P. Albertinetti. "Discrete actuator deformable mirror. " *Opt Eng* 20 (1981): 316.

206. Everson, J. H. , and J. A. Greenough. "Evaluation of a deformable monolithic mirror/heat exchanger unit. " *Proc SPIE* 179 (1979): 91.

207. Fabellinskii, I. L. *Molecular Scattering of Light*, New York: Plenum, 1968.

208. Fante, R. L. "The effect of source temporal coherence on light scintillations in weak turbulence. " *J Opt Soc Am* 69 (1979): 71.

209. Fante, R. L. "Electromagnetic beam propagation in turbulent media: An update. " *Proc IEEE* 68 (1980): 1434.

210. Feinleib, J. *Proposal 82 – P4.* Cambridge, MA: Adaptive Optics Associates, 1982.

211. Feinleib, J. , S. G. Lipson, and P. F. Cone. "Monolithic piezoelectric mirror for wavefront correction. " *Appl Phys Lett* 25 (1974): 311.

212. Fender, J. S. ed. "Synthetic aperture systems. " *Proc SPIE* 440 (1984).

213. Fengjie, X. , J. Zongfu, X. Xiaojun, and G. Yifeng. "High – diffractive – efficiency defocus grating for wavefont curvature sensing. " *J Opt Soc Am A* 24 (2007): 3444.

214. Fenster, A. , J. C. Leblanc, W. B. Taylor, and H. E. Johns. "Linearity and fatigue in photo – multipliers. " *Rev Sci Instrum* 44 (1973): 689.

215. Fernandez, E. J. , and P. Artal. "Ocular aberrations up to the infrared range: From 632. 8 to 1070 nm. " *Opt Expr* 16 (2008): 21199.

216. Fienup, J. R. "Phase retrieval algorithms: A comparison. " *Appl Opt* 21 (1982): 2758.

217. Fienup, J. R. "Phase – retrieval algorithms for a complicated optical system. " *Appl Opt* 32 (1993): 1737.

218. Figueira, G. , J. Wemans, H, Pires, N. Lopes, and L. Cardoso. "Single adjuster deformable mirror with four contact points for simultaneous correction of astigmatism and defocus. " *Opt Expr* 15 (2007): 5664.

219. Fisher, A. D. "Self – referenced high resolution adaptive wavefront estimation and compensation. " *Proc SPIE* 551 (1985): 102.

220. Fisher, A. D. , and C. Warde. "Technique for real – time high – resolution adaptive phase compensation. " *Opt Lett* 8 (1983): 353.

221. Fisher, R. A. *Optical Phase Conjugation.* New York: Academic Press, 1983.

222. Flath, L. , J. An, J. Brase, C. Carrano, C. B. Dane, S. Fochs, R. Hurd, M. Kartz, and R. Sawvel. "Development of adaptive techniques for high – power lasers. " *Proc 2nd Int Workshop on Ad Opt for Industry and Medicine*, G. Love, ed. Singapore: World Scientific, 1999.

223. Florence, J. M. "Joint – transform correlator systems using deformable – mirror spatial light modulators. " *Opt Lett* 14 (1989): 341.

224. Foley, J. T. , and M. A. Abdul Jalil. "Role of diffraction in phase retrieval from intensity measurements. " *Proc*

SPIE 351 (1982): 80.

225. Foo, G., D. M. Palacios, and G. A. Swartzlander, Jr. "Optical vortex coronagraph." *Opt Lett* 30 (2005): 3308.

226. Forbes, F. F. "Bimorph PZT active mirror." *Proc SPIE* 1114 (1989): 146.

227. Forbes, F. F., D. A. Morse, and G. A. Poczulp. "Site survey instrumentation for the National New Technology Telescope (NNTT)." *Opt Eng* 27 (1988): 845.

228. Ford, S. D., M. C. Roggemann, and B. M. Welsh. "Frame selection performance limits for statistical image reconstruction of adaptive optics compensated images." *Opt Eng* 35 (1996): 1025.

229. Foy, R., and A. Labeyrie. "Feasibility of adaptive optics telescope with laser probe." *Astron Astrophys* 152 (1985): L29.

230. Foy, R., A. Migus, F. Biraben, G. Grynberg, P. R. McCullough, and M. Tallon. "The polychromatic artificial sodium star: A new concept for correcting atmospheric tilt." *Astron Astrophys Supp Ser* 111 (1995): 569.

231. Foy, R., J. P. Pique, V. Bellanger, P. Chevrou, A. Petit, C. Hogemann, L. Noethe, M. Schock, J. Girard, M. Tallon, E. Thiebaut, J. Vaillant, F. C. Foy, and M. Van Dam. "Feasibility study of the polychromatic laser guide star." *Proc SPIE* 4839 (2003): 484.

232. Foy, R., M. Tallon, M. Sechaud, and N. Hubin. "ATLAS experiment to test the laser probe technique for wavefront measurements." *Proc SPIE* 1114 (1989): 174.

233. Frantz, L. M., A. A. Sawchuk, and W. von der Ohe. "Optical phase measurement in real time." *Appl Opt* 18 (1979): 19.

234. Freeman, R. H., R. J. Freiberg, and H. R. Garcia. "Adaptive laser resonator." *Opt Lett* 2 (1978): 3.

235. Freeman, R. H., H. R. Garcia, J. DiTucci, and G. R. Wisner. "High – Speed Deformable Mirror System," U. S. Air Force Weapons Laboratory Report AFWL – TR – 76 – 146, Kirtland Air Force Base, New Mexico (unpublished), 1977.

236. Freischlad, K. R., and C. L. Koliopoulos. "Modal estimation of a wavefront from difference measurements using the discrete Fourier transform." *J Opt Soc Am A* 3 (1986): 11.

237. Fried, D. L. "The effect of wavefront distortion on the performance of an ideal optical heterodyne receiver and an ideal camera." *Conf on Atmospheric Limitations to Optical Propagation* Gaithersburg, MD: U. S. Nat Bur Stds CRPL, 1965.

238. Fried, D. L. "Statistics of a geometric representation of wavefront distortion." *J Opt Soc Am* 55 (1965): 1427.

239 Fried, D. L. "Limiting resolution looking down through the atmosphere." *J Opt Soc Am* 56 (1966): 1380.

240. Fried, D. L. *Effect of Speckle on Wavefront Distortion Sensing.* Placentia, CA: The Optical Sciences Company Report TR – 251, 1977.

241. Fried, D. L. "Least – square fitting a wavefront distortion estimate to an array of phase – difference measurements." *J Opt Soc Am* 67 (1977): 370.

242. Fried, D. L. "Resolution, signal – to – noise ratio, and measurement precision." *J Opt Soc Am* 69 (1979): 399.

243. Fried, D. L. "Anisoplanatism in adaptive optics." *J Opt Soc Am* 72 (1982): 52.

244. Fried, D. L. "Analysis of focus anisoplanatism: The fundamental limit in performance of artificial guide star adaptive optics systems (AGS/AOS)." *Proc Laser Guide Star Adaptive Optics Workshop* 1, 37. Albuquerque, NM: U. S. Air Force Phillips Laboratory, 1992.

245. Fried, D. L. "Focus anisoplanatism in the limit of infinitely many artificial guide – star reference spots." *J Opt Soc Am A* 12 (1995): 939.

246. Fried, D. L., and G. E. Mevers. "Evaluation of ro for propagation down through the atmosphere." *Appl Opt* 13 (1974): 11.

247. Fried, D. L., and J. L. Vaughn. *Focus Anisoplanatism for a Multiple Spot Artificial Guide – Star Pattern.* Placentia, CA: The Optical Sciences Company Report BC – 641, 1991.

248. Fried, D. L., and J. F. Belsher. "Analysis of fundamental limits to artificial – guidestar adaptive – optics – system performance for astronomical imaging." *J Opt Soc Am A* 11 (1994): 277.

249. Friedman, H., K. Avicola, H. Bissinger, J. Brase, J. Duff, D. Gavel, J. Horton, C. Max, S. Olivier, D. Rapp, T. Salmon, D. Smauley, and K. Waltjen. "Laser guide star measurements at Lawrence Livermore National Laboratory." *Proc SPIE* 1920 (1993): 52.

250. Friedman, H., G. Erbert, T. Kuklo, T. Salmon, D. Smauley, G. Thompson, J. Malik, N. Wong, K. Kanz, and K. Neeb. "Sodium beacon laser system for the Lick Observatory." *Proc SPIE* 2534 (1995): 150.

251. Friedman, H., J. Morris, and J. Horton. "System design for a high power sodium laser beacon." *Proc Laser Guide Star Adaptive Optics Workshop* 2, 639. Albuquerque, NM: U. S. Air Force Phillips Laboratory, 1992.

252. Friedman, H., R. Foy, M. Tallon, and A. Migus. "First results of a polychromatic artificial sodium star for correction of tilt." *Top Mtg on Adap Opt, Opt Soc Am Tech Dig Series* 13 (1996): 78.

253. Fu, T. Y., and M. Sargent III. "Effects of signal detuning on phase conjugation." *Opt Lett* 4 (1979): 366.

254. Fugate, R. Q. "Laser beacon adaptive optics for power beaming applications," *Proc SPIE* 2121 (1994): 68.

255. Fugate, R. Q. "Observations of faint objects with laser beacon adaptive optics," *Proc SPIE* 2201 (1994): 10.

256. Fugate, R. Q., D. L. Fried, G. A. Ameer, B. R. Boeke, S. L. Browne, P. H. Roberts, R. E. Ruane, and L. M. Wopat. "Measurement of atmospheric wavefront distortion using scattered light from a laser guide star," *Nature* 353 (1991): 144.

257. Fugate, R. Q., C. H. Higgins, B. L. Ellerbroek, J. M. Spinhirne, B. R. Boeke, R. A. Cleis, D. W. Swindle, and M. D. Oliker. "Laser beacon adaptive optics with an unintensified CCD wavefront sensor and fiber optic synthesized array of silicon avalanche photodiodes for fast guiding," *Proc ICO – 16 Satellite Conf on Active and Adap Opt, ESO Conf and Workshop Proc* 48 (1993): 487.

258. Fugate, R. Q., J. F. Riker, J. T. Roark, S. Stogsdill, and B. D. O' Neil. "Laser beacon compensated images of Saturn using a high – speed, near – infrared correlation tracker," *Proc Top Mtg on Adap Opt, ESO Conf and Workshop Proc* 54 (1996): 287.

259. Fuschetto, A. "Three – actuator deformable water – cooled mirror," *Opt Eng* 20 (1981): 310.

260. Fuschetto, A. "Three – actuator deformable water – cooled mirror," *Proc SPIE* 179 (1979).

261. Gaffard, J. – P., P. Jagourel, and P. Gigan. "Adaptive optics: Description of available components at LASER-DOT," *Proc SPIE* 2201 (1994): 688.

262. Gallant, P. J., and G. J. M. Aitken. "Simple neural networks as wavefront slope predictors: Training and performance issues," *Top Mtg on Adap Opt, Opt Soc Am Tech Dig Series* 13 (1996): 253.

263. Garcia, H. R., and L. D. Brooks. "Characterization techniques for deformable metal mirrors," *Proc SPIE* 141 (1978): 74.

264. Gardner, C. S., B. M. Welsh, and L. A. Thompson. "Design and performance analysis of adaptive optical telescopes using laser guide stars," *Proc IEEE* 78 (1990): 1721.

265. Gaskill, J. D. *Linear Systems, Fourier Transforms, and Optics.* New York: Wiley, 1978.

266. Gavel, D. T. "Tomography for multiconjugate adaptive optics systems using laser guide stars," *Proc SPIE* 5490 (2004): 1356.

267. Gavel, D. T., C. E. Max, K. Avicola, H. D. Bissinger, J. M. Brase, J. Duff, H. W. Friedman, J. R. Morris,

S. S. Olivier, D. A. Rapp, J. T. Salmon, and K. E. Waltjen. "Design and early results of the sodium – layer laser guide star adaptive optics experiment at the Lawrence Livermore National Laboratory," *Proc ICO* – 16 *Satellite Conf on Active and Adap Opt*, *ESO Conf and Workshop Proc* 48 (1993): 493.

268. Gavel, D. T., and S. S. Olivier. "Simulation and analysis of laser guide star adaptive optics systems for the eight to ten meter class telescopes," *Proc SPIE* 2201 (1994): 295.

269. Gavrielides, A. "Vector polynomials orthogonal to the gradient of Zernike polynomials," *Opt Lett* 7 (1982): 526.

270. Gbur, G., and R. K. Tyson. "Vortex beam propagation through atmospheric turbulence and topological charge conservation," *J Opt Soc Am A* 25 (2008): 225.

271. Ge, J., B. Jacobsen, J. R. P. Angle, N. Woolf, J. H. Black, M. Lloyd – Hart, P. Gray, and R. Q. Fugate. "An optical ultrahigh resolution spectrograph with the adaptive optics," *Top Mtg on Adap Opt*, *Opt Soc Am Tech Dig Series* 13 (1996): 122.

272. Geary, J. C. "Rapid – framing CCDs with 16 output ports for laser guide star sensors," *Proc SPIE* 2201 (1994): 607.

273. Geary, J. C., and G. A. Luppino. "New circular radial – scan frame – storage CCDs for low – order adaptive optics wavefront curvature sensing," *Proc SPIE* 2201 (1994): 588.

274. Geary, J. M. "Ray misidentification errors in Hartmann – like wavefront sensors," *Opt Eng* 30 (1991): 1388.

275. Geary, J. M. *Introduction to Wavefront Sensors*. Bellingham, WA: SPIE Optical Engineering Press, 1995.

276. Gebhardt, F. G. "High power laser propagation," *Appl Opt* 15 (1976): 1479.

277. Gebhardt, F. G. "Twenty – five years of thermal blooming: An overview," *Proc SPIE* 1221 (1990): 2.

278. Gendron, E. "Modal control optimization in an adaptive optics system," *Proc ICO* – 16 *Satellite Conf on Active and Adap Opt*, *ESO Conf and Workshop Proc* 48 (1993): 187.

279. Gerchberg, R. W., and W. O. Saxton. "A practical algorithm for the determination of phase from image and diffraction plane pictures," *Optic (Stuttgart)* 35 (1972): 237.

280. Germann, L. M. "Specification of fine – steering mirrors for line – of – sight stabilization systems," *Proc SPIE* 1543 (1991): 202.

281. Ghiglia, D. C., and L. A. Romero. "Direct phase estimation from phase differences using fast elliptic partial differential equation solvers," *Opt Lett* 14 (1989): 1107.

282. Giacconi, R. *VLT Whitebook*. European Southern Observatory: Garching bei Munchen, 1998.

283. Gil, M. A., and J. M. Simon. "Diffraction grating and optical aberrations: A new and exact formulation," *Appl Opt* 24: (1985): 2956.

284. Gilles, L., and B. Ellerbroek. "Shack – Hartmann wavefront sensing with elongated sodium laser beacons: Centroiding versus matched filtering," *Appl Opt* 45 (2006): 6568.

285. Gilles, L., and B. L. Ellerbroek. "Constrained matched filtering for extended dynamic range and improved noise rejection for Shack – Hartmann wavefront sensing," *Opt Lett* 33 (2008): 1159 –61.

286. Give'on, A., N. J. Kasdin, R. J. Vanderbei, and Y. Avitzour. "On representing and correcting wavefront errors in high – contrast imaging systems," *J Opt Soc Am A* 23 (2006): 1063.

287. Glazer, O., E. N. Ribak, and L. Mirkin. "Adaptive optics implementation with a Fourier reconstructor," *Appl Opt* 46 (2007): 574.

288. Gleckler, A. D., D. J. Markason, and G. H. Ames. "PAMELA: Control of a segmented mirror via wavefront tilt and segment piston sensing," *Proc SPIE* 1543 (1991): 176.

289. Glindemann, A., and T. Berkefeld. "A new method for separating atmospheric layers using a Shack – Hart-

mann curvature sensor," *Top Mtg on Adap Opt*, *Opt Soc Am Tech Dig Series* 13 (1996): 153.

290. Goede, P. , T. Heinz, F. Johnson, and A. MacCollum. "Diamond turned deformable mirror," *Proc SPIE* 365 (1982): 138.

291. Golbraikh, E. , and N. Kopeika. "Turbulence strength parameter in laboratory and natural optical experiments in non – Kolmogorov cases," *Opt Commun* 242 (2008): 333.

292. Goldberg, D. *Genetic Algorithms in Search*, *Optimization and Machine Learning*. Reading, MA: Addison Wesley Longman, 1989.

293. Goncharov, A. V. , N. Devaney, and C. Dainty. "Atmospheric dispersion compensation for extremely large telescopes," *Opt Expr* 15 (2007): 1534.

294. Gonglewski, J. D. , D. G. Voelz, J. S. Fender, D. C. Dayton, B. K. Spielbusch, and R. E. Pierson. "First astronomical application of postdetection turbulence compensation: Images of α Aurigae, v Ursae Majoris, and α Germinorum using selfreferenced speckle holography," *Appl Opt* 29 (1990): 4527.

295. Gonsalves, R. "Phase retrieval from modulus data," *J Opt Soc Am* 66 (1976): 961.

296. Gonsalves, R. A. "Fundamentals of wavefront sensing by phase retrieval," *Proc SPIE* 351 (1982): 56.

297. Gonsalves, R. A. "Phase retrieval by differential intensity measurements," *J Opt Soc Am A* 4 (1987): 166.

298. Goodfriend, M. J. , K. M. Shoop, and C. G. Miller. "High force, high strain, wide band width linear actuator using the magnetostrictive material, Terfenol – D," *Proc SPIE* 1543 (1991): 301.

299. Goodman, J. W. *Introduction to Fourier Optics*. New York: McGraw – Hill, 1968.

300. Goodman, J. W. *Statistical Optics*, 413. New York: Wiley, 1985.

301. Goodman, J. W. , W. H. Huntley, Jr. , D. W. Jackson, and M. Lehman. "Wavefrontreconstruction imaging through random media," *Appl Phys Lett* 8 (1966): 311.

302. Goodman, J. W. , and M. S. Song. "Performance limitations of an analog method for solving simultaneous linear equations," *Appl Opt* 21 (1982): 502.

303. Gordeyev, S. , T. E. Hayden, and E. J. Jumper. "Aero – optical and flow measurements over a flat – windowed turret," *AIAA J* 45 (2007): 347.

304. Gosselin, P. , P. Jagourel, and J. Peysson. "Objective comparisons between stacked array mirrors and bimorph mirrors," *Proc SPIE* 1920 (1993): 81.

305. Graves, J. E. "Future directions for the University of Hawaii adaptive optics program," *Top Mtg on Adap Opt*, *Opt Soc Am Tech Dig Series* 13 (1996): 49.

306. Gray, D. C. , W. Merigan, J. I. Wolfing, B. P. Gee, J. Porter, A. Dubra, T. H. Twietmeyer, and K. Ahmad. "In vivo fluorescence imaging of primate retinal ganglion cells and retinal pigment epithelial cells," *Opt Expr* 14 (2006): 7144.

307. Greenwood, D. P. "Bandwidth specification for adaptive optics systems," *J Opt Soc Am* 67 (1977): 390.

308. Greenwood, D. P. "Tracking turbulence – induced tilt errors with shared and adjacent apertures," *J Opt Soc Am* 67 (1977): 282.

309. Greenwood D. P. , and C. A. Primmerman. "Adaptive optics research at Lincoln Laboratory," *Lincoln Lab J* 5 (1992): 3; Greenwood, D. P. , and C. A. Primmerman. "The history of adaptive – optics development at the MIT Lincoln Laboratory," *Proc SPIE* 1920 (1993): 220.

310. Greivenkamp, J. E. , and D. G. Smith. "Graphical approach to Shack – Hartmann lenslet array design," *Opt Eng* 47 (2008): 063601.

311. Grossman, S. B. , and R. B. Emmons. "Performance analysis and size optimization of focal planes for point – source tracking algorithm applications," *Opt Eng* 23 (1984): 167.

312. Grosso, R. P. , and M. Yellin. "The membrane mirror as an adaptive optical element," *J Opt Soc Am* 67

（1977）：399.

313. Gruneisen, M. T. , R. C. Dymale, J. R. Rotge, L. F. DeSandre, and D. L. Lubin. Wavelength – dependent characteristics of a telescope system with diffractive wavefront compensation," *Opt Eng* 44 （2005）：068002.

314. Guha, J. K. , and J. A. Plascyk. "Low – absorption grating beam samplers," *Proc SPIE* 171 （1979）：117.

315. Gully, S. W. , J. Huang, N. Denis, D. P. Looze, A. Wirth, A. J. Jankevics, and D. A. Castaflon. "Experiments with adaptive nonlinear control systems for atmospheric correction," *Proc SPIE* 2201 （1994）：920.

316. Gurski, G. F. , N. T. Nomiyama, R. J. Radley, and J. Wilson. "An initial evaluation of performance of adaptive optical systems with extended dynamic targets," *J Opt Soc Am* 67 （1977）：345.

317. Halevi, P. "Bimorph piezoelectric flexible mirror: Graphical solution and comparison with experiment," *J Opt Soc Am* 73 （1983）：110.

318. Han, I. "New method for estimating wavefront from curvature signal by curve fitting," *Opt Eng* 34 （1995）：1232.

319. Happer, W. , G. J. MacDonald, C. E. Max, and F. J. Dyson. "Atmosphericturbulence compensation by resonant optical backscattering from the sodium layer in the upper atmosphere," *J Opt Soc Am A* 11 （1994）：263.

320. Hardy, J. W. "Active optics: A new technology for the control of light," *Proc IEEE* 66 （1978）：651.

321. Hardy, J. W. "Instrumental limitations in adaptive optics for astronomy," *Proc SPIE* 1114 （1989）：2.

322. Hardy, J. W. "Adaptive optics—a progress review," *Proc SPIE* 1542 （1991）：2.

323. Hardy, J. W. *Adaptive Optics for Astronomical Telescopes.* New York: Oxford Univ. Press,1998.

324. Hardy, J. W. , J. Feinleib, and J. C. Wyant. "Real – time correction of optical imaging systems," *OSA Meeting on Optical Propagation through Turbulence*, Boulder, CO,1974.

325. Hardy, J. W. , J. E. Lefebvre, and C. L. Koliopoulos. "Real – time atmospheric compensation," *J Opt Soc Am* 67 （1977）：360.

326. Hardy, J. W. , and A. J. MacGovern. "Shearing interferometry: A flexible technique for wavefront measurement," *Proc SPIE* 816 （1987）.

327. Hardy, J. W. and E. P. Wallner. "Wavefront compensation using active lenses," *Proc SPIE* 2201 （1994）：77.

328. Harney, R. C. "Active laser resonator control techniques," *Appl Opt* 17 （1978）：11.

329. Harrington, P. M. , and B. M. Welsh. "Frequency – domain analysis of an adaptive optical systems' temporal response," *Opt Eng* 33 （1994）：2336.

330. Hart, N. W. , M. C. Roggemann, A. Sergeyev, and T. J. Schulz. "Characterizing static aberrations in liquid crystal spatial light modulators using phase retrieval," *Opt Eng* 46 （2007）：086601.

331. Hart, M. , N. M. Milton, C. Baranec, T. Stalcup, K. Powell, E. Bendek, D. McCarthy, and C. Kulesa. "Wide field astronomical image compensation with multiple laser – guided adaptive optics," *Proc SPIE* 7486 （2009）：L1.

332. Hartmann, J. "Bemerkungen uber den Bau und die Justirung von Spektrographen," *Z. Instrumentenkd* 20 （1900）：47.

333. Hartmann, J. "Objektuvuntersuchungen," *Z. Instrumentenkd* 24 （1904）：1.

334. Harvey, J. E. , and G. M. Callahan. "Transfer function characterization of deformable mirrors," *J Opt Soc Am* 67 （1978）.

335. Harvey, J. E. and M. L. Scott. "The hole grating beam sampler," *Opt Eng* 20 （1981）：881.

336. Harvey, J. E. , J. L. Forgham, and K. von Bieren. "The spot of Arago and its role in wavefront analysis," *Proc SPIE* 351 （1982）：2.

337. Hatfield, B. *Thermal Blooming in the Presence of Turbulence and Diffusion.* Woburn, MA: North East Research

Assoc. ,Inc. ,presented to PCAP Committee,Lexington,MA,1988.

338. Helmbrecht,M. A. ,and T. Juneau. "Piston – tip – tilt positioning of a segmented MEMS deformable mirror," *Proc SPIE* 6467 （2007）.

339. Hemmati,H. ,and Y. Chen. "Active optical compensation of low – quality optical system aberrations," *Opt Lett* 31 （2006）:1630.

340. Herrmann,J. "Properties of phase conjugate adaptive optical systems," *J Opt Soc Am* 67 （1997）: 290.

341. Hickson,P. "Wavefront curvature sensing from a single defocused image," *J Opt Soc Am A* 11 （1994）: 1667.

342. Hiddleston,H. R. ,D. D. Lyman,and E. L. Schafer. "Comparisons of deformable mirror models and influence functions," *Proc SPIE* 1542 （1991）: 20.

343. Hinnen,K. , M. Verhaegen, and N. Doelman. "Exploiting the spatiotemporal correlation in adaptive optics using data – driven H2 – optimal control," *J Opt Soc Am A* 24 （2007）: 1714.

344. Hinz, P. M. , A. N. Heinze, S. Sivanandam, D. L. Miller, M. A. Kenworthy, G. Brusa, M. Freed, and J. R. P. Angel. "Thermal infrared constraint to a planetary companion of Vega with the MMT adaptive optics system," *Astrophys J* 653 （2006）: 1486.

345. Hippler,S. , F. Hormuth, D. J. Butler, W. Brandner, and T. Henning. "Atmosphere – like turbulence genera-tion with surface – etched phase – screens," *Opt Expr* 14 （2006）: 10139.

346. Hogan,W. J. , L. J. Atherton, and J. A. Paisner. "National ignition facility design focuses on optics," *Laser Focus World* 32 （1996）: 107.

347. Hogge,C. B. ,and R. R. Butts. U. S. Air Force Weapons Laboratory Report, AFWL – TR – 78 – 15, Kirtland Air Force Base,New Mexico （unpublished）,1978.

348. Hogge,C. B. ,and R. R. Butts. "Effects of using different wavelengths in wavefront sensing and correction," *J Opt Soc Am* 72 （1982）: 606.

349. Holmes,D. A. ,and P. V. Avizonis. "Approximate optical system model," *Appl Opt* 15 （1976）: 1075.

350. Holmes,R. "Scintillation – induced jitter of projected light with centroid trackers," *J Opt Soc Am A* 26 （2009）: 313.

351. Hopkins,M. M. "The frequency response of a defocused optical system," *Optica Acta* 2 （1955）: 91.

352. Hopkins, M. M. "The frequency response of optical systems," *Proc Phys Soc London*, Sect B 69 （1956）: 562.

353. Hormuth,F. ,W. Brandner,S. Hippler,and T. Henning. "Astralux – the Calar Alto 2. 2 – m telescope lucky imaging camera," *J Phys Conf Series* 131 （2008）: 012051.

354. Hornbeck,L. J. "128 x 128 deformable mirror device," *IEEE Trans Electron Dev* ED – 30 （1983）: 539.

355. Horwitz,B. A. "Multiplex techniques for real – time shearing interferometry," *Opt Eng* 29 （1990）: 1223.

356. Hu,S. ,B. Xu,X. Zhang,J. Hou,J. Wu,and W. Jiang. "Double – deformable – mirror adaptive optics system for phase compensation," *Appl Opt* 45 （2006）: 2638.

357. Huang,L. ,C. Rao,and W. Jiang. "Modified Gaussian influence function of deformable mirror actuators," *Opt Expr* 16 （2008）: 108.

358. Hubin,N. "The ESO VLT adaptive optics programme," *Astro Astrophys Trans* 13 （1997）.

359. Hubin,N. , B. L. Ellerbroek, R. Arsenault, R. M. Clare, R. Dekany, L. Gilles, M. Kasper, G. Herriot, M. Le Louarn, E. Marchetti, S. Oberti, J. Stoesz, J. P. Veran, and C. Verinaud. "Adaptive optics for extremely large telescopes," *Proc IAU Symp* 232 （2005）: 60.

360. Hudgin,R. H. "Wavefront compensation error due to finite corrector – element size," *J Opt Soc Am* 67 （1977）: 393.

361. Hudgin, R. H. "Wavefront reconstruction for compensated imaging," *J Opt Soc Am* 67 (1977): 375.

362. Hufnagel, R. E. *Proc. Topical Meeting on Optical Propagation through Turbulence*, Boulder, CO, 1974; Hufnagel, R. E. "Propagation through atmospheric turbulence," *The Infrared Handbook*, eds. W. L. Wolfe and G. J. Zissis, Chap. 6. Ann Arbor, MI: Env. Res. Inst. Mich. , 1989.

363. Hulburd, B. , and Sandler, D. " Segmented mirrors for atmospheric compensation," *Opt Eng* 29 (1990): 1186.

364. Hulburd, B. , T. Barrett, L. Cuellar, and D. Sandler. "High bandwidth, long stroke segmented mirror for atmospheric compensation," *Proc SPIE* 1543 (1991): 64.

365. Hull, W. C. , R. B. Dunn, and M. J. Small. "A 256 – channel digital wavefront reconstructor," *Proc SPIE* 1920 (1993): 200.

366. Humphreys, R. A. , C. A. Primmerman, L. C. Bradley, and J. Herrmann. "Atmospheric – turbulence measurements using a synthetic beacon in the mesospheric sodium layer," *Opt Lett* 16 (1991): 1367.

367. Hunt, B. R. "Matrix formulation of the reconstruction of phase values from phase differences," *J Opt Soc Am* 69 (1979): 393.

368. Hutley, M. C. *Diffraction Gratings*. New York: Academic Press, 1982.

369. Idell, P. S. , and J. D. Gonglewski. "Image synthesis from wavefront sensor measurements of a coherent diffraction field," *Opt Lett* 15 (1990): 1309.

370. Idell, P. S. , and D. G. Voelz. "Non conventional laser imaging using sampledaperture receivers," *Opt Phot News* 8 (April 1992).

371. Iizuka, K. *Engineering Optics*. 2nd ed. Berlin: Springer – Verlag, 1986.

372. Ikeda, O. , M. Takehara, and T. Sato. "High – performance image – transmission system through a turbulent medium using multiple reflectors and adaptive focusing combined with four – wave mixing," *J Opt Soc Am A* 1 (1984): 176.

373. Ikramov, A. V. , I. M. Rotshupkin, and A. G. Safronov. "Investigations of the bimorph piezoelectric mirrors for use in astronomic telescope," *Proc ICO – 16 Satellite Conf on Active and Adap Opt, ESO Conf and Workshop Proc* 48 (1993): 235.

374. Ishimaru, A. *Wave Propagation and Scattering in Random Media*. New York: Academic Press, 1977.

375. Ivanov, V. Yu. , V. P. Sivokon, and M. A. Vorontsov. "Phase retrieval from a set of intensity measurements: Theory and experiment," *J Opt Soc Am A* 9 (1992): 1515.

376. Jacobsen, B. , T. Martinez, R. Angel, M. Lloyd – Hart, S. Benda, D. Middleton, H. Friedman, and G. Erbert. "Field evaluation of two new continuous – wave dye laser systems optimized for sodium beacon excitation," *Proc SPIE* 2201 (1994): 342.

377. Jagourel, P. , and J. – P. Gaffard. " Adaptive optics components in laser – dot," *Proc SPIE* 1543 (1991): 76.

378. Jankevics, A. J. , and A. Wirth. "Wide field of view adaptive optics," *Proc SPIE* 1543 (1991): 438.

379. Jared, R. C. , A. A. Arthur, S. Andreae, A. K. Biocca, R. W. Cohen, J. M. Fuertes, J. Franck, G. Gabor, J. Llacer, T. S. Mast, J. D. Meng, T. L. Merrick, R. H. Minor, J. Nelson, M. Orayani, P. Salz, B. A. Schaefer, and C. Witebsky. "The W. M. Keck telescope segmented primary mirror active control system," *Proc SPIE* 1236 (1990): 996.

380. MEMS Optical, Technical Information Datasheets. www. memsoptical. com/techinfo/datasheets. htm.

381. Jeong, T. M. , D. Ko, and J. Lee. "Method of reconstructing wavefront aberrations from the intensity measurement," *Opt Lett* 32 (2007): 3507.

382. Jeys, T. H. , A. A. Brailove, and A. Mooradian. "Sum frequency generation of sodium resonance radiation, "

Appl Opt 28 （1989）：2588.

383. Jeys, T. H. , R. M. Heinrichs, K. F. Wall, J. Korn, T. C. Hotaling, and E. Kibblewhite. "Optical pumping of mesospheric sodium," *Proc Laser Guide Star Adaptive Optics Workshop* 1,238. Albuquerque, NM：U. S. Air Force Phillips Laboratory,1992.

384. Ji, X. , and X. Li. "Directionality of Gaussian array beams propagating in atmospheric turbulence," *J Opt Soc Am A* 26 （2009）：236.

385. Jiang, W. , H. Li, C. Liu, X. Wu, S. Huang, H. Xian, Z. Rong, C. Wang, M. Li, N. Ling, and C. Guan. "A 37 element adaptive optics system with H – S wavefront sensor," *Proc ICO – 16 Satellite Conf on Active and Adap Opt, ESO Conf and Workshop Proc* 48 （1993）：127.

386. Jiang, W. , M. Li, G. Tang, M. Li, and D. Zheng. "Adaptive optical image compensation experiments on stellar objects," *Opt Eng* 34 （1995）：15.

387. Johansson, E. M. , M. A. van Dam, P. J. Stanski, J. M. Bell, J. C. Chin, R. C. Sumner, P. L. Wizinowich, R. Biasi, M. Andrgihettoni, and D. Pescoller. "Upgrading the Keck wavefront controllers," *Proc SPIE* 7015 （2008）：70153E.

388. Johns, M. "The Giant Magellan telescope," *Proc SPIE* 6267 （2006）.

389. Johns, M. "Progress on the GMT," *Proc SPIE* 7012 （2008）：701246.

390. Johnson, B. , and D. V. Murphy. "Thermal blooming laboratory experiment, Part I. " In *Lincoln Laboratory MIT Project Report*, Cambridge, MA：MIT Press,1988.

391. Johnson, B. , and C. A. Primmerman. "Experimental observation of thermal – blooming phase – compensation instability," *Opt Lett* 14 （1989）：12.

392. Johnson, B. , and J. F. Schonfeld. "Demonstration of spontaneous thermal – blooming phase – compensation instability," *Opt Lett* 16 （1991）：1258.

393. Johnston, D. C. , and B. M. Welsh. "Atmospheric turbulence sensing for a multiconjugate adaptive optics system," *Proc SPIE* 1542 （1991）：76.

394. Johnston, D. C. , and B. M. Welsh. "Analysis of multiconjugate adaptive optics," *J Opt Soc Am A* 11 （1994）：394.

395. Johnston, D. C. , B. L. Ellerbroek, and S. M. Pompea. "Curvature sensing analysis," *Proc SPIE* 2201 （1994）：528.

396. Johnson P. , R. Trissel, L. Cuellar, B. Arnold, and D. Sandler. "Real time wavefront reconstruction for a 512 subaperture adaptive optical system," *Proc SPIE* 1543 （1991）：460.

397. Johnsopn, R. , D. Montera, T. Schneeberger, and J. Spinhirne. "A new sodium guidestar adaptive optics system for the Starfire Optical Range 3. 5 m telescope," AFRL – RD – PS, TP – 2009 – 1018,2009.

398. Jolissaint, L. , J. – P. Veran, and R. Conan. "Analytical modeling of adaptive optics：Foundations of the phase spatial power spectrum approach," *J Opt Soc Am A* 23 （1006）：382.

399. Jonnal, R. S. , J. Rha, Y. Zhang, B. Cense, W. Gao, and D. T. Miller. "In vivo functional imaging of human cone photoreceptors," *Opt Expr* 15 （2007）：16141.

400. Kane, T. J. , C. S. Gardner, and L. A. Thompson. "Effects of wavefront sampling speed on the performance of adaptive astronomical telescopes," *Appl Opt* 30 （1991）：214.

401. Karcher, H. J. , and H. Nicklas. "Active structural control of very large telescopes," *Proc SPIE* 1114 （1989）：320.

402. Karr, T. J. *Ground Based Laser Propagation：Status and Prospects*. Presented to DEW Technology Base Review Panel, San Diego, CA,1987.

403. Karr, T. J. *Ground Based Laser Propagation Review*. Presented to JASON meeting, San Diego, CA,1987.

404. Karr, T. J. "Thermal blooming compensation instabilities. " *J Opt Soc Am A* 6 (1989):1038.

405. Karr, T. J. "Temporal response of atmospheric turbulence compensation. " *Appl Opt* 30 (1991): 363.

406. Kelsall, D. , and R. D' Amato. " AFWL/OPTICS optical degradation by aerodynamic boundary layers. " MIT Lincoln Laboratory Report, ESD – TR – 78 – 243, 1977.

407. Kenrew, S. , P. Doel, D. Brooks, C. Dorn, C. Yates, R. M. Dwan, I. Richardson, and G. Evans. "Developments of a carbon fiber composite active mirror: design and testing. " *Opt Eng* 45 (2006): 033401.

408. Kenrew, S. , P. Doel, D. Brooks, A. M. King, C. Dorn, C. Yates, R. M. Dwan, I. Richardson, and G. Evans. "Prototype carbon fiber composite deformable mirror. " *Opt Eng* 46 (2007): 094003.

409. Kenemuth, J. R. "Multiactuator deformable mirror evaluations. " *Proc SPIE* 171 (1979): 32.

410. Kern, P. , P. Lena, P. Gigan, J. Fontanella, G. Rousset, F. Merkle, and J. Gaffard. "COME – ON: An adaptive optics prototype dedicated to infrared astronomy. " *Proc SPIE* 1114 (1989): 54.

411. Keskin, O. , R. Conan, P. Hampton, and C. Bradley. "Derivation and experimental evaluation of a point – spread – function reconstruction from a dual – deformable – mirror adaptive optics system. " *Opt Eng* 47 (2008): 046601.

412. Kibblewhite, E. "Laser beacons for astronomy," *Proc. Laser Guide Star Adaptive Optics Workshop* 1, 24. Albuquerque, NM: U. S. Air Force Phillips Laboratory, 1992.

413. Kibblewhite, E. , W. Wild, B. Carter, M. Chun, F. Shi, and M. Smutko. "A description of the Chicago Adaptive Optics System (ChAOS)," *Proc. Laser Guide Star Adaptive Optics Workshop* 2, 522. Albuquerque, NM: U. S. Air Force Phillips Laboratory, 1992.

414. Kibblewhite, E. , M. F. Smutko, and F. Shi. "The effect of hysteresis on the performance of deformable mirrors and methods of its compensation. " *Proc SPIE* 2201 (1994): 754.

415. Kibblewhite, E. J. , R. Vuilleumier, B. Carter, W. J. Wild, and T. H. Jeys. "Implementation of CW and pulsed laser beacons for astronomical adaptive optics systems. " *Proc SPIE* 2201 (1994): 272.

416. Kim, Y. "Refined simplex method for data fitting. " *Astron. Data Anal. Software and Sys.* 125 (1997): 206.

417. Kingslake, R. , ed. *Applied Optics and Optical Engineering, Volume II: The Detection of Light and Infrared Radiation.* New York: Academic Press, 1965; Kingslake, R. , and B. J. Thompson, eds. *Applied Optics and Optical Engineering, Volume VI: Coherent Optical Devices and Systems.* New York: Academic Press, 1980.

418. Kline – Schoder, R. J. , and M. J. Wright. "Design of a dither mirror control system. " *Mechatronics* 2 (1992): 115.

419. Kocher, D. G. "Point image focus sensing using an automated Foucault test. " *Proc SPIE* 351 (1982): 148.

420. Kocher, D. G. "Automated Foucault test for focus sensing. " *Appl Opt* 22 (1983): 1887.

421. Kokorowski, S. A. "Analysis of adaptive optical elements made from piezoelectric bimorphs. " *J Opt Soc Am* 69 (1979): 181.

422. Kokorowski, S. A. , M. E. Pedinoff, and J. E. Pearson. "Analytical, experimental, and computer – simulation results on the interactive effects of speckle with multidither adaptive optics systems. " *J Opt Soc Am* 67 (1977): 333.

423. Kokorowski, S. A. , T. R. O' Meara, R. C. Lind, and T. Calderone. "Automatic speckle cancellation techniques for multidither adaptive optics. " *Appl Opt* 19 (1980): 371.

424. Koliopoulos, C. L. "Avoiding phase – measuring interferometry's pitfalls. " *Photon Spectra* (1988): 169.

425. Kolmogorov, A. "Dissipation of energy in locally isotropic turbulence. " In *Turbulence, Classic Papers on Statistical Theory*, eds. S. K. Friedlander, and L. Topper. New York: Wiley (Interscience), 1961.

426. Konyaev, P. A. , and V. P. Lukin. "Thermal distortions of focused laser beams in the atmosphere. " *Appl Opt* 24 (1985): 415.

427. Korkiakoski, V. , C. Verinaud, M. Le Louarn, and R. Conan. "Comparison between a model – based and a conventional pyramid sensor reconstructor. " *Appl Opt* 46 (2007): 6176.

428. Korkiakoski, V. , C. Verinaud, and M. Le Louarn. "Improving the performance of a pyramid wavefront sensor with modal sensitivity compensation. " *Appl Opt* 47 (2008): 79.

429. Kornienko, A. A. , and G. N. Mal' tsev. "Use of spectral expansions of Zernike polynomials for investigating the aberrations of adaptive optical systems. " *Sov J Opt Technol* 55 (1988): 341.

430. Korotkova, O. , L. C. Andrews, and R. L. Phillips. "The effect of partially coherent quasi – monochromatic Gaussian – beam on the probability of fade. " *Proc SPIE* 5160 (2004): 68.

431. Kotani, T. , S. Lacour, G. Perrin, G. Robertson, and P. Tuthill. "Pupil remapping for high contrast astronomy: results from an optical test bed. " *Opt Expr* 17 (2009): 1925.

432. Krist, J. E. , and C. J. Burrows. "Phase – retrieval analysis of pre – and post – repair Hubble Space Telescope images. *Appl Opt* 34 (1995): 4951.

433. Krupke, W. F. , and W. R. Sooy. "Properties of an unstable confocal resonator CO_2 laser system. " *IEEE J Quantum Electron* QE – 5 (1969).

434. Kulesar, C. , H. – F. Raynaud, C. Petit, J. – M. Conan, and P. V. de Lesegno. "Optimal control, observers and integrators in adaptive optics. " *Opt Expr* 14 (2006): 7464.

435. Kuo, B. C. *Automatic Control Systems*. 5th ed. Englewood Cliffs, NJ: Prentice – Hall, 1987.

436. Kuo, C. "Optical tests of an intelligently deformable mirror for space telescope technology. " *Opt Eng* 33 (1994): 791.

437. Kurczynski, P. , H. M. Dyson, and B. Sadoulet. "Stability of electrostatic actuated membrane mirror devices. " *Appl Opt* 45 (2006): 8288.

438. Kurczynski, P. , H. M. Dyson, and B. Sadoulet. "Large amplitude wavefront generation and correction with membrane mirrors. " *Opt Expr* 14 (2006): 509.

439. Kwon, O. Y. , Real – time radial – shear interferometer. " *Proc SPIE* 551 (1985): 32.

440. Laag, E. A. , S. M. Ammons, D. T. Gavel, and R. Kupke. "Multiconjugate adaptive optics results from the laboratory for adaptive optics MCAO/MOAO testbed. " *J Opt Soc Am A* 25 (2008): 2114.

441. Labeyrie, A. "Attainment of diffraction – limited resolution on large telescope by Fourier analyses speckle pattern in stars images. " *Astron Astrophys* 6 (1970): 85.

442. Laird, P. , E. F. Borra, R. Bergamesco, J. Gingras, L. Truong, and A. Ritcey. "Deformable mirrors based on magnetic liquids. " *Proc SPIE* 5490 (2004): 1493.

443. Lam, J. F. , and W. P. Brown. "Optical resonators with phase – conjugate mirrors. " *Opt Lett* 5 (1980): 61.

444. Landis, G. A. "Letter. " *Physics Today* 13, July 1992.

445. Lardiere, O. , R. Conan, C. Bradley, K. Jackson, and G. Herriot. "A laser guide star wavefront sensor bench demonstrator to TMT. " *Opt Expr* 16 (2008): 5527.

446. Large Aperture Mirror Program. *Large Optics Demonstration Experiment*. Washington, DC: Strategic Defense Initiative Organization, unpublished, 1985.

447. "Laser guide star teams with adaptive optics to shed light on massive star, " *University of California Newsroon*, 26 February 2004.

448. Lauterbach, M. A. , M. Ruckel, and W. Denk. "Light – efficient, quantum – limited interferometric wavefront estimation by virtual mode sensing. " *Opt Expr* 14 (2006): 3700.

449. Lavigne, J. – F. , and J. – P. Veran. "Woofer – tweeter control in an adaptive optics system using a Fourier reconstructor. " *J Opt Soc Am A* 25 (2008): 2271.

450. Law, N. M. , R. G. Dekany, C. D. Mackay, A. M. Moore, M. C. Britton, and V. Velur. "Getting lucky with

adaptive optics: Diffraction – limited resolution in the visible with current AO systems on large and small telescopes. " *Proc SPIE* 7014 (2008): 1152.

451. Lawrence, R. S. , G. R. Ochs, and S. F. Clifford. "Measurements of atmospheric turbulence relevant to optical propagation. " *J Opt Soc Am A* 60 (1970): 826.

452. Lazzarini, A. , G. H. Ames, and E. Conklin. "Methods of hierarchical control for a segmented active mirror. *Proc SPIE* 2121 (1994): 147.

453. Lei, F. , and H. J. Tiziani. "Atmospheric influence on image quality of airborne photographs. " *Opt Eng* 32 (1993): 2271.

454. Lena, P. "Adaptive optics: a breakthrough in astronomy. " *Exp Astron* 26 (2009): 35.

455. Lessard, L. , M. West, D. MacMynowski, and S. Lall. "Warm – started wavefront reconstruction for adaptive optics. " *J Opt Soc Am A* 25 (2008): 1147.

456. Levine, B. M. , J. J. Janesick, and J. C. Shelton. "Development of a low noise high frame rate CCD for adaptive optics. " *Proc SPIE* 2201 (1994): 596.

457. Levine, B. M. , and K. Kiasaleh. "Intensity fluctuations in the Compensated Earth Moon Earth Laser Link (CEMERLL) experiment. " *Proc SPIE* 2123 (1994): 409.

458. Li, C. , H. Xian, C. Rao, and W. Jiang. "Field – of – view shifted Shack – Hartmann wavefront sensor for daytime adaptive optics system. " *Opt Lett* 31 (2006): 2821.

459. Li, E. , Y. Dai, H. Wang, and Y. Zhang. "Application of eigenmode in the adaptive optics system based on a micromachined membrane deformable mirror. " *Appl Opt* 45 (2006): 5651.

460. Li, K. Y. , and A. Roorda. "Automated identification of cone photoreceptors in adaptive optics retinal images. " *J Opt Soc Am A* 24 (2007): 1358.

461. Li, M. , X. Li, and W. Jiang. "Small – phase retrieval with a single far – field image. " *Opt Expr* 16 (2008): 8190.

462. Liang, J. , and D. R. Williams. "Aberrations and retinal image quality of the normal human eye. " *J Opt Soc Am A* 14 (1997): 2873.

463. Liang, J. , D. R. Williams, and D. T. Miller. "Supernormal vision and high – resolution retinal imaging through adaptive optics. " *J Opt Soc Am A* 14 (1997): 2884.

464. Liebelt, P. B. *An Introduction to Optimal Estimation.* Reading, MA: Addison – Wesley, 1967.

465. Lindorff, D. P. *Theory of Sampled – Data Control Systems.* New York: Wiley, 1965.

466. Linnik, V. P. "On the possibility of reducing the influence of atmospheric seeing on the image quality of stars. " *Opt Spectrosc* 3 (1957): 401.

467. Lipson, S. G. , E. N. Ribak, and C. Schwartz. "Bimorph deformable mirror design. " *Proc SPIE* 2201 (1994): 703.

468. Liu, Y. , Z. Cao, D. Li, Q. Mu, L. Hu, X. Lu, and L. Xuan. "Correction for large aberration with phase – only liquid – crystal wavefront corrector. " *Opt Eng* 45 (2006): 128001.

469. Liu, Y. , and J. G. Walker. "Post – compensation for extended object imaging. " *Proc ICO – 16 Satellite Conf on Active and Adap Opt, ESO Conf and Workshop Proc* 48 (1993): 137.

470. Liu, Y. – T. , and J. Steve Gibson. "Adaptive control in adaptive optics for directed – energy systems. " *Opt Eng* 46 (2007): 046601.

471. Llacer, J. , R. C. Jared, and J. M. Fuertes. "Analysis of the W. M. Keck telescope primary mirror control loop. " *Proc SPIE* 1236 (1990): 1024.

472. Lloyd – Hart, M. , R. Dekany, D. Sandler, D. Wittman, R. Angel, and D. McCarthy. "Progress in diffraction – limited imaging at the Multiple Mirror Telescope with adaptive optics. " *J Opt Soc Am A* 11 (1994): 846.

473. Lloyd – Hart, M., R. Angel, B. Jacobsen, D. Wittman, D. McCarthy, E. Kibblewhite, B. Carter, and W. Wild. "Preliminary closed – loop results from an adaptive optics system using a sodium resonance guide star." *Proc SPIE* 2201 (1994): 364.

474. Lloyd – Hart, M., J. R. P. Angel, D. G. Sandler, P. Salinari, D. Bruns, and T. K. Barrett. "Progress toward the 6.5 – m MMT infrared adaptive optics system." *Top Mtg on Adap Opt*, *Opt Soc Am Tech Dig Series* 13 (1996): 28.

475. Lloyd – Hart, M., C. Baranec, N. M. Milton, M. Snyder, T. Stalcup, and J. R. P. Angel. "Experimental results of ground – layer and tomographic wavefront reconstruction from multiple laser guide stars." *Opt Expr* 14 (2006): 7541.

476. Lloyd – Hart, M., and P. McGuire. "Spatio – temporal prediction for adaptive optics wavefront reconstructors." *Proc Top Mtg on Adap Opt*, *ESO Conf and Workshop Proc* 54 (1996): 95.

477. Lloyd – Hart, M., and T. Rhoadarmer. "Wavefront control optimization using adaptive filters." *Top Mtg on Adap Opt*, *Opt Soc Am Tech Dig Series* 13 (1996): 268.

478. Loewen, E. G., and M. Neviere. "Simple selection rules for VUV and XUV diffraction gratings." *Appl Opt* 17 (1978): 1087.

479. Logean, E., E. Dalimier, and C. Dainty. "Measured double – pass intensity pointspread function after adaptive optics correction of ocular aberrations." *Opt Expr* 16 (2008): 17384.

480. Looze, D. P. "Minimum variance control structure for adaptive optics systems." *J Opt Soc Am A* 23 (2006): 603.

481. Looze, D. P. "Discrete – time model of an adaptive optics system." *J Opt Soc Am A* 24 (2007): 2850.

482. Looze, D. P. "Linear – quadratic – Gaussian control for adaptive optics systems using a hybrid model." *J Opt Soc Am A* 26 (2009): 1.

483. Lors, C. A. "I – cubed sensor wavefront correction system." Pratt and Whitney Aircraft, FL. Internal memorandum. August 28, 1978.

484. Lors, C. A. "CLAWS multidither COAT system." Pratt and Whitney Aircraft, FL. Internal memorandum. May 26, 1978.

485. Love, G. D. "Wavefront correction and production of Zernike modes with a liquid – crystal spatial light modulator." *Appl Opt* 36 (1997): 1517.

486. Love, G., R. Myers, A. Purvis, R. Sharples, and A. Glindemann. "A new approach to adaptive wavefront correction using a liquid crystal half – wave phase shifter." *Proc ICO – 16 Satellite Conf on Active and Adap Opt*, *ESO Conf and Workshop Proc* 48 (1993): 295.

487. Ludman, J. E., H. J. Caulfield, V. Morozov, and J. L. Sampson. "Wavefront reconstruction using self – referenced direct – drive adaptive optics." *Opt Eng* 33 (1994): 4020.

488. Lukin, V. P. *Atmospheric Adaptive Optics*. Bellingham, WA: SPIE Optical Engineering Press, 1995.

489. Lukin, V. P., B. V. Fortes, F. Y. Kanev, and P. A. Konyaev. "Potential capabilities of adaptive – optical systems in the atmosphere." *J Opt Soc Am A* 11 (1994): 903.

490. Lundstrom, L., S. Manzanera, P. M. Prieto, D. B. Ayala, N. Gorceix, J. Gustafsson, P. Unsbo, and P. Artal. "Effect of optical correction and remaining aberrations on peripheral resolution acuity in the human eye." *Opt Expr* 15 (2007): 12654.

491. Lush, H. J. "Photomultiplier linearity." *J Sci Instrum* 42 (1965): 597.

492. Lutomirski, R. F. "Atmospheric degradation of electrooptical system performance." *Appl Opt* 17 (1978): 3915.

493. Lutomirski, R. F., and H. T. Yura. "Propagation of a finite optical beam in an inhomogeneous medium." *Appl*

Opt 10 （1971）: 1652.

494. Lyons, A. "Design of proximity – focused electron lenses. " *J Phys E* 8 （1985）: 127.

495. Mach, L. "Communication of the notices of the Viennese Academy. " *Z Instrumentenkd* 12 （1892）: 89.

496. Mahajan, V. N. "Zernike annular polynomials for imaging systems with annular pupils. " *J Opt Soc Am* 71 （1981）: erratum 1408.

497. Makidon, R. B. , A. Sivaramakrishnan, R. Soummer, B. R. Oppenheimer, L. C. Roberts Jr. , J. R. Graham, and M. D. Perrin. "The Lyot project: Understanding the AEOS adaptive optics PSF. " *Proc IAU Coll* 200 （2005）: 603.

498. Malakhov, M. N. , V. F. Matyukhin, and B. V. Pilepskii. "Estimating the parameters of a multielement mirror of an adaptive optical system. " *Sov J Opt Technol* 51 （1984）: 141.

499. Malakhov, M. N. , and B. V. Prilepskii. "Method of determining the wavefront profile from information using a detector of the Hartmann type. " *Opt Spectrosc* （*USSR*） 58 （1985）: 271.

500. Malin, M. , W. Macy, and G. Ferguson. "Edge actuation for figure control. " *Proc SPIE* 365 （1982）: 114.

501. Mannion, P. "CCDs ride the tailcoat of digital convergence. " *Electron Prod* 27, April 1996.

502. Marchesini, S. "A unified evaluation of iterative projection algorithms for phase retrieval. " *Rev Sci Instrum* 78 （2007）: 011301.

503. Marchetti, E. , and R. Ragazzoni. "Wavefront generator for adaptive optics testing. " *Proc Top Mtg on Adap Opt*, *ESO Conf and Workshop Proc* 54 （1996）: 229.

504. Marcy, G. W. "California and Carnegie planet search, " 2005. Available at: http://exoplanets. org.

505. Marlow, W. C. "Dynamics of a deformable mirror actuator. " *Opt Eng* 33 （1994）: 1016.

506. Martin, H. M. , and D. S. Anderson. "Techniques for optical fabrication of a 2 – mm – thick adaptive secondary mirror. " *Proc SPIE* 2534 （1995）:134.

507. Marquet L. C. "Transmission diffraction grating attenuator for analysis of high power laser beam quality. " *Appl Opt* 10 （1971）: 960.

508. Massie, N. A. , R. D. Nelson, and S. Holly. "High – performance real – time heterodyne interferometry. " *Appl Opt* 18 （1979）: 1797.

509. Massie, N. A. , Y. Oster, G. Poe, L. Seppala, and M. Shao. "Low – cost, high – resolution, single – structure array telescopes for imaging of low – Earth – orbit satellites. " *Appl Opt* 31 （1992）: 447.

510. Max, C. E. , K. Avicola, J. M. Brase, H. W. Friedman, H. D. Bissinger, J. Duff, D. T. Gavel, J. A. Horton, R. Kiefer, J. R. Morris, S. S. Olivier, R. W. Presta, D. A. Rapp, J. T. Salmon, and K. E. Waltjen. "Design, layout, and early results of a feasibility experiment for sodium – layer laser – guide – star adaptive optics. " *J Opt Soc Am A* 11 （1994）: 813.

511. Max, C. E. , D. T. Gavel, S. S. Olivier, J. M. Brase, H. W. Friedman, K. Avicola, J. T. Salmon, A. D. Gleckler, T. S. Mast, J. E. Nelson, P. L. Wizinowich, and G. A. Chanan. "Issues in the design and optimization of adaptive optics and laser guide stars for the Keck telescopes. " *Proc SPIE* 2201 （1994）: 189.

512. McAulay, A. D. "Deformable mirror nearest neighbor optical digital computer. " *Opt Eng* 25 （1986）: 76; Caulfield, H. J. , W. T. Rhodes, M. J. Foster, and S. Horvitz. "Optical implementation of systolic array processing. " *Opt Commun* 40 （1981）: 86; Pape, D. R. , and L. J. Hornbeck. "Characteristics of the deformable mirror device for optical information processing. " *Opt Eng* 22 （1983）: 675.

513. McCausland I. *Introduction to Optimal Control*. New York: Wiley, 1979.

514. McDonald, T. B. , and M. A. Ealey, personal communication, 1985.

515. McKinley, W. G. , H. T. Yura, and S. G. Hanson. "Optical system defect propagation in ABCD systems. " *Opt Lett* 13 （1988）: 333.

516. McLaughlin, J. L. "Focus – position sensing using laser speckle." *Appl Opt* 18 (1979): 1042.

517. McLaughlin, J. L. and B. A. Horwitz. "Real – time snapshot interferometer." *Proc SPIE* 680 (1986): 35.

518. McLeod, J. H. "The axicon: A new type of optical element." *J Opt Soc Am* 44 (1954): 592.

519. *Melles Griot Optics Guide*, CVI Melles Griot, Irvine, CA, 2009.

520. Meng, J. D., R. Minor, T. Merrick, and G. Gabor. "Position control of the mirror figure control actuator for the Keck Observatory ten meter primary mirror." *Proc SPIE* 1114 (1989): 266.

521. Meng, J. D., J. Franck, G. Gabor, R. C. Jared, R. H. Minor, and B. A. Schaefer. "Position actuators for the primary mirror of the W. M. Keck telescope." *Proc SPIE* 1236 (1990): 1018.

522. Menikoff, A. "Actuator influence functions of active mirrors." *Appl Opt* 30 (1991): 833.

523. Merkle, F., K. Freischlad, and J. Bille. "Development of an active optical mirror for astronomical applications," ESO Conference, Garching: FRG, 1981.

524. Merkle, F., and J. M. Beckers. "Application of adaptive optics to astronomy." *Proc SPIE* 1114 (1989): 36.

525. Merkle, F., G. Rousset, P. Kern, and J. P. Gaffard. "First diffraction – limited astronomical images with adaptive optics." *Proc SPIE* 1236 (1990): 193.

526. Merkle, F., and N. Hubin. "Adaptive optics for the European very large telescope." *Proc SPIE* 1542 (1991): 283.

527. Merritt, P. H., L. Sher, and R. E. Walter. "Stability measures of adaptive optics control systems," *Proc. Laser Guide Star Adaptive Optics Workshop* 1, 352. Albuquerque, NM: U. S. Air Force Phillips Laboratory, 1992.

528. Microfab Technologies, Inc., Available at: www. microfab. com.

529. Middelhoek, S., and S. Audet. *Silicon Sensors*. London: Academic Press, 1989.

530. Mikoshiba, S., and B. Ahlborn. "Laser mirror with variable focal length." *Rev Sci Instrum* 44 (1973): 508.

531. Milman, M., A. Fijany, and D. Redding. "Wavefront control algorithms and analysis for a dense adaptive optics system." *Proc SPIE* 2121 (1994): 114.

532. Minor, R. H., A. A. Arthur, G. Gabor, H. G. Jackson, R. C. Jared, T. S. Mast, and B. A. Schaefer. "Displacement sensors for the primary mirror of the W. M. Keck telescope." *Proc SPIE* 1236 (1990): 1009.

533. Moini, H. "Systematic design of a deformable mirror with low – order wavefront compensation capability." *Opt Eng* 35 (1996): 2012.

534. Montagnier, G., T. Fusco, J. – L. Beuzit, D. Mouillet, J. Charton, and L. Jacou. "Pupil stabilization for SPHERE's extreme AO and high performance coronagraph system." *Opt Expr* 15 (2007): 15293.

535. Montera, D. A., B. M. Welsh, M. C. Roggemann, and D. W. Ruck. "Processing wavefront – sensor slope measurements using artificial neural networks." *Appl Opt* 35 (1996): 4238.

536. Montera, D. A., B. M. Welsh, M. C. Roggemann, and D. W. Ruck. "Use of artificial neural networks for Hartman sensor lenslet centroid estimation." *Top Mtg on Adap Opt*, *Opt Soc Am Tech Dig Series* 13 (1996): 250.

537. Montera, D. A., B. M. Welsh, M. C. Roggemann, and D. W. Ruck. "Prediciton of wavefront sensor slope measurements using artificial neural networks." *Top Mtg on Adap Opt*, *Opt Soc Am Tech Dig Series* 13 (1996): 226.

538. Moore, K. E., and G. N. Lawrence. "Zonal model of an adaptive mirror." *Appl Opt* 29 (1990): 4622.

539. Morris, D. "Simulated annealing applied to the Misell algorithm for phase retrieval." *IEE Proc Micro Ant Prop* 143 (1996): 208.

540. Morris, J. R. "Atmospheric propagation modeling: Closed – loop instability growth." Lawrence Livermore National Lab., presented to JASON group, La Jolla, CA, 1988.

541. Morris, J. R. "Efficient excitation of a mesospheric sodium laser guide star by intermediate – duration pulses."

J Opt Soc Am A 11 (1994): 832.

542. Morris, T. J., and R. W. Wilson. "Optimizing Rayleigh laser guide star range – gate depth during initial loop closing." *Opt Lett* 32 (2007): 2004.

543. Moses, E. *Science and Technology Review*, Lawrence Livermore National Laboratory, April/May 2009. Available at: str. llnl. gov.

544. Mu, Q., Z. Cao, D. Li, L. Hu, and L. Xuan. "Liquid crystal based adaptive optics system to compensate both low and high order aberrations in a model eye." *Opt Expr* 15 (2007): 1946.

545. Mu, Q., Z. Cao, D. Li, L. Hu, and L. Xuan. "Open – loop correction of horizontal turbulence: system design and result." *Appl Opt* 47 (2008): 4297.

546. Mugnier, L. M., J. – F. Sauvage, T. Fusco, A. Cornia, and S. Dandy. "On – line long – exposure phase diversity: a powerful tool for sensing quasi – static aberrations of extreme adaptive optics imaging systems." *Opt Expr* 16 (2008): 18406.

547. Muller, R. A., and A. Buffington. "Real – time correction of atmospherically degraded telescope images through image sharpening," *J Opt Soc Am* 64 (1974): 1200.

548. Mumola, P. B., H. J. Robertson, G. N. Steinberg, J. L. Kreuzer, and A. W. McCullough. "Unstable resonators for annular gain volume lasers." *Appl Opt* 17 (1978): 936.

549. Murphy, D. V., C. A. Primmerman, B. G. Zollars, and H. T. Barclay. "Experimental demonstration of atmospheric compensation using multiple synthetic beacons." *Opt Lett* 16 (1991): 1797.

550. Myers, C. J., and R. C. Allen. "Development of an analytical mirror model addressing the problem of thermoelastic deformation." *Appl Opt* 24 (1985): 1933.

551. Myers, R. B. *Unified Theory of Thermal Blooming and Turbulence in the Atmosphere*. Woburn, MA: North East Research Assoc. , Inc. , 1988.

552. Myers, R., A. Longmore, R. Humphreys, G. Gilmore, B. Gentiles, M. Wells, and R. Wilson. "The UK adaptive optics programme." *Proc SPIE* 2534 (1995): 48.

553. Nadler, G. "Systems methodology and design." *Mech Eng* 108 (1986): 86.

554. Nakata, T., and M. Watanabe. "Ultracompact and highly sensitive commonpath phase – shifting interferometer using photonic crystal polarizers as a reference mirror and a phase shifter." *Appl Opt* 48 (2009): 1322.

555. Neal, R. D., T. S. McKechnie, and D. R. Neal. "System requirements for laser power beaming to geosynchronous satellites." *Proc SPIE* 2121 (1994): 211.

556. Neichel, B., T. Fusco, and J. – M. Conan. "Tomographic reconstruction for widefield adaptive optics systems: Fourier domain analysis and fundamental limitations," *J Opt Soc Am A*, 26 (2009): 219.

557. Nelson, J., T. Mast, and G. Chanan. "Aberration correction in a telescope with a segmented primary." *Proc SPIE* 1114 (1989): 241.

558. Nelson, J., and T. S. Mast. "The construction of the Keck observatory." *Proc SPIE* 1236 (1990): 47.

559. Newton, I. *Opticks*. 4th ed. New York: Dover, 1979.

560. Neyman, C. R., and L. A. Thompson. "Experiments to assess the effectiveness of multiple laser guide stars for adaptively corrected telescopes." *Proc SPIE* 2534 (1995): 161.

561. Nichols, J. S., and D. C. Duneman. "Frequency response of a thermally driven atmosphere." *Appl Opt* 21 (1982): 421.

562. Nichols, J. S., D. Duneman, and J. Jasso. "Performance evaluation of an edgeactuated, modal, deformable mirror." *Opt Eng* 22 (1983): 366.

563. Nicholls, T., N. J. Wooder, and C. Dainty. "Measurement of a non – Kolmogorov structure function." *Top Mtg on Adap Opt*, *Opt Soc Am Tech Dig Series* 13 (1996): 203.

564. Nicolle, M. , T. Fusco, V. Michau, G. Rousset, and J. – L. Beuzit. "Optimization of star – oriented and layer – oriented wavefront sensing concepts for ground layer adaptive optics." *J. Opt Soc Am A*, 23 (2006): 2233.

565. Nieto – Vesperinas, M. "Fields generated by a Fabry – Perot interferometer with a phase – conjugate mirror." *J Opt Soc Am A* 2 (1985): 427.

566. Nijboer, B. R. A. "The diffraction theory of optical aberrations; Part II: Diffraction pattern in the presence of small aberrations." *Physica* 23 (1947): 606.

567. Nikulin, V. V. "Fusion of adaptive beam steering and optimization – based wavefront control for laser communications in atmosphere." *Opt Eng* 44 (2005): 106001 – 1.

568. Ning, Y. , W. Jiang, N. Ling, and C. Rao. "Response function calculation and sensitivity comparison analysis of various bimorph deformable mirrors." *Opt Expr* 15 (2007): 12030.

569. Nisenson, P. , and R. Barakat. "Partial atmospheric correction with adaptive optics." *J Opt Soc Am A* 4 (1987): 2249.

570. Noll, R. J. "Zernike polynomials and atmospheric turbulence." *J Opt Soc Am* 66 (1976): 207.

571. Noll, R. J. "Phase estimates from slope – type wavefront sensors." *J Opt Soc Am* 68 (1978): 139.

572. Norton, M. A. , N. P. Smith, and C. Higgs. "Laboratory multidither outgoing wave adaptive optics compensation for thermal blooming and turbulence," MIT Lincoln Laboratory Project Report, NLP – 21, Lexington, MA, 1985.

573. Notaras, J. , and C. Paterson. "Demonstration of closed – loop adaptive optics with a point – diffraction interferometer in strong scintillation with optical vortices." *Opt Expr* 15 (2007): 13745.

574. Novoseller, D. E. "Correction of aberrations displaced from the corrector mirror." *Appl Opt* 26 (1987): 4151.

575. Novoseller, D. E. "Zernike – ordered adaptive – optics correction of thermal blooming." *J Opt Soc Am A* 5 (1988): 1937.

576. O'Byrne, J. W. , J. J. Bryant, R. A. Minard, P. W. Fekete, and L. E. Cram. "Adaptive optics at the Anglo – Australian telescope." *Pub Astron Soc Aust* 12 (1995): 106.

577. Ochs, G. R. , and R. J. Hill. "Optical – scintillation method of measuring turbulence inner scale." *Appl Opt* 24 (1985): 2430.

578. O'Connor, D. J. , J. E. Graves, M. J. Northcott, D. W. Toomey, R. D. Joseph, and J. C. Shelton. "Curvature – based adaptive optics for the NASA IRTF." *Proc SPIE* 4007 (2000): 180.

579. Ogata, K. *Modern Control Engineering*. NJ: Englewood Cliffs, 1970.

580. Olivier, S. S. , and D. T. Gavel. "Tip – tilt compensation for astronomical imaging." *J Opt Soc Am A* 11 (1994): 368.

581. Olivier, S. S. , J. An, K. Avicola, H. D. Bissinger, J. M. Brase, H. W. Friedman, D. T. Gavel, C. E. Max, J. T. Salmon, and K. E. Waltjen, "Performance of laser guide star adaptive optics at Lick observatory." *Proc SPIE* 2534 (1995): 26.

582. O'Meara, T. R. "The multidither principle in adaptive optics." *J Opt Soc Am* 67 (1977): 306.

583. O'Meara, T. R. "Stability of an N – loop ensemble – reference phase control system." *J Opt Soc Am* 67 (1977): 315.

584. O'Meara, T. R. "Theory of multidither adaptive optical systems operating with zonal control of deformable mirrors." *J Opt Soc Am* 67 (1977): 318.

585. O'Meara, T. R. "A comparison of conical scan Hartmann systems." *Conf. on Lasers and Electro – optics Applications*, Washington, DC, 1979.

586. Omron. Available at: www. omron. com.

587. O' Neill, E. L., and A. Walther. "The question of phase in image formation." *Optica Acta* 10 (1963): 33.

588. O' Neill, R. W., H. Kleiman, and H. R. Zwicker. "Experimental determination of single and multiple pulse propagation." *NATO Advisory Group for Aerospace Research and Development Conf. on Optical Propagation in the Atmosphere*, Lyngby, Denmark, 1975.

589. Onokhov, A. P., V. V. Reznichenko, D. N. Yeskov, and V. I Sidorov. "Optical wavefront corrector based on liquid crystal concept." *Proc SPIE* 2201 (1994): 1020.

590. Origlia, L., S. Lena, E. Diolaiti, F. R. Ferraro, E. Valenti, S. Fabbri, and G. Beccari. "Probing the galactic bulge with deep adaptive optics imaging: The age of NGC 6440." *Astrophys J* 687 (2008): L79.

591. Orlov, V. K., Ya. Z. Virnik, S. P. Vorotilin, V. B. Gerasimov, Yu. A. Kalinin, and A. Ya. Sagalovich. "Retrore-flecting mirror for dynamic compensation of optical inhomogeneities." *Sov J Quantum Electron* 8 (1978): 799.

592. Ostaszewski, M. A., and R. T. Summers. "High performance reactionless scan mechanism." *Proc SPIE* 1920 (1993): 174.

593. Otsubo, M., H. Takami, and M. Iye, "Optimization of bimorph mirror electrode pattern for SUBARU AO system." *Top Mtg on Adap Opt*, *Opt Soc Am Tech Dig Series* 13 (1996): 265.

594. Oughstun, K. E. "Intracavity compensation of quadratic phase aberrations." *J Opt Soc Am* 72 (1982): 1529.

595. Oughstun, K. E. "Unstable – cavity sensitivity to spatially localized intracavity phase aberrations." *J Opt Soc Am A* 3 (1986): 1585.

596. Pan, B., Q. Kemao, L. Huang, and A. Asundi. "Phase error analysis and compensation for nonsinusoidal waveforms in phase – shifting digital fringe projection profilometry." *Opt Lett* 34 (2009): 416.

597. Papen, G. C., C. S. Gardner, and J. Yu. "Characterization of the mesospheric sodium layer." *Top Mtg on Adap Opt*, *Opt Soc Am Tech Dig Series* 13 (1996): 96.

598. Parenti, R. R. "Adaptive optics for astronomy." *The Lincoln Laboratory Journal* 5 (1992): 93.

599. Parmentier, E. M., and R. A. Greenberg, "Supersonic flow aerodynamic windows for high – power lasers." *AIAA J* 11(1973): 943.

600. Paschall, R. N., and D. J. Anderson. "Linear quadratic Gaussian control of a deformable mirror adaptive optics system with time – delayed measurements." *Appl Opt* 32 (1993): 6347.

601. Pearson, J. E. "Atmospheric turbulence compensation using coherent optical adaptive techniques." *Appl Opt* 15 (1976): 622.

602. Pearson, J. E. "Thermal blooming compensation with adaptive optics." *Opt Lett* 2 (1978): 7.

603. Pearson, J. E. "Recent advances in adaptive optics." *Conf. on Lasers and Electrooptical Systems*, San Diego, CA, 1980.

604. Pearson, J. E. S. A. Kokorowski, and M. E. Pedinoff. "Effects of speckle in adaptive optical systems." *J Opt Soc Am* 66 (1976): 1261.

605. Pearson, J. E., and S. Hansen. "Experimental studies of a deformable – mirror adaptive optical system." *J Opt Soc Am* 67 (1977): 325.

606. Pearson, J. E., and R. H. Freeman. "Deformable mirrors for all seasons and reasons." *Appl Opt* 21 (1982): 580.

607. Peleg, A., and J. V. Moloney, "Scintillation index for two Gaussian laser beams with different wavelengths in weak atmospheric turbulence," *J Opt Soc Am A* 23 (2006): 3114.

608. Penndorf, R. "Tables of the refractive index for standard air and the Rayleigh scattering coefficient for the spectral region between 0. 2 and 20. 0 μ and their application to atmospheric optics." *J Opt Soc Am* 47 (1957): 176.

609. Pennington, D. M. , R. Beach, J. Dawson, A. Drobshoff, Z. Liao, S. Payne, D. Bonaccini, W. Hackenberg, and L. Taylor. "Compact fiber laser approach to generating 589 nm laser guidestars. " *Proc. Conf. Lasers and Electro – optics Europe*, (2003): 730.

610. Pennington, T. L. , B. M. Welsh, and M. C. Roggemann. "Performance comparison of the shearing interferometer and Hartmann wavefront sensors. " *Proc SPIE* 2201 (1994): 508.

611. Pepper, D. M. "Special issue on non – linear optical phase conjugation" *Opt Eng* 21 (1982): 155.

612. Pepper, D. M. Nonlinear optical phase conjugation. *Laser Handbook*, Vol. 4, eds. M. L. Stitch and M. Bass. Amsterdam: North Holland, 1985.

613. Perreault, J. A. , T. G. Bifano, B. M. Levine, and M. N. Horenstein. "Adaptive optic correction using micro – electrical – mechanical deformable mirrors. " *Opt Eng* 41 (2002): 561.

614. Perrone, M. R. , and Y. B. Yao. "Improved performance of SBS mirrors excited by broad – band radiation. " *Proc. ICO – 16 Satellite Conf. on Active and Adap Opt*, *ESO Conf. and Workshop Proc.* 48 (1993): 389.

615. Peters, W. N. , R. A. Arnold, and S. Gowrinathan. "Stellar interferometer for figure sensing of orbiting astronomical telescopes. " *Appl Opt* 13 (1974): 1785.

616. Petit, C. , J. – M. Conan, C. Kulesar, H. – F. Raynaud, and T. Fusco. "First laboratory validation of vibration filtering with LQG control law for adaptive optics. " *Opt Expr* 16 (2008): 87.

617. Petit, C. , F. Quiros – Pacheco, J. – M. Conan, C. Kulesar, H. – F. Raynaud, T. Fusco, and G. Rousset. "Kalman filter based control loop for adaptive optics. " *Proc SPIE* 5490 (2004): 1414.

618. Petroff, M. D. , M. G. Stapelbroek, and W. A. Kleinhous. "Direction of individual 0. 4 – 28 micron wavelength photons via impurity – impact ionization in a solidstate photomultiplier. " *Appl Phys Lett* 51 (1987): 6.

619. Phillion, D. W. , and K. Baker. "Two – sided pyramid wavefront sensor in the direct phase mode. " *Proc SPIE* 6272 (2006): 627228.

620. Piatrou, P. , and M. Roggemann. "Beaconless stochastic parallel gradient descent laser beam control: Numerical experiments. " *Appl Opt* 46 (2007): 6831.

621. Planchon, T. A. , W. Amir, J. J. Field, C. G. Durfee, and J. A. Squier. "Adaptive correction of a tightly focused, high – intensity laser beam by use of a third – harmonic signal generated at an interface. " *Opt Lett* 31 (2006): 2214.

622. Plass, G. N. , and G. W. Kattawar. "Radiative transfer of the Earth's atmosphereocean – system II. Radiance in the atmosphere and ocean. " *J Phys Oceanogr* 2 (1972): 139.

623. Pliakis, D. , and S. Minardi. "Phase front retrieval by means of an iterative shadowgraph method. " *J Opt Soc Am A* 26 (2009): 99.

624. Podanchuk, D. V. , V. P. Dan'ko, M. M. Kotov, J. – Y. Son, and Y. – J. Choi. "Extendedrange Shack – Hartmann wavefront sensor with nonlinear holographic lenslet array. " *Opt Eng* 45 (2006): 053605.

625. Polejaev, V. I. , A. V. Koryabin, and V. I. Shmalhausen. "Combined intra – cavity and outer cavity adaptive correction of aberrations in a solid state laser. " *Top Mtg on Adap Opt*, *Opt Soc Am Tech Dig Series* 13 (1996): 187.

626. Popovic, Z. D. , R. A. Sprague, and G. A. Neville Connell. "Technique for monolithic fabrication of microlens arrays. " *Appl Opt* 27 (1988): 7.

627. Poyneer, L. A. , D. Dillon, S. Thomas, and B. A. Macintosh. "Laboratory demonstration of accurate and efficient nanometer – level wavefront control for extreme adaptive optics. " *Appl Opt* 47 (2008): 1317.

628. Poyneer, L. A. , B. A. Macintosh, and J. – P. Veran. "Fourier transform wavefront control with adaptive prediction of the atmosphere. " *J Opt Soc Am A* 24 (2007): 2645.

629. Press, W. H. , B. P. Flannery, S. A. Teukolsky, and W. T. Vetterling. *Numerical Recipes*. Cambridge: Cam-

bridge University Press, 1989.

630. Prieto, P. M. , F. Vargas – Martin, S. Goelz, and P. Artal. "Analysis of the performance of the Hartmann – Shack sensor in the human eye. " *J Opt Soc Am A* 17 (2000): 1388.

631. Primmerman, C. A. , and D. G. Fouche. "Thermal – blooming compensation: Experimental observations using a deformable – mirror system. " *Appl Opt* 15 (1976): 990.

632. Primmerman, C. A. , D. V. Murphy, D. A. Page, B. G. Zollars, and H. T. Barclay. "Compensation of atmospheric turbulence optical distortion using a synthetic beacon. " *Nature* 353 (1991): 141.

633. Primmerman, C. A. , T. R. Price, R. A. Humphreys, B. G. Zollars, H. T. Barclay, and J. Hermann, "Atmospheric – compensation experiments in strong – scintillation conditions. " *Appl Opt* 34 (1995): 2081.

634. Quirrenbach, A. "Adaptive optics at MPE: Astronomical results and future plans. " *Top Mtg on Adap Opt, Opt Soc Am Tech Dig Series* 13 (1996): 166.

635. Rabien, S. , N. Ageorges, R. Angel, G. Brusa, J. Brynnel, L. Busoni, R. Davies, M. Deysenroth, S. Esposito, W. Gaessler, R. Genzel, R. Green, M. Haug, M. Lloyd – Hart, E. Holzl, E. Masciadri, R. Pogge, A. Quirrenbach, M. Rademaker, H. W. Rix, P. Salinari, T. Schwab, T. Stalcup, J. Storm, M. Thiel, G. Weigelt, and J. Ziegleder. "The laser guide star program for the LBT. " *Proc SPIE* 7015 (2008): 701515.

636. Racine, R. , G. Herriot, and R. D. McClure. "The Gemini adaptive optics system. " *Proc. Top. Mtg. on Adap Opt, ESO Conf. and Workshop Proc.* 54 (1996): 35.

637. Ragazzoni, R. , and D. Bonaccini. "The adaptive optics system for the Telescopio Nazionale Galileo. " *Proc. Top. Mtg. on Adap Opt, ESO Conf. and Workshop Proc.* 54 (1996): 17.

638. Rasigni, G. , F. Varnier, M. Rasagni, J. P. Palmeri, and A. Llebaria. "Autocovariance functions for polished optical surfaces. " *J Opt Soc Am* 73 (1983): 222.

639. Rayleigh, L. "Investigation in optics, with a special reference to the spectroscope: On the accuracy required in optical surfaces. " *Philos Mag* 5 (1879): 8.

640. RCA. *Electro – optics Handbook*, Technical Series EOH – 11, Haddonfield, NJ: RCA Corp. , 1974.

641. Rediker, R. H. , B. G. Zollars, T. A. Lind, R. E. Hatch, and B. E. Burke. "Measurement of the wavefront of a pulsed dye laser using an integrated – optics sensor with 200 – nsec temporal resolution. " *Opt Lett* 14 (1989): 381.

642. Reintjes, J. F. "Nonlinear and adaptive techniques control laser wavefronts. " *Laser Focus* 12 (1988): 63.

643. Restaino, S. R. , D. Dayton, S. Browne, J. Gonglewski, J. Baker, S. Rogers, S. McDermott, J. Gallegos, and M. Shilko. "On the use of dual frequency nematic material for adaptive optics systems: First results of a closed – loop experiment. " *Opt Expr* 6 (2000): 2.

644. Reznichenko, V. V. , V. V. Nicitin, A. P. Onokhov, M. V. Isaev, N. L. Ivanova, and L. A. Beresnev. "Liquid crystal spatial modulators with segmented mirror for adaptive optics. " *Top Mtg on Adap Opt, Opt Soc Am Tech Dig Series* 13 (1996): 282.

645. Rhoadarmer, T. A. , and B. L. Ellerbroek. "A method for optimizing closed – loop adaptive optics wavefront reconstruction algorithms on the basis of experimentally measured performance data. " *Proc SPIE* 2534 (1995): 213.

646. Ribak, E. , C. Schwartz, and S. G. Lipson. "Bimorph adaptive mirrors: construction and theory. " *Proc. ICO – 16 Satellite Conf. on Active and Adap Opt, ESO Conf. and Workshop Proc.* 48 (1993): 313.

647. Rigaut, F. , and E. Gendron. "Laser guide star in adaptive optics: The tilt determination problem. " *Astron Astrophys* 261 (1992): 677.

648. Rigaut, F. , D. Salmon, R. Arsenault, S. McArthur, J. Thomas, O. Lai, D. Rouan, P. Gigan, J. – P. Veran, D. Crampton, M. Fletcher, J. Stilburn, B. Leckie, S. Roberts, R. Woof, C. Boyer, P. Jagourel, and J. – P.

Gaffard. "First results of the CFHT adaptive optics bonnette on the telescope. " *Top Mtg on Adap Opt*, *Opt Soc Am Tech Dig Series* 13 (1996): 46.

649. Rigaut, F. , D. Salmon, R. Arsenault, J. Thomas, O. Lai, D. Rouan, J. – P. Veran, D. Crampton, J. M. Fletcher, and J. Stilburn. "Performance of the Canada – France – Hawaii Telescope adaptive optics bonnette. " *Pub Astro Soc Pac* 110 (1998): 152.

650. Rimmele, T. R. , and R. R. Radick. " Experimental comparison of two approaches for solar wavefront sensing. " *Top Mtg on Adap Opt*, *Opt Soc Am Tech Dig Series* 13 (1996): 247.

651. Rimmele, T. , K. Richards, J. Roche, S. Hegwer, and A. Tritschler. "Progress with solar multi – conjugate adaptive optics at NSO. " *Proc SPIE* 6272 (2006): 627206.

652. Rimmele, T. , K. Richards, J. M. Roche, S. L. Hegwer, R. P. Hubbard, E. R. Hanson, B. Goodrich, and R. S. Upton. "The wavefront correction system for the advanced technology solar telescope. " *Proc SPIE* 6272 (2006): 627212.

653. Rimmele, T. , O. von der Luhe, P. H. Wiborg, A. L. Widener, R. B. Dunn, and G. Spence. "Solar feature correlation tracker. " *Proc SPIE* 1542 (1991): 186.

654. Rimmer, M. P. "Methods for evaluating lateral shear interferograms. " *Appl Opt* 13 (1974): 623.

655. Roark, R. J. *Formulas for Stress and Strain.* 4th ed. New York: McGraw – Hill, 1965.

656. Robinson, S. R. "On the problem of phase from intensity measurements. " *J Opt Soc Am* 68 (1978): 87.

657. Robinson, S. R. "Fundamental performance limitations for the phase retrieval problem. " *Proc SPIE* 351 (1982): 66.

658. Roddier, C. , F. Roddier, and J. Demarcq. "Compact rotational shearing interferometer for astronomical applications. " *Opt Eng* 28 (1989): 66.

659. Roddier, C. , and F. Roddier. "Wavefront reconstruction from defocused images and the testing of ground – based optical telescopes. " *J Opt Soc Am A* 10 (1993): 2277.

660. Roddier, F. "Curvature sensing and compensation: A new concept in adaptive optics. " *Appl Opt* 27 (1988): 1223.

661. Roddier, F. "Astronomical adaptive optics with natural reference stars, " *Proc. Laser Guide Star Adaptive Optics Workshop* 1, 19. Albuquerque, NM: U. S. Air Force Phillips Laboratory, 1992.

662. Roddier, F. , and C. Roddier. "NOAO infrared adaptive optics program II: Modeling atmospheric effects in adaptive optics systems for astronomical telescopes. " *Proc SPIE* 628 (1986): 299.

663. Roddier, F. , C. Roddier, and N. Roddier. "Curvature sensing: A new wavefront sensing method. " *Proc SPIE* 976 (1988): 203.

664. Roddier, F. , J. E. Graves, and E. Limburg. "Seeing monitor based on wavefront curvature sensing. " *Proc SPIE* 1236 (1990): 475.

665. Roddier, N. "Atmospheric wavefront simulation using Zernike polynomials. " *Opt Eng* 29 (1990): 1174.

666. Roddier, N. "Algorithms for wavefront reconstruction out of curvature sensing data. " *Proc SPIE* 1542 (1991): 120.

667. Rodrigues, G. , R. Bastaits, S. Roose, Y. Stockman, S. Gebhardt, A. Schoenecker, P. Villon, and A. Preumont. "Modular bimorph mirrors for adaptive optics. " *Opt Eng* 48 (2009): 034001.

668. Roggemann, M. C. "Limited degree – of – freedom adaptive optics and image reconstruction. " *Appl Opt* 30 (1991): 4227.

669. Roggemann, M. C. "Optical performance of fully and partially compensated adaptive optics systems using least – squares and minimum variance phase reconstruction. " *Comput Electron Eng* 18 (1992): 451.

670. Roggemann, M. C. , B. L. Ellerbroek, and T. A. Rhoadarmer. "Widening the effective field – of – view of adap-

tive optics telescopes using deconvolution from wavefront sensing: Average and signal – to – noise ratio performance. " *Appl Opt* 34 (1995): 1432.

671. Roggemann, M. C. , B. M. Welsh, D. Montera, and T. A. Rhoadarmer. "Method for simulating atmospheric turbulence phase effects for multiple time slices and anisoplanatic conditions. " *Appl Opt* 34 (1995): 4037.

672. Roggemann, M. C. , and B. Welsh. *Imaging through Turbulence.* FL: CRC Press, 1996.

673. Rosenberg, B. , and P. R. Barbier. "Simulation of adaptive optics improvement on laser communication link performance. " *Top Mtg on Adap Opt, Opt Soc Am Tech Dig Series* 13 (1996): 184.

674. Rosenstock, H. B. , and J. H. Hancock. " Light propagation through a moving gas. " *Appl Opt* 10 (1971): 1299.

675. Ross, W. E. *Electronic Imaging*, February 1984: 48.

676. Rougeot, H. , and C. Baud. "Negative electron affinity photoemitters. " *Adv Elect Electron Phys* 48 (1986): 1.

677. Rousset, G. , J. – C. Fontanella, P. Kern, P. Lena, P. Gigan, F. Rigaut, J. – P. Gaffard, C. Boyer, P. Jagourel, and F. Merkle. "Adaptive optics prototype system for infrared astronomy, I: System description. " *Proc SPIE* 1237 (1990): 336.

678. Rousset, G. , J. L. Bauzit, N. Hubin, E. Gendron, C. Boyer, P. Y. Madec, P. Gigan, J. C. Richard, M. Vittot, J. P. Gaffard, F. Rigaut, and P. Lena. "The COME – ON – PLUS adaptive optics system: Results and performance. " *Proc. ICO – 16 Satellite Conf. on Active and Adap Opt, ESO Conf. and Workshop Proc.* 48 (1993): 65.

679. Rueckel, M. , and W. Denk. " Properties of coherence – gated wavefront sensing. " *J Opt Soc Am A* 24 (2007): 3517.

680. Rutten, T. P. , P. J. Veitch, C. d' Orgeville, and J. Much. "Injection mode – locked guide star laser concept and design verification experiments. " *Opt Expr* 15 (2007): 2369.

681. Rytov, S. M. "Diffraction of light by ultrasonic waves. " *Izv Akad Nauk SSSR Ser Fiz* 2 (1937): 223.

682. Saito, N. , K. Akagawa, M. Ito, A. Takazawa, Y. Hayano, Y. Saito, M. Ito, H. Takami, M. Iye, and S. Wada. "Sodium D2 resonance radiation in single – pass sum – frequency generation with actively mode – locked Nd: YAG lasers. " *Opt Lett* 32 (2007): 1965.

683. Sakamoto, J. A. , H. H. Barrett, and A. V. Goncharov. "Inverse optical design of the human eye using likelihood methods and wavefront sensing. " *Opt Expr* 16 (2008): 304.

684. Salinari, P. , C. Del Vecchio, and V. Biliotti. "A study of an adaptive secondary mirror. " *Proc. ICO – 16 Satellite Conf. on Active and Adap Opt, ESO Conf and Workshop Proc.* 48 (1993): 247.

685. Sanchez, H. R. , M. C. Simon, and J. M. Simon. "Polarization properties of diffraction gratings. " *J Opt Soc Am* 66 (1976): 1055.

686. Sandler, D. "A multiple spot laser beacon for high – order wavefront control: Theory and experiment, " *Proc. Laser Guide Star Adaptive Optics Workshop* 1 , 164. Albuquerque, NM: U. S. Air Force Phillips Laboratory, 1992.

687. Sandler, D. G. , M. LeFebvre, L. Cuellar, S. Stahl, T. Barrett, R. Arnold, and F. Tart, " Atmospheric tests of shearing interferometry for laser guide star adaptive optics. " *Proc ICO – 16 Satellite Conf on Active and Adap Opt, ESO Conf and Workshop Proc* 48 (1993): 503.

688. Sandler, D. G. , S. Stahl, J. R. P. Angel, M. Lloyd – Hart, and D. McCarthy. "Adaptive optics for diffraction – limited infrared imaging with 8 – m telescopes. " *J Opt Soc Am A* 11 (1994): 925.

689. Sandler, D. G. , L. Cuellar, M. Lefebvre, T. Barrett, R. Arnold, P. Johnson, A. Rego, G. Smith, G. Taylor, and B. Spivey. "Shearing interferometry for laser – guide – star atmospheric correction at large D/r_0. " *J Opt Soc*

Am A 11 (1994): 858.

690. Sarazin, M. , and F. Roddier. "The ESO differential image motion monitor. " *Astron Astrophys* 227 (1990): 294.

691. Sarkisov, S. S. , M. J. Curley, L. Huey, A. Fields, S. S. Sarkisov II, and G. Adamovsky. "Light – driven actua-tors based on polymer films. " *Opt Eng* 45 (2006): 034302.

692. Sasiela, R. J. "Wavefront correction by one or more synthetic beacons. " *J Opt Soc Am A* 11 (1994): 379.

693. Sasiela, R. J. *Electromagnetic wave propagation—Evaluation and application of Mellin transforms*, Springer Series on Wave Phenomena. Berlin: Springer – Verlag, 1994.

694. Sasiela, R. J. , and J. G. Mooney. "An optical phase reconstructor based on using a multiplier – accumulator approach. " *Proc SPIE* 551 (1985): 170.

695. Sasiela, R. J. , and J. D. Shelton. "Mellin transform techniques applied to integral evaluation: Taylor series and asymptotic approximations. " *J Math Phys* 34 (1993): 2572.

696. Sato, T. , H. Ishida, and O. Ikeda. "Adaptive PVDF piezoelectric deformable mirror system. " *Appl Opt* 19 (1980): 1430.

697. Sato, T. , H. Ishikawa, O. Ikeda, S. Nomura, and K. Uchino. "Deformable 2 – D mirror using multilayered elec-trostrictors. " *Appl Opt* 21 (1982): 3669; Sato, T. , H. Ishikawa, and O. Ikeda. "Multilayered deformable mirror using PVDF films. " *Appl Opt* 21 (1982): 3664.

698. Sauvage, J. – F. , T. Fusco, G. Rousset, and C. Petit, "Calibration and precompensation of noncommon path aberrations for extreme adaptive optics. " *J Opt Soc Am A* 24 (2007): 2334.

699. Sawyer, D. G. , C. Corson, and A. Saha. "Optimizing the delivered image quality at the WIYN 3,5 – m tele-scope. " *Proc SPIE* 4004 (2000): 422.

700. Scheglov, P. V. "Site testing on Soviet Middle Asia in 1970 – 1980. " *Proc. Conf. Astron. Climate and Telescope Efficiency* (1981): 126.

701. Schiller, C. M. , T. N. Horsky, D. M. O' Mara, W. S. Hamnett, G. J. Genetti, and C. Warde. "Charge – transfer – plate deformable membrane mirrors for adaptive optics applications. " *Proc SPIE* 1543 (1991): 120.

702. Schmutz, L. E. "Hartmann sensing at adaptive optics associates. " *Proc SPIE* 779 (1987): 13.

703. Schmutz, L. E. , and B. M. Levine. "Hartmann sensors detect optical fabrication errors. " *Laser Focus World* 32 (1996): 111.

704. Scholl, M. S. "Wavefront distortion introduced by sampling with a hole grating. " *Proc SPIE* 293 (1981): 74.

705. Schonfeld, J. F. "Analysis and modeling of thermal blooming compensation. " *Proc SPIE* 1221 (1990): 118.

706. Schonfeld, J. F. "Linearized analysis of phase – conjugate instability with realistic adaptive optics, " Lincoln Laboratory, Project Report BCP – 14, 1989; Schonfeld, J. F. "Linearized theory of thermal – blooming phase – compensation instability with realistic adaptive – optics geometry. " *J Opt Soc Am B* 9 (1992): 1803.

707. Schroeder, M. E. , K. D. Stumpf, and M. A. Mullahy, "Grating beam combiner, " Rome Air Development Cen-ter Report, RADC – TR – 82 – 311, Griffiss AFB, New York, 1982.

708. Schwartz, C. , E. Ribak, and S. G. Lipson. "Bimorph adaptive mirrors and curvature sensing. " *J Opt Soc Am A* 11 (1994): 895.

709. Seilly, A. H. "Helenoid actuators—A new concept in extremely fast acting solenoids, " presented at SAE Con-gress and Exposition, Detroit, 1979.

710. Sergeyev, A. V. , P. Piatrou, and M. C. Roggemann. "Bootstrap beacon creation for overcoming the effects of beacon anisoplanatism in a laser beam projection system. " *Appl Opt* 47 (2008): 2399.

711. Shack, R. B. , and B. C. Platt. "Production and use of a lenticular Hartmann screen. " *J Opt Soc Am* 61

（1971）：656.

712. Shamir, J. , and D. G. Crowe. "Increasing the compensated field of view using multiple adaptive mirror telescope systems," *Proc. Laser Guide Star Adaptive Optics Workshop* 2 ,591. Albuquerque, NM: U. S. Air Force Phillips Laboratory, 1992.

713. Shamir, J. , D. G. Crowe, and J. W. Beletic. "Improved compensation of atmospheric turbulence effects by multiple adaptive mirror systems. " *Appl Opt* 32 （1993）：4618.

714. Shannon, R. , and J. Wyant, eds. *Applied Optics and Optical Engineering.* Vol. IX , Chap. 2 , New York: Academic Press, 1983.

715. Shellan, J. B. "Phased – array performance degradation due to mirror misfigures, piston errors, jitter, and polarization errors. " *J Opt Soc Am A* 2 （1985）：555.

716. Shellan, J. B. , D. A. Holmes, M. L. Bernabe, and A. M. Simonoff. "Adaptive mirror effects on the performance of annular resonators. " *Appl Opt* 19 （1980）：610.

717. Shelton, C. , and S. Baliunas. "Results of adaptive optics at Mount Wilson Observatory. " *Proc SPIE* 1920 （1993）：371.

718. Shelton, J. C. , T. G. Schneider, D. McKenna, and S. L. Baliunas. "Results from the Cassegrain adaptive optics system of the Mount Wilson 100 – inch telescope. " *Top Mtg on Adap Opt*, *Opt Soc Am Tech Dig Series* 13 （1996）：43.

719. Shen, G. , A. Gayhart, D. Eaton, E. Kaelber, and W. Zukowski. "Large angle fast steering mirrors. " *Proc SPIE* 1543 （1991）：286.

720. Shen, Y. R. *The Principles of Nonlinear Optics.* New York: Wiley, 1984.

721. Sidisk, E. , J. J. Green, R. M. Morgan, C. M. Ohara, and D. C. Redding. "Adaptive cross – correlation algorithm for extended scene Shack – Hartmann wavefront sensing. " *Opt Lett* 33 （2008）：213.

722. Siegman, A. E. "Absolute frequency stabilization of a laser oscillator against a laser amplifier. " *IEEE J Quantum Electron* QE – 3 （1967）：377.

723. Siegman, A. E. "A canonical formulation for multi – element unstable resonator calculations. " *IEEE J Quantum Electron* QE – 12 （1976）：35.

724. Simmons, A. C. , P. T. Stroud, and S. G. Simmons. "Application of helenoid actuators to deformable mirrors. " *Appl Opt* 19 （1980）：1388.

725. Simon, J. M. , and M. A. Gil. "Diffraction gratings and optical aberrations. " *Appl Opt* 23 （1984）：1075.

726. Simonov, A. N. , S. Hong, and G. Vdovin. "Piezoelectric deformable mirror with adaptive multiplexing control. " *Opt Eng* 45 （2006）：070501.

727. Simpkins, T. , J. Hui, and C. Warde. "Optimizing stochastic gradient descent algorithms for serially addressed adaptive – optics wavefront modulators. " *Appl Opt* 46 （2007）：7566.

728. Sintsov, V. N. , and A. F. Zapryagaev. "Aperture synthesis in optics. " *Sov Phys Usp* 17 （1975）：931.

729. Skolnik, M. I. *Introduction to Radar Systems.* New York: McGraw – Hill, 1962.

730. Smartt, R. N. , and W. H. Steel. "Theory and application of point – diffraction interferometers. " *Jpn J Appl Phys* 14 （1975）：351.

731. Smith, D. C. "High – power laser propagation: thermal blooming. " *IEEE J Quantum Electron* QE – 5 （1969）：1679.

732. Smith, D. C. "High – power laser propagation: thermal blooming. " *Proc IEEE* 65 （1977）：1679.

733. Smith, D. C. , and R. G. Meyerand. Laser Radiation Induced Gas Breakdown. In *Principles of Laser Plasmas*, New York: Wiley, 1976.

734. Smithson, R. C. , and M. L. Peri. "Partial correction of astronomical images with active mirrors. " *J Opt Soc*

Am A 6 (1989): 92.

735. Solomon, C. J., and D. L. Ash, "A study of wavefront reconstruction methods," *Proc. Top. Mtg. on Adaptive Optics*, *ESO Conf. and Workshop Proc.* 54 (1996): 113.

736. Soltau, D., D. S. Acton, T. Kentischer, M. Roser, W. Schmidt, and M. Stix. "Adaptive optics for a 70 cm solar telescope," *Top Mtg on Adap Opt*, *Opt Soc Am Tech Dig Series* 13 (1996): 53.

737. Song, H., G. Vdovin, R. Fraanje, G. Schitter, and M. Verhaegen. "Extracting hysteresis from nonlinear measurement of wavefront – sensorless adaptive optics system. " *Opt Lett* 34 (2009): 61.

738. Southwell, W. H. "Wavefront analyzer using a maximum likelihood algorithm. " *J Opt Soc Am* 67 (1977): 396.

739. Southwell, W. H. "Wavefront estimation from wavefront slope measurements. " *J Opt Soc Am* 70 (1980): 998.

740. Southwell, W. H. "What's wrong with cross coupling in modal wavefront estimation?" *Proc SPIE* 365 (1982): 97.

741. Spinhirne, J. M., D. Anafi, R. H. Freeman, and H. R. Garcia. "Intracavity adaptive optics. 1: Astigmatism correction performance. " *Appl Opt* 20 (1981): 976.

742. Spyromilio, J., F. Comeron, S. D'Odorico, M. Kissler – Patig, and R. Gilmozzi. "Progress on the European Extremely Large Telescope," European Southern Observatory, Garching bei Munchen, *The Messenger* 133 (2008): 2.

743. Stavroudis, O. N. "Comments on: On Archimedes' burning glass. " *Appl Opt* 12 (1973): A16.

744. Steinhaus, E., and S. G. Lipson. "Bimorph piezoelectric flexible mirror. " *J Opt Soc Am* 69 (1979): 478.

745. Stone, J., P. H. Hu, S. P. Mills, and S. Ma. "Anisoplanatic effects in finite – aperture optical systems. " *J Opt Soc Am A* 11 (1994): 347.

746. Strohbehn, J. W. ed. *Laser Beam Propagation in the Atmosphere*. New York: Springer – Verlag, 1978.

747. Stroke, G. W. Diffraction Gratings. In *Handbuch der Physik*, Vol. 29, S. Flugge, ed., Berlin: Springer – Verlag, 1967.

748. Takajo, H., and T. Takahashi. "Noniterative method for obtaining the exact solution for the normal equation in least – square phase estimation from the phase difference. " *J Opt Soc Am A* 5 (1988): 1818.

749. Takami, H., and M. Iye. "Membrane deformable mirror for SUBARU adaptive optics. " *Proc SPIE* 2201 (1994): 762.

750. Takami, H., M. Iye, N. Takato, M. Otsubo, and K. Nakashima. "SUBARU adaptive optics program," *Proc. Top. Mtg. on Adaptive Optics*, *ESO Conf. and Workshop Proc.* 54 (1996): 43.

751. Talon, M., and R. Foy. "Adaptive telescope with laser probe: Isoplanatism and cone effect. " *Astro Astrophys* 235 (1990): 549.

752. Talon, M., R. Foy, and J. Vernin. "Wide field adaptive optics using an array of laser guide stars," *Proc. Laser Guide Star Adaptive Optics Workshop* 2, 555. Albuquerque, NM: U. S. Air Force Phillips Laboratory, 1992.

753. Tango, W. J., and R. Q. Twiss. Michelson stellar interferometry. In *Progress in Optics*, Vol XVII, 239. Amsterdam: Elsevier, 1980.

754. Taranenko, V. G., G. P. Koshelev, and N. S. Romanyuk. "Local deformations of solid mirrors and their frequency dependence. " *Sov J Opt Technol* 48 (1981): 650.

755. Tatarskii, V. I. *Wave Propagation in a Turbulent Medium*. New York: McGraw – Hill, 1961.

756. Tatarskii, V. I. *The Effects of the Turbulent Atmosphere on Wave Propagation*. Springfield, Virginia: U. S. Dept. of Commerce, National Technical Information Service, 1971.

757. Taylor, J. R. "Phase retrieval using a genetic algorithm on the systematic imagebased optical alignment test-

bed," NASA/ASEE Faculty Fellowship Program, Marshall Space Flight Center, The University of Alabama, Part XLIX, 2002.

758. Teague, M. R. "Irradiance moments: their propagation and use for unique retrieval of phase." *J Opt Soc Am* 72 (1982): 1199.

759. Telle, J. M. "Exploring high altitude beacon concepts other than sodium," *Top Mtg on Adap Opt, Opt Soc Am Tech Dig Series* 13 (1996): 100.

760. ten Brummelaar, T. A., W. G. Bagnuolo, and S. T. Ridgway. "Strehl ratio and visibility in long – baseline stelolar interferometry." *Opt Lett* 20 (1995): 521.

761. Thelen, B. J., R. G. Paxman, D. A. Carrara, and J. H. Seldin. "Overcoming turbulence – induced space – variant blur by using phase – diverse speckle." *J Opt Soc Am A* 26 (2009): 206.

762. Thomas, S. "SAM—The SOAR Adaptive Module." *EAS Pub Series* 12 (2004): 177.

763. Thomas, S. J., S. Adkins, D. Gavel, T. Fisco, and V. Michau. "Study of optimal wavefront sensing with elongated laser guide stars." *Mon Not R Astron Soc* 387 (2008): 173.

764. Thompson, L. A. "Experimental demonstration of a Rayleigh guide star at 351 nm," *Proc. Laser Guide Star Adaptive Optics Workshop* 2, 491. Albuquerque, NM: U. S. Air Force Phillips Laboratory, 1992.

765. Thompson, L. A. "UnISIS: University of Illinois Seeing Improvement System; An adaptive optics instrument for the Mt. Wilson 2.5 – m telescope." *Proc SPIE* 2201 (1994): 1074.

766. Thompson, L. A., and C. S. Gardner. "Excimer laser guide star techniques for adaptive imaging in astronomy." *Proc SPIE* 1114 (1989): 184.

767. Thompson, L. A., and R. M. Castle. "Experimental demonstration of a Rayleighscattered laser guide star at 351 nm." *Opt Lett* 17 (1992): 1485.

768. Thompson, L. A., S. W. Teare, C. R. Neyman, and D. G. Sandler. "UnISIS adaptive optics system at the 2.5 – m telescope." *Proc SPIE* 4839 (2003): 44.

769. Thompson, L. A., and X. Yao – Heng. "Laser beacon system for the UnISIS adaptive optics system at the Mt. Wilson 2.5 meter telescope." *Proc SPIE* 2534 (1995): 38.

770. Thompson, S. J., A. P. Doel, R. G. Bingham, A. Charalambous, R. M. Myers, N. Bissonauth, P. Clark, and G. Talbot. "Results from the adaptive optics coronagraph at the WHT." *Mon Not Roy Astron Soc* 364 (2005), 1203.

771. Thorlabs. Available at: www. thorlabs. com.

772. Tian, Y., C. Rao, and K. Wei. "Adaptive optics image restoration based on frame selection and multi – frame blind deconvolution." *Chinese Astron Astrophys* 33 (2009): 223.

773. Ting, C., M. K. Giles, and D. G. Voelz. "Effectiveness of high – order adaptive optics in ground – based stellar interferometry." *Opt Eng* 45 (2006): 026001.

774. Tippie, A. E., and J. R. Fienup. "Phase – error correction for multiple planes using a sharpness metric." *Opt Lett* 34 (2009): 701.

775. Travouillon, T., J. S. Lawrence, and L. Jolissaint. "Ground layer adaptive optics performance in Antarctica." *Proc SPIE* 5490 (2005): 934.

776. Trujillo, C. A., F. Rigaut, D. Graadour, and M. Hartung. "Science using the Gemini North laser adaptive optics system." *Bull Am Astro Soc* 39 (2007): 748.

777. Twyman, F., and A. Green. British Patent 103832, 1916.

778. Tyler, D. W. "Optimal wavelength selection for adaptive optics telescopes." *Proc SPIE* 2201 (1994): 227.

779. Tyler, G. A. "Turbulence – induced adaptive – optics performance degradation: evaluation in the time domain." *J Opt Soc Am A* 1 (1984): 251.

780. Tyler, G. A. "Summary of theoretical performance and limitations of laser guide star adaptive optics for astronomical applications," *Proc Laser Guide Star Adaptive Optics Workshop* 1,405. Albuquerque, NM: U. S. Air Force Phillips Laboratory, 1992.

781. Tyler, G. A. "Bandwidth considerations for tracking through turbulence. " *J Opt Soc Am A* 11 (1994): 358.

782. Tyler, G. A. "Merging: a new method for tomography through random media. " *J Opt Soc Am A* 11 (1994): 409.

783. Tyler, G. A. "Rapid evaluation of do: the effective diameter of a laser guide – star adaptive – optics system. " *J Opt Soc Am A* 11 (1994): 325.

784. Tyler, G. A. " Wavefront compensation for imaging with off – axis guide stars. " *J Opt Soc Am A* 11 (1994): 339.

785. Tyler, G. A. "Assessment of the statistics of the Strehl ratio: predictions of central limit theorem analysis. " *J Opt Soc Am A* 23 (2006): 2834.

786. Tyler, G. A. , and D. L. Fried. "Image – position error associated with a quadrant detector. " *J Opt Soc Am* 72 (1982): 804.

787. Tyson, R. K. "Conversion of Zernike aberration coefficients to Seidel and higherorder power – series aberration coefficients. " *Opt Lett* 7 (1982): 262.

788. Tyson, R. K. "Using the deformable mirror as a spatial filter: application to circular beams. " *Appl Opt* 21 (1982): 787.

789. Tyson, R. K. "Adaptive optics system performance approximations for atmospheric turbulence correction. " *Opt Eng* 29 (1990): 1165.

790. Tyson, R. K. "Aperture sizing strategies for astronomical adaptive optics system optimization," *Proc. ICO – 16 Satellite Conf. on Active and Adaptive Optics, ESO Conf. and Workshop Proc.* 48 (1993).

791. Tyson, R. K. "Adaptive optics and ground – to – space laser communications. " *Appl Opt* 35 (1996): 3640.

792. Tyson, R. K. " Bit error rate for free space adaptive optics laser communications. " *J Opt Soc Am A* 19 (2002): 753.

793. Tyson, R. K. , and D. M. Byrne. "The effect of wavefront sensor characteristics and spatiotemporal coupling on the correcting capability of a deformable mirror. " *Proc SPIE* 228 (1980): 21.

794. Tyson, R. K. , and J. Schulte in den Bäumen, eds. , *Adaptive Optics and Optical Structures, Proc SPIE* 1271 (1990).

795. Tyson, R. K. , and D. E. Canning. "Indirect measurement of a laser communications bit error rate reduction with low order adaptive optics. " *Appl Opt* 42 (2003): 4239.

796. Tyson, R. K. , D. P. Crawford, and R. J. Morgan. " Adaptive optics system considerations for ground – to – space propagation. " *Proc SPIE* 1221 (1990): 146.

797. Tyson, R. K. , J. S. Tharpe, and D. E. Canning. "Measurement of the bit error rate of an adaptive optics free space laser communications system. Part 2: multichannel configuration, aberration characterization, and closed loop results. " *Opt Eng* 44 (2005): 096003.

798. Uchino, K. , Y. Tsuchiya, S. Nomura, T. Sato, H. Ishikawa, and O. Ikeda. "Deformable mirror using the PMN electrostrictor. " *Appl Opt* 20 (1981): 3077.

799. Ulrich, P. B. "Requirements for experimental verification of thermal – blooming computer results. " *J Opt Soc Am* 63 (1973): 897.

800. Ulrich, P. B. *Hufnagel – Valley Profiles for Specified Values of the Coherence Length and Isoplanatic Patch Angle.* Arlington, Virginia: W. J. Schafer Associates, WJSA/MA/TN – 88 – 013, 1988.

801. Um, G. S. , B. F. Smithgall, and C. L. O' Bryan. "Minimum variance estimation of wavefront aberration. " *Proc*

SPIE 351 （1982）: 96.

802. Underwood, I. , D. G. Vass, and R. M. Sillitto. "Evaluation of an nMOS VLSI array for an adaptive liquid – crystal spatial light modulator. " *IEE Proc* 133 , Pt. J （1986）: 77.

803. Underwood, K. , J. C. Wyant, and C. L. Koliopoulos. "Self – referencing wavefront sensor. " *Proc SPIE* 351 （1982）: 108.

804. United Detector Technology. 1990 Catalog, Hawthorne, CA. Updates available from www. udtinstruments. com.

805. U. S. Air Force Systems, Command Manual, AFSCM 375 – 5 , Andrews Air Force Base, Maryland, 1964.

806. U. S. Military, Standards 490 and 490a, superseded by Mil. Std. 961 Air Force Material Command Standardization Office, 1995.

807. Vaillant, J. "Wavefront sensor architectures fully embedded in an image sensor. " *Appl Opt* 46 （2007）: 7110.

808. Valley, G. C. "Isoplanatic degradation of tilt correction and short – term imaging systems. " *Appl Opt* 19 （1980）: 574.

809. Van Dam, M. A. , A. H. Bouchez, D. Le Mignant, E. M. Johansson, P. L. Wizinowich, R. D. Campbell, J. C. Y. Chin, S. K. Hartman, R. E. Lafon, P. J. Stomski, Jr. , and D. M. Summers. "The W. M. Keck Observatory laser guide star adaptive optics system: performance characterization. " *Publ Astron Soc Pac* 118 （2006）: 310.

810. Van de Vegte, J. *Feedback Control Systems.* 2nd ed. Englewood Cliffs, New Jersey: Prentice – Hall, 1990.

811. Van Trees, H. L. *Detection, Estimation, and Modulation Theory, Part I.* New York: Wiley, 1968.

812. Van Workum, J. , J. A. Plascyk, and M. L. Skolnick. "Laser wavefront analyzer for diagnosing high – energy lasers. " *Proc SPIE* 141 （1978）: 58.

813. Vaughn, J. L. , and D. L. Fried. "M – method performance for M = 3 ," the Optical Sciences Co. Report, TR – 995 , Placentia, California, 1991.

814. Vdovin, G. "Model of an adaptive optical system controlled by a neural network. " *Opt Eng* 34 （1995）: 3249.

815. Vdovin, G. , S. Middelhoek, M. Bartek, P. M. Sarro, and D. Solomatine. "Technology, characterization and applications of adaptive mirrors fabricated with IC – compatible micromachining. " *Proc SPIE* 2534 （1995）: 116.

816. Vdovin, G. , O. Soloviev, A. Samokhin, and M. Loktev. "Correction of low order aberrations using continuous deformable mirrors. " *Opt Express* 16 （2008）: 2859.

817. Vedrenne, N. , V. Michau, C. Robert, and J – M. Conan. "Cn2 profile measurement from Shack – Hartmann data. " *Opt Lett* 32 （2007）: 2659.

818. Velur, V. , R. C. Flicker, B. C. Piatt, M. C. Britton, R. G. Dekany, M. Troy, J. E. Roberts, J. C. Shelton, and J. Hickey. "Multiple guide star tomography demonstration at Palomar observatory. " *Proc SPIE* 6272 （2006）: 62725C.

819. Venema, T. M. , and J. D. Schmidt. "Optical phase unwrapping in the presence of branch points. " *Opt Express* 16 （2008）: 6985.

820. Verinaud, C. "On the nature of the measurements provided by a pyramid wavefront sensor. " *Opt Commun* 233 （2004）: 27.

821. Verinaud, C. , M. Le Louarn, V. Korkiakoski, and M. Carbillet. "Adaptive optics for high – contrast imaging: pyramid sensor versus spatially filtered Shack – Hartmann sensor. " *Mon Not R Astron Soc* 357 （2005）: L26.

822. Vernet, E. , C. Arcidiancono, A. Baruffolo, E. Diolaiti, J. Farinato, M. Lombini, and R. Ragazzoni. "Layer –

oriented wavefront sensor for a multiconjugate adaptive optics demonstrator. " *Opt Eng* 44 （2005）: 096601.

823. Vernon, R. G. , and D. J. Link. "Specifying servo bandwidth requirements for astronomical higher order and tilt control subsystems," *Proc. Laser Guide Star Adaptive Optics Workshop* 1, 311. Albuquerque, NM: U. S. Air Force Phillips Laboratory, 1992.

824. Vilupuru, A. S. , N. V. Rangaswamy, L. J. Frishman, E. L. Smith III, R. S. Harwerth, and A. Roorda. "Adaptive optics scanning laser ophthalmoscopy for in vivo imaging of lamina cribrosa. " *J Opt Soc Am A* 24 （2007）: 1417.

825. Viswanathan, V. K. , J. V. Parker, T. A. Nussmeier, C. J. Swigert, W. King, A. S. Lau, and K. Price. "An adaptive wavefront error correction system for the LASL Gemini laser fusion system. " *J Quantum Electron* 15 （1979）: 983.

826. Vogel, C. R. , and Q. Yang. "Fast optimal wavefront reconstruction for multiconjugate adaptive optics using the Fourier domain preconditioned conjugate gradient algorithm. " *Opt Express* 14 （2006）: 7487.

827. Vogel, C. R. , and Q. Yang. "Multigrid algorithm for least – squares wavefront reconstruction. " *Appl Opt* 45 （2006）: 705.

828. Vogel, C. R. , and Q. Yang. "Modeling, simulation, and open – loop control of a continuous facesheet MEMS deformable mirror. " *J Opt Soc Am A* 23 （2006）: 1074.

829. Von der Luhe, O. "Wavefront measurement error technique using extended, incoherent light sources. " *Opt Eng* 27 （1988）: 1078.

830. Von der Luhe, O. , T. Berkefeld, and D. Soltau. "Multi – conjugate solar adaptive optics at the Vacuum Tower Telescope on Tenerife. " *C R Physique* 6 （2005）: 1139.

831. Vorontsov, M. A. " All – optical adaptive systems: nonlinear optics approach for phase distortion suppression. " *Top Mtg on Adap Opt, Opt Soc Am Tech Dig Series* 13 （1996）: 312.

832. Vorontsov, M. A. , and G. W. Carhart. "Adaptive optics based on analog parallel stochastic optimization: analysis and experimental demonstration. " *J Opt Soc Am A* 17 （2000）: 1440.

833. Vorontzov, M. A. , G. W. Carhart, D. V. Pruidze, J. C. Ricklin, and D. G. Voelz. "Adaptive imaging system for phase – distorted extended source and multipledistance objects. " *Appl Opt* 36 （1997）: 3319.

834. Vorontsov, M. A. , V. V. Kolosov, and E. Polnau. "Target – in – the – loop wavefront sensing and control with a Collett – Wolf beacon: speckle – average phase conjugation. " *Appl Opt* 48 （2009）: A13.

835. Vorontsov, M. A. , A. V. Kudryashov, S. I. Nazarkin, and V. I. Shmal' gauzen. "Flexible mirror for adaptive light – beam formation systems. " *Sov J Quantum Electron* 14 （1984）: 839.

836. Vorontsov, M. A. , and S. L. Lachinova. "Laser beam projection with adaptive array of fiber collimators. I. Basic considerations for analysis. " *J Opt Soc Am A* 25 （2008）: 1949.

837. Vorontsov, M. A. , and S. L. Lachinova. "Laser beam projection with adaptive array of fiber collimators. II. Analysis of atmospheric compensation efficiency. " *J Opt Soc Am A* 25 （2008）: 1960.

838. Vorontsov, M. A. , J. Riker, G. Carhart, V. S. Rao Gudimetla, L. Beresnev, T. Weyrauch, and L. C. Roberts, Jr. "Deep turbulence effects compensation experiments with a cascaded adaptive optics system using a 3. 63 m telescope. " *Appl Opt* 48 （2009）: A47.

839. Vorontsov, M. A. , and V. P. Sivokin. "Stochastic parallel – gradient – descent technique for high – resolution wavefront phase – distortion correction. " *J Opt Soc Am A* 15 （1998）: 2745.

840. Walker, D. D. , R. G. Bingham, and B. C. Bigelow. "Adaptive correction at telescope secondary mirrors," *Proc. ICO – 16 Satellite Conf. on Active and Adaptive Optics, ESO Conf. and Workshop Proc.* 48 （1993）.

841. Walker, K. N. , and R. K. Tyson. "Wavefront correction using a Fourier – based image sharpness metric. " *Proc. SPIE* 7468 （2009）: 746821.

842. Wallace, J. "Presentation on atmospheric propagation to JASON committee," Far Field, Inc., presented to JASON group, San Diego, CA, 1988.

843. Wallace, B. P., P. J. Hampton, C. H. Bradley, and R. Conan. "Evaluation of a MEMS deformable mirror for an adaptive optics test bed." *Opt Express* 14 (2006): 10132.

844. Wallace, J., I. Itzkam, and J. Camm. "Irradiance tailoring as a method of reducing thermal blooming in an absorbing medium." *J Opt Soc Am* 64 (1974): 1123.

845. Wallner, E. P. "Comparison of wavefront sensor configurations using optimal reconstruction and correction." *Proc SPIE* 351 (1982): 42.

846. Wallner, E. P. "Optimal wavefront correction using slope measurements." *J Opt Soc Am* 73 (1983): 1771.

847. Wanek, J. M., M. Mori, and M. Shahidi. "Effect of aberrations and scatter on image resolution assessed by adaptive optics retinal section imaging." *J Opt Soc Am A* 24 (2007): 1296.

848. Wang, C. P., and P. L. Smith. "Charged – large – array – flexible mirror." *Appl Opt* 24 (1985): 1838.

849. Wang, J. Y. "Optical resolution through a turbulent medium with adaptive phase compensations." *J Opt Soc Am* 67 (1977): 383.

850. Wang, J. Y., and D. E. Silva. "Wavefront interpretation with Zernike polynomials." *Appl Opt* 19 (1980): 1510.

851. Wang, W. C., H. Lotem, and R. Forber. "Optical electric – field sensors." *Opt Eng* 45 (2006), 124402.

852. Ward, J. E., W. T. Rhodes, and J. T. Sheridan. "Lucky imaging and aperture synthesis with low – redundancy apertures." *Appl Opt* 48 (2009): A63.

853. Weinberg, G. M. *An Introduction to General Systems Thinking.* New York: Wiley, 1975.

854. Welsh, B. M., C. S. Gardner, and L. A. Thompson. "Effects of nonlinear resonant absorption on sodium laser guide stars." *Proc SPIE* 1114 (1989): 203.

855. Welsh, B. M., and C. S. Gardner. "Performance analysis of adaptive – optics systems using laser guide stars and slope sensors." *J Opt Soc Am A* 6 (1989): 1913.

856. Welsh, B. M., and C. S. Gardner. "Effects of turbulence – induced anisoplanatism on the imaging performance of adaptive – astronomical telescopes using laser guide stars." *J Opt Soc Am A* 8 (1991): 69.

857. Welsh, B. M., B. L. Ellerbroek, M. C. Roggemann, and T. L. Pennington. "Shot noise performance of Hartmann and shearing interferometer wavefront sensors." *Proc SPIE* 2534 (1995): 277.

858. Whitman, A. M., and M. J. Beran. "Two – scale solution for atmospheric scintillation from a point source." *J Opt Soc Am A* 5 (1988): 735.

859. Duignan, M. T., B. J. Feldman, and W. T. Whitney, "Stimulated Brillouin scattering and phase conjugation of hydrogen fluoride laser radiation." *Opt Lett* 12 (1987): 111.

860. Whitney, W. T., M. T. Duignan, and B. J. Feldman. "Stimulated Brillouin scattering phase conjugation of an amplified hydrogen fluoride laser beam." *Appl Opt* 31 (1992): 699.

861. Wilcox, C. C., J. R. Andrews, S. R. Restaino, S. W. Teare, D. M. Payne, and S. Krishna. "Analysis of a combined tip – tilt and deformable mirror." *Opt Lett* 31 (2006): 679.

862. Wild, W. J. "Optimal estimators for astronomical adaptive optics." *Top Mtg on Adap Opt, Opt Soc Am Tech Dig Series* 13 (1996): 230.

863. Wild, W. J. "Predictive optimal estimators for adaptive – optics systems." *Opt Lett* 21 (1996): 1433.

864. Wild, W., E. Kibblewhite, and V. Scor. "Quasi – hexagonal deformable mirror geometries." *Proc SPIE* 2201 (1994): 726.

865. Wild, W. J., E. J. Kibblewhite, and R. Vuilleumier. "Sparse matrix wavefront estimators for adaptive – optics systems for large ground – based telescopes." *Opt Lett* 20 (1995): 955.

866. Wild, W. J. , E. J. Kibblewhite, R. Vuillemier, V. Scor, F. Shi, and N. Farmiga. "Investigation of wavefront estimators using the Wavefront Control Experiment at Yerkes Observatory. " *Proc SPIE* 2534 (1995): 194.

867. Williams, K. , P. Glezeu, and R. Gupta. "Real – time measurement of the spatial profile of a pulsed laser by photothermal spectroscopy. " *Opt Lett* 13 (1988): 740.

868. Wilson, K. , M. Troy, M. Srinivasan, B. Platt, V. Vilnrotter, M. W. Wright, V. Garkanian, and H. Hemmati. "Daytime adaptive optics for deep space optical communications," *Proc. 10th ISCOPS Conf.* ,2003.

869. Wilson, R. N. , F. Franza, and L. Noethe. "Active optics I: A system for optimizing the optical quality and reducing the costs of large telescopes. " *J Mod Opt* 34 (1987): 485.

870. Winick, K. A. , and D. vL. Marquis. "Stellar scintillation technique for the measurement of tilt anisoplanatism. " *J Opt Soc Am A* 5 (1988): 1929.

871. Winker, D. M. "Effect of finite outer scale on the Zernike decomposition of atmospheric optical turbulence. " *J Opt Soc Am A* 8 (1991): 1568.

872. Winkler, I. C. , M. A. Norton, and C. Higgs. "Adaptive phase compensation in a Raman look – through configuration. " *Opt Lett* 14 (1989): 69.

873. Winocur, J. "Modal compensation of atmospheric turbulence induced wavefront aberrations. " *Appl Opt* 21 (1982): 433.

874. Wirth, A. , and A. J. Jankevics. "Adaptive nonlinear control systems for atmospheric correction. " *Proc SPIE* 1920 (1993): 245.

875. Witthoft, C. "Wavefront sensor noise reduction and dynamic range expansion by means of optical image intensification. " *Opt Eng* 29 (1990): 1233.

876. Wiu, Z. , A. Enmark, M. Owner – Petersen, and T. Anderson. "Comparison of wavefront sensor models for simulation of adaptive optics. " *Opt Express* 17 (2009): 20575.

877. Wiza, J. L. "Microchannel plate detectors. " *Nucl Instrum Methods* 162 (1979): 587.

878. Wizinowich, P. , D. S. Acton, A. Gleckler, T. Gregory, P. Stomski, K. Avicola, J. Brase, H. Friedman, D. Gavel, and C. Max. "W. M. Keck Observatory adaptive optics facility. " *Top Mtg on Adap Opt , Opt Soc Am Tech Dig Series* 13 (1996): 8.

879. Wizinowich, P. , D. Le Mignant, A. H. Bouchez, R. D. Campbell, J. C. Y. Chin, A. R. Contos, M. A. van Dam, S. K. Hartman, E. M. Johansson, R. E. Lafon, H. Lewis, P. J. Stomski, and D. M. Summers. "The W. M. Keck Observatory laser guide star adaptive optics system: overview. " *Publ Astron Soc Pac* 118 (2006): 297.

880. Woger, F. , and T. Rimmele. "Effect of anisoplanatism on the measurement accuracy of an extended – source Hartmann – Shack wavefront sensor. " *Appl Opt* 48 (2009): A35.

881. Wood, R. W. , and F. L. Mohler. "Resonance radiation of sodium vapor excited by one of the D lines. " *Phys Rev* 11 (1918): 70.

882. Woodruff, C. J. "A comparison, using orthogonal coefficients, of two forms of aberration balancing. " *Optica Acta* 22 (1975): 933.

883. Wright, M. W. , J. Roberts, W. Farr, and K. Wilson. "Improved optical communications performance combining adaptive optics and pulse position modulation. " *Opt Eng* 47 (2008): 016003.

884. Wulff, O. , and D. Looze. "Nonlinear control for pyramid sensors in adaptive optics. " *Proc SPIE* 6272 (2006): 62721S.

885. Wyant, J. C. "Double frequency grating lateral shear interferometer. " *Appl Opt* 12 (1973): 2057.

886. Wyant, J. C. "White light extended source shearing interferometer. " *Appl Opt* 13 (1974): 200.

887. Wyant, J. C. "Use of an ac heterodyne lateral shear interferometer with real – time wavefront correction systems. " *Appl Opt* 14 (1975): 2622.

888. Xiao, X. , and D. Voelz. "On – axis probability density function and fade behavior of partially coherent beams propagating through turbulence. " *Appl Opt* 48 (2009): 167.

889. Yahel, R. Z. "Turbulence effects on high energy laser beam propagation in the atmosphere. " *Appl Opt* 29 (1990): 3088.

890. Yang, Q. , C. Ftaclas, and M. Chun. "Wavefront correction with high – order curvature adaptive optics systems. " *J Opt Soc Am A* 23 (2006): 1375.

891. Yariv, A. , and T. L. Koch. "One – way coherent imaging through a distorting medium using four – wave mixing. " *Opt Lett* 7 (1982): 113.

892. Yellin, M. "Using membrane mirrors in adaptive optics. " *Proc SPIE* 75 (1976): 97.

893. Yang, H. , X. Li, C. Gong, and W. Jiang. "Restoration of turbulence – degraded extended object using the stochastic parallel gradient descent algorithm: numerical simulation. " *Opt Express* 17 (2009): 3052.

894. Yang, P. , M. Ao, Y. Liu, B. Xu, and W. Jiang. "Intracavity transverse modes controlled by a genetic algorithm based on Zernike mode coefficients. " *Opt Express* 15 (2007): 17051.

895. Yang, P. , M. Ao, B. Xu, and X. Yuan. "Way of detecting entire beam path aberrations of laser systems based on a phase – retrieval method. " *Appl Opt* 48 (2009): 1402.

896. Au Yaung, J. , D. Fekete, D. M. Pepper, and A. Yariv. "A theoretical and experimental investigation of the modes of optical resonators with phase – conjugate mirrors. " *IEEE J Quantum Electron* 15 (1979): 1180.

897. Young, D. *Iterative Solution of Large Linear Systems*. New York: Academic Press, 1971.

898. Yura, H. T. , and S. G. Hanson. "Optical beam wave propagation through complex optical systems. " *J Opt Soc Am A* 4 (1987): 1931.

899. Zawadzki, R. J. , B. Cense, S. M. Jones, S. S. Olivier, D. T. Miller, and J. S. Werner. "Ultra – high – resolution optical coherence tomography gets adaptive – optic 'glasses'. " *Laser Focus World* 44 (2008): 55.

900. Zehnder, L. "A new interferometer. " *Z Instrumentenkd* 11 (1891): 275.

901. Zel'dovich, B. Ya. , and V. V. Shkunov. "Optical phase conjugation by a depolarized pump. " *Sov Phys JETP Lett* 27 (1978): 214.

902. Zel' dovich, B. Ya. , N. F. Pilipetsky, and V. V. Shkunov. *Principles of Phase Conjugation*, Springer Ser. Opt. Sci. 42, T. Tamir, ed. , Berlin: Springer – Verlag, 1985.

903. Zernike, F. "Diffraction theory of the knife – edge test and its improved form, the phase contrast method. " *Physica* 1 (1934): 689.

904. Zilberman, A. , E. Golbraikh, and N. S. Kopeika. "Propagation of electromagnetic waves in Kolmogorov and non – Kolmogorov atmospheric turbulence: three – layer altitude model. " *Appl Opt* 47 (2008): 6385.

905. Zommer, S. , E. N. Ribak, S. G. Lipson, and J. Adler. "Simulated annealing in ocular adaptive optics. " *Opt Lett* 31 (2006): 939.

906. Zon, N. , O. Srour, and E. N. Ribak. "Hartmann – Shack analysis errors. " *Opt Express* 14 (2006): 635.

907. Zuev, V. E. , and V. P. Lukin. "Dynamic characteristics of optical adaptive systems. " *Appl Opt* 26 (1987): 139.